“十四五”高等职业教育计算机类新形态一体化系列教材

Linux 系统管理与服务配置

原建伟◎主　编
李延香◎副主编

中国铁道出版社有限公司
CHINA RAILWAY PUBLISHING HOUSE CO., LTD.

内 容 简 介

本书以目前主流的 CentOS 为基础，通过项目驱动方式对 Linux 基本操作与常用的网络服务进行讲解，最后通过综合实训强化学习内容，重点培养学生的实际动手能力和应用能力。

全书共分 11 个项目和一个综合实训，内容包括 Linux 系统安装、文件和目录管理、用户和组管理、磁盘存储管理、网络管理、DNS 配置与管理、网络共享服务配置与管理、WWW 配置与管理、VPN 配置与管理、邮件服务器配置与管理、防火墙配置与管理。本书内容丰富、由浅入深，强调基础技能的应用，适用于理论与实践一体化教学。书中给出部分操作视频，可以通过扫描二维码观看。

本书适合作为高等职业院校 Linux 系统管理与服务配置课程的教材，也可作为云计算、大数据等相关课程的前驱课程教材、Linux 系统运维培训教材和广大计算机用户的参考用书。

图书在版编目（CIP）数据

Linux 系统管理与服务配置/原建伟主编. —2 版. —北京：中国铁道出版社有限公司，2021.11（2022.7 重印）
“十四五”高等职业教育计算机类新形态一体化系列教材
ISBN 978-7-113-28160-1

Ⅰ. ①L… Ⅱ. ①原… Ⅲ. ①Linux 操作系统-高等职业教育-教材 Ⅳ. ①TP316.85

中国版本图书馆 CIP 数据核字(2021)第 138500 号

书　　名：Linux 系统管理与服务配置
作　　者：原建伟

策　　划：翟玉峰　　　编辑部电话：（010）83517321
责任编辑：翟玉峰　徐盼欣
封面设计：刘　颖
责任校对：焦桂荣
责任印制：樊启鹏

出版发行：中国铁道出版社有限公司（100054，北京市西城区右安门西街 8 号）
网　　址：http://www.tdpress.com/51eds/
印　　刷：三河市宏盛印务有限公司
版　　次：2017 年 8 月第 1 版　2021 年 11 月第 2 版　2022 年 7 月第 2 次印刷
开　　本：850 mm×1 168 mm 1/16　印张：14.25　字数：346 千
书　　号：ISBN 978-7-113-28160-1
定　　价：38.00 元

前　言

随着《中华人民共和国国民经济和社会发展第十四个五年规划和二〇三五年远景目标纲要》的发布，国家在云计算、大数据、人工职能等领域不断进行布局，也对高职教育提出了新的要求。在新的高职教育专业目录体系下，不断强化各专业在“新基建”体系中的改变。在新的形势下，“新基建”对信息类以及相关专业提出了更高的要求。编者在对新的专业需求进行充分分析后，结合当前相关技术领域的发展现状，在第一版的基础上修订了本书。修订过程中不仅参考行业发展和技术前沿，同时也重点针对高职学生的特点，结合教学过程中的经验，进一步进行修改优化。

本版在保持第一版章节结构的基础上对内容进行了较大改动。首先，更换了 Linux 发行版，由原来的 Red Hat Linux 5 更新为 CentOS 7，以便紧跟技术发展。选择 CentOS 7 的原因在于其与 Red Hat Linux 之间存在紧密联系，同时该版本也是一个长期支持版本，因此在实际生产环境中大量被采用。书中所有示例都已更新为 CentOS 环境下的实际操作内容，同时也适合在 Red Hat Linux 相对应版本的系统中使用。其次，书中用于远程登录的终端软件更换为 MobaXterm_Personal；项目 2 中新增了 yum 源的配置，以及使用 yum 的安装方式，同时调整了部分小节的顺序，使其更便于教学；项目 4 中原有基于 quota 的磁盘配额更新为基于 xfs 文件系统的磁盘配额示例与案例；项目 5 中增加了新版本的网络配置相关命令；项目 6 中 DNS 配置文件结构更新为高版本规范；项目 8 中将原 MySQL 数据库更新为 CentOS 中默认数据库 MariaDB，并增加了 LAMP 平台的搭建；项目 11 中增加了 CentOS 中新版防火墙 Firewalld 的讲解和使用示例。

经过上述增改，本书内容进一步完善，增强了对大数据和云计算所需知识和技能的支持。本书通过简单示例，结合综合项目的递进方式，在尽可能短的时间内让学生掌握相应的知识和技能，从而获得在网络应用、云计算和大数据等领域的运维能力。本书不仅适合作为高职计算机网络技术专业、云计算专业、大数据相关专业中 Linux 运维相关课程的教材，也可作为中职计算机类专业企业网络信息服务配置与管理相关课程的教材，还可作为学习 Linux 运维的读者的自学用书。在高职教育中采用本书进行教学时，建议安排 60 ~ 70 学时。

在本书的编写过程中，得到了王坤教授的大力帮助，同时也感谢为本书的编写、出版提供支持、帮助的老师和朋友们。

由于时间仓促，书中疏漏和不妥之处在所难免，敬请广大读者提出宝贵的意见和建议。

原建伟

2021 年 5 月

目录

项目 1

Linux 系统安装

从互联网发展初期到现在的移动互联网时代，Linux 系统在信息产业发展的底层操作系统层面一直以来都发挥着如磐石般的重要基础作用。在早期的互联网时代，Linux 系统大大促进了企业信息化建设，从企业内网建设的各个环节深化企业的信息化。随着信息产业不断的发展与变化，新的技术、新的产品层出不穷，物联网、云计算、大数据和人工智能成为当前促进信息产业发展深化的主要力量。在这些领域里，Linux 再次成为诸多技术底层操作系统层的主力军。

当前，企业应用服务器所使用的操作系统主要是 Linux 系统，多数云计算和大数据平台也是部署在 Linux 平台。Linux 系统以可靠的稳定性、强大的网络服务功能著称。由于 Linux 系统是开源系统，因此在其发展之初易用性较差，这也在很大程度上阻碍了它的发展。令人可喜的是，随着开源社区的不断壮大，各个开源团队越来越注重 Linux 系统的易用性，使其在安装和使用过程中用户体验越来越好。

由于 Linux 系统与用户平时常用的 Windows 系统有一些差别，因此在安装和使用上需要有所注意。

1.1 技术准备

1.1.1 Linux 概述

1. Linux 版本

视频

Linux 简介

Linux 是开源软件（Open Source Software），因此有很多不同的版本，较为流行的发行版有 Red Hat Enterprise Linux、Ubuntu、Debian 等。这些不同的版本各有特点，但基本功能和使用方法是一样或者相似的。Red Hat Enterprise Linux（简称 RHEL）是当前非常流行的一个发行版。RHEL 主要包括 Server 和 Desktop 两个版本，分别针对服务器用户和桌面用户。CentOS 的全称是 Community Enterprise Operating System（社区企业操作系统），它是使用 Red Hat Enterprise Linux 开放的源代码部分编译后得到的一个非 Red Hat 官方的发行版。由于出自同样的源代码，因此有些要求高度稳定性的服务器以 CentOS 替代商业版的 Red Hat Enterprise Linux 使用。两者的区别在于 CentOS 完全开源。

尽管各个发行版的名称不同，使用的图形界面也有所差异，但其核心都是 Linux 核心。Linux

核心也在不断发展，也有自己的版本信息。一般情况下，Linux 的内核版本有三种不同的版本编号方式：第一种方式是 1.0 前的版本号，由两部分组成；第二种方式是 1.0 ~ 2.6 之间的版本号，由三部分组成：主版本号、次版本号和末版本号，用“.”号分隔，如 3.2.34，其中，当次版本号为偶数时表示这个核心是稳定核心，如果是奇数则表示这个核心是测试版，虽然可能具有一些新特性，但同时也可能存在一些 bug；第三种版本编号方式 2.6.0 ~ 3.0 之间曾由四部分组成，3.0 后又采用由三部分组成，但不再使用第二部分的奇偶性表述版本的稳定性。由于 Linux 系统可以根据需要由用户升级核心，因此在选择核心时需要注意版本。常见的 Linux 发行版 Logo 如图 1.1 所示。

图 1.1　常见 Linux 发行版 Logo

2. Linux 设备名称

在 Linux 中，每一个硬件设备都映射到一个系统文件，这个文件通常称为设备文件，操作该文件实现对设备的使用。在安装和使用 Linux 系统时，使用频率较高的是存储设备，如硬盘、光驱等。由于不同的存储设备采用不同的接口，因此 Linux 对这些设备的命名采用了使用相关前缀的方式进行区分，如早期的 IDE 设备采用 hd 开头。由于当前主流的硬盘采用 SATA 或者 SCSI 接口，因此使用更多的是采用 sd 开头的硬盘，对于当前使用频繁的 USB 移动存储设备（各种 U 盘或移动硬盘）Linux 系统也采用 sd 为其命名。

1.1.2　Linux 磁盘分区

以 SATA 硬盘为例，驱动器标识为 sdxn，其中 sd 表示分区所在设备的类型。x 为盘号（a 为基本盘，b 为基本从属盘，c 为辅助主盘，d 为辅助从属盘），n 表示分区，前四个分区用数字 1 ~ 4 表示，它们是主分区或扩展分区，从 5 开始就是逻辑分区。例如，sda3 表示为第一个 SATA 硬盘上的第三个主分区或扩展分区，sdb2 表示为第二个 SATA 硬盘上的第二个主分区或扩展分区。

图 1.2 所示为一个典型硬盘分区示意图，其中硬盘设备名为 sda，sda1 为主分区，sda4 为扩展分区，在扩展分区上进行分区，分成两个逻辑分区 sda5 和 sda6。

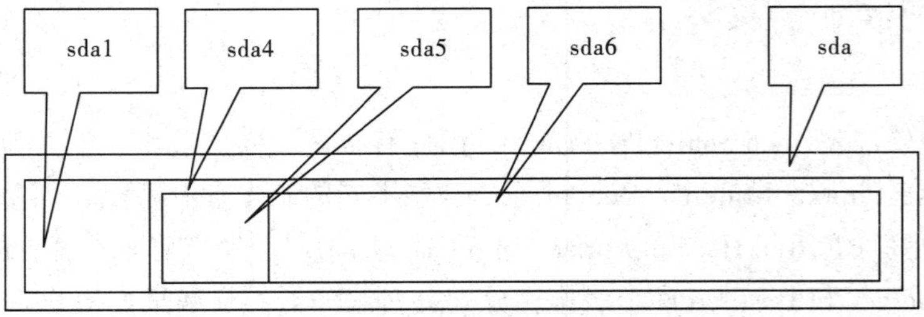

图 1.2　典型硬盘分区示意图

1.1.3　虚拟机的使用

Linux 系统使用的文件系统不同于 Windows 系统，为了便于学习和实验，需要采用虚拟机软件安装和使用 Linux 系统。虚拟机软件是利用虚拟化技术在现有的操作系统上虚拟出硬件设备来搭建用户所需的操作系统。常用的虚拟机软件有 VMware、VirtualBox、Virtual PC、Qemu 等。

视频

VirtualBox 的使用

1. VirtualBox 的使用

VirtualBox 是一款非常优秀的开源虚拟机软件，具有性能稳定、功能完善和简单易用等特点，可虚拟的系统种类众多，因此越来越受到欢迎。其使用方法与主流虚拟机软件非常相似，所以很容易上手和使用。VirtualBox 主界面分为几个区域，左侧为已创建的虚拟机列表，右侧为所选虚拟机明细，上方为快捷按钮与菜单，如图 1.3 所示。

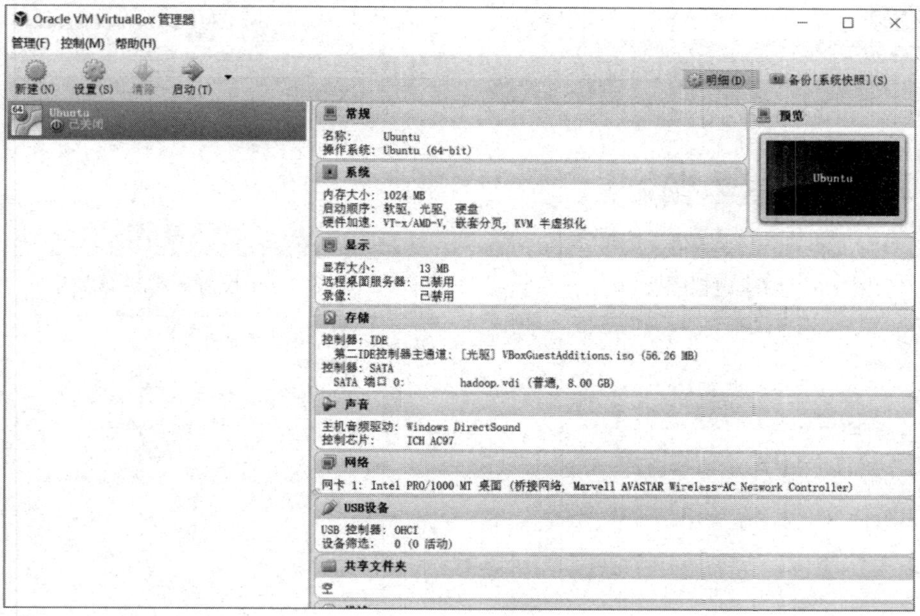

图 1.3 VirtualBox 主界面

创建虚拟机的步骤如下：

① 在 VirtualBox 主界面中单击“新建”按钮可以创建新的虚拟机. 在弹出的对话框中可以选择虚拟计算机（俗称电脑）名称和系统类型，如图 1.4 所示。

② 在设置虚拟电脑内存大小时，用户可以根据客户机的需求进行设置，在设置过程中还需要考虑相应限制，建议设置内存的大小不宜超过中间三角游标所示位置，如图 1.5 所示。

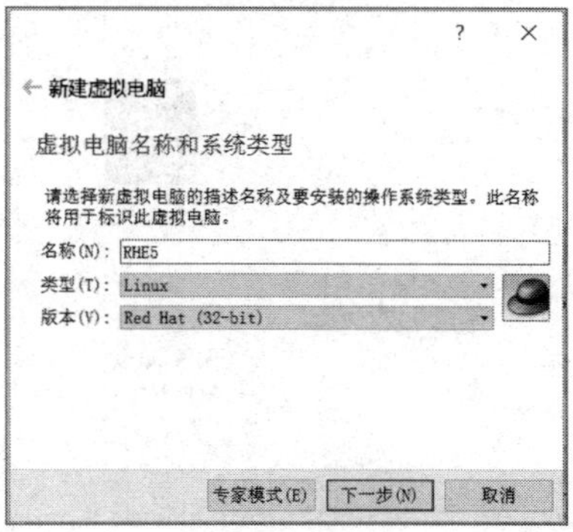

图 1.4 命名虚拟机

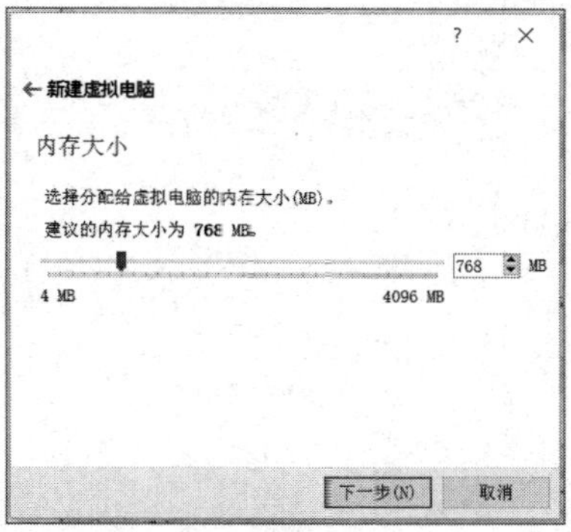

图 1.5 设置虚拟机内存大小

③ 添加虚拟硬盘时可以创建虚拟硬盘，如图 1.6 所示，同时也可以使用已有的虚拟硬盘文件。VirtualBox 支持多种虚拟硬盘文件，也兼容 QEMU 的虚拟硬盘文件格式，如图 1.7 所示。虚拟硬盘可以创建成固定大小或动态分配：如果可以确定系统存储大小，就可以设为固定大小；如果不确定，建议设为动态分配，如图 1.8 所示。

④ 设置虚拟磁盘的存放位置，如图 1.9 所示。

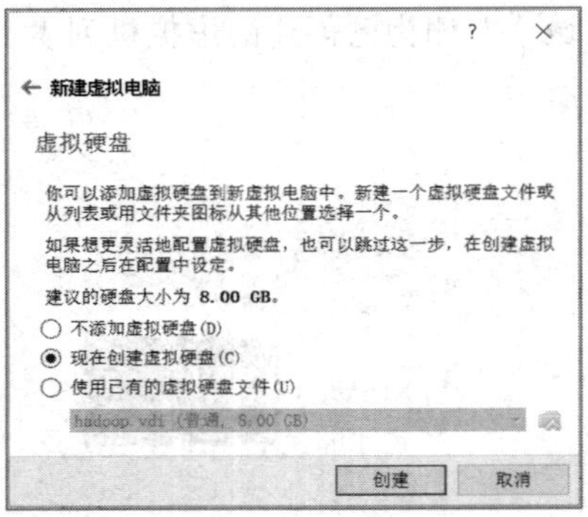

图 1.6　创建虚拟硬盘

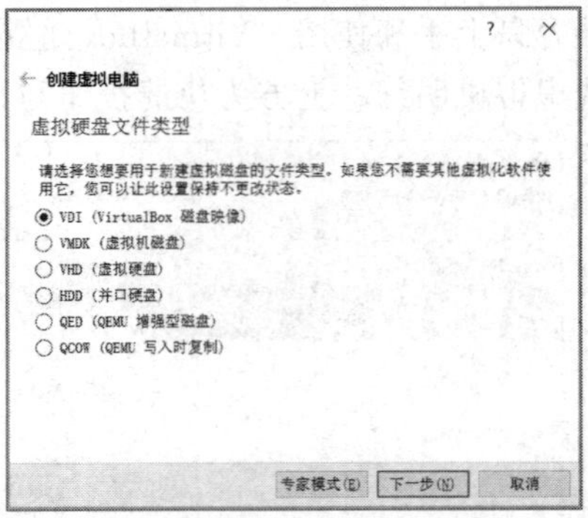

图 1.7　设置虚拟磁盘类型

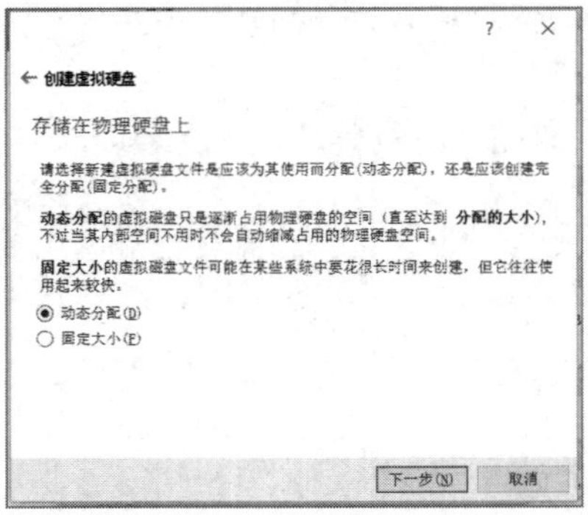

图 1.8　设置虚拟磁盘分配方式

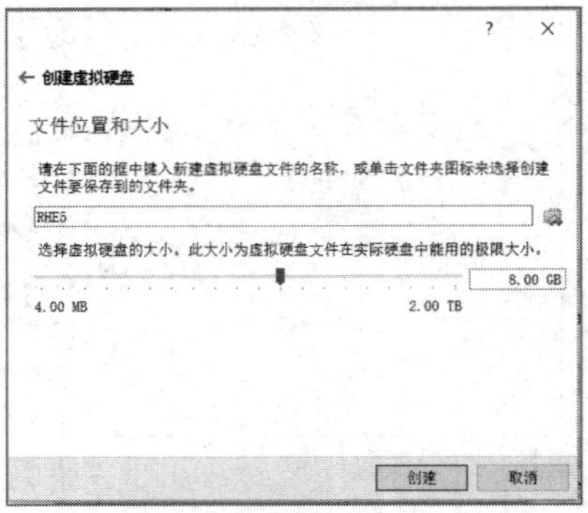

图 1.9　设置虚拟磁盘的存放位置

在 VirtualBox 主界面中选中创建好的虚拟电脑后，单击“设置”按钮可以对其进一步设置。图 1.10 所示为虚拟电脑插入光盘或加载光盘镜像文件，用以安装操作系统。

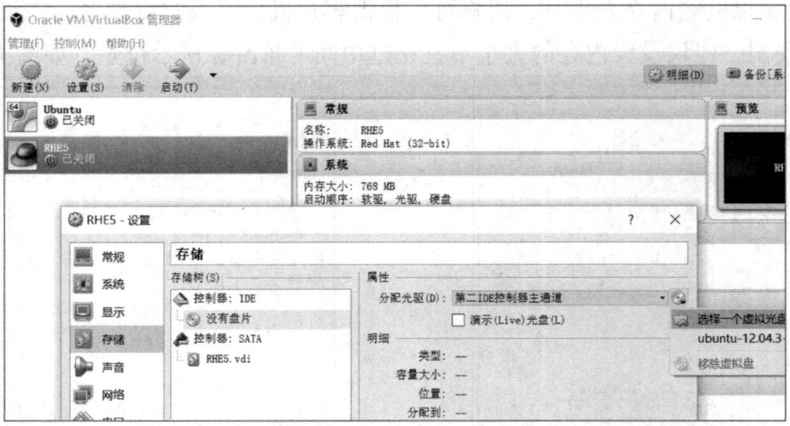

图 1.10　设置虚拟机

2. VMware 的使用

视频

VMware 的使用

VMware 是著名的虚拟机软件，是全球桌面到数据中心虚拟化解决方案的领导厂商。VMware 在虚拟化和云计算基础架构领域处于全球领先地位，所提供的经客户验证的解决方案可通过降低复杂性以及灵活、敏捷的交付服务来提高 IT 效率。

使用 VMware 创建虚拟机有两种方式：一是按照系统推荐的典型配置，根据向导快速创建虚拟机；二是自定义创建虚拟机，采用这种方式创建虚拟机时，用户可以根据需求自己设置虚拟机的一些细节，如 CPU 数、硬盘接口等参数。

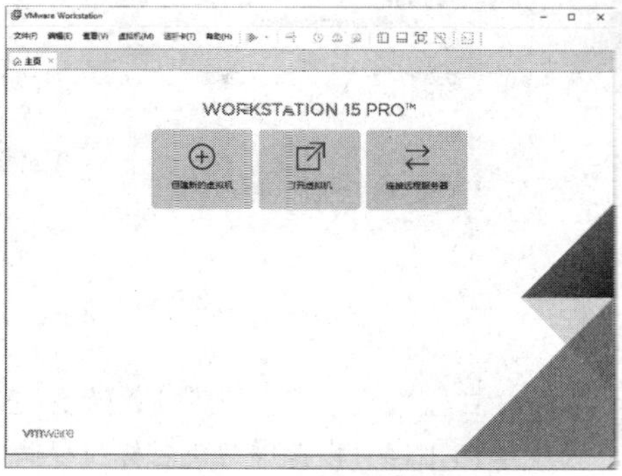

图 1.11　新建虚拟机

这里采用典型配置快速创建虚拟机。设置步骤如下：

① 在 VMware 主窗口中单击“创建新的虚拟机”按钮，打开“新建虚拟机向导”对话框，如图 1.11 所示。

② 在选择客户机操作系统时，用户可以直接指定安装光盘（或选择安装镜像文件）进行安装，也可以创建一个含有空白硬盘的虚拟机，在以后进行安装，如图 1.12 所示。

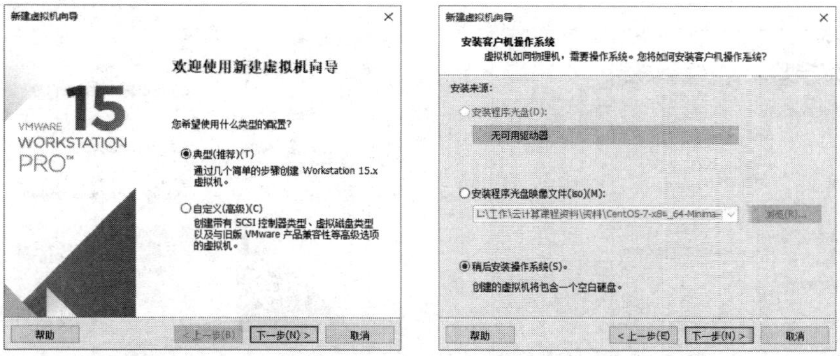

图 1.12　选择安装来源

③ 虚拟机可以安装的操作系统种类较多，客户机操作系统提供多种选择，在每一类操作系统中还可以选择具体版本，如图 1.13 所示。

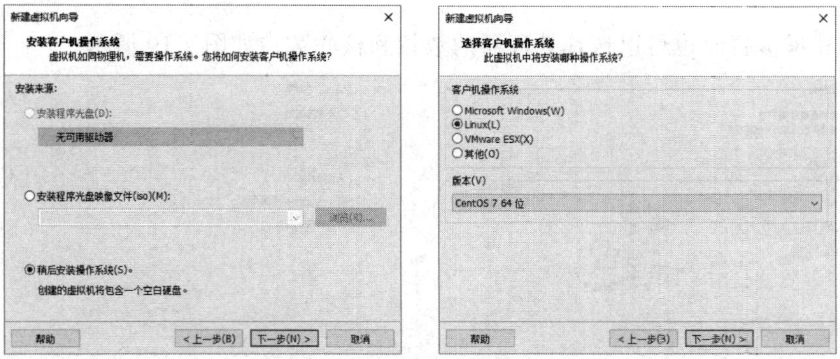

图 1.13　设置客户机操作系统

④ 设置虚拟机名称和存储位置，如图 1.14 所示。

⑤ 在创建虚拟磁盘时，不仅可以设置磁盘大小，还可以将虚拟磁盘存储为单个文件或多

个文件，如图 1.15 所示。将磁盘文件拆分后可以提高存储文件的兼容性，例如，在 FAT32 文件系统中不能存储大于 4 GB 的文件，如果虚拟磁盘存储在 FAT32 文件系统中就必须进行拆分。

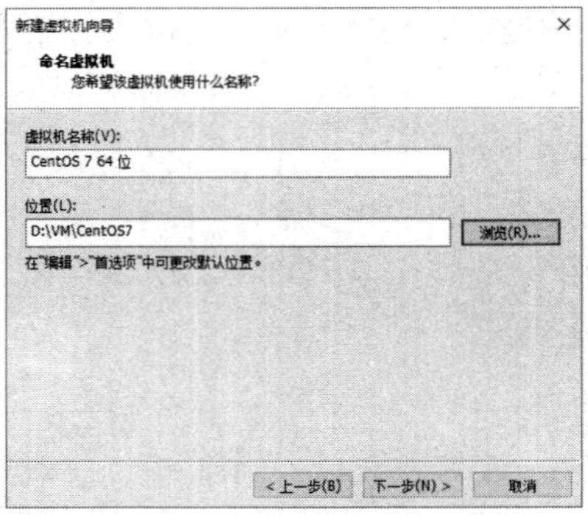

图 1.14　设置虚拟机名称与存储位置

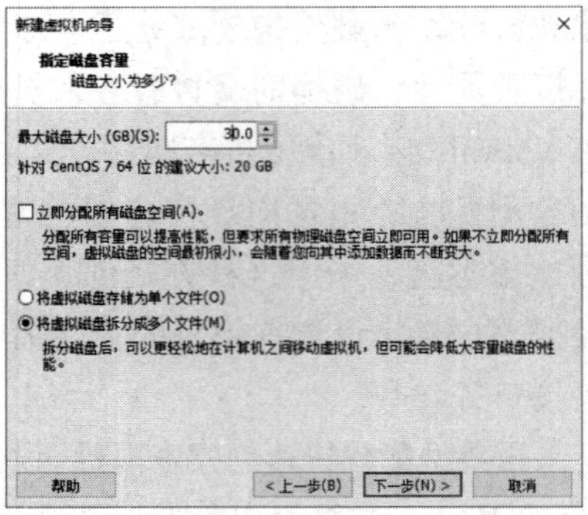

图 1.15　设置虚拟机硬盘大小与拆分方式

⑥ 在完成创建虚拟机界面中，用户还可以根据需要添加自定义硬件，如添加虚拟硬盘或虚拟网卡等，如图 1.16 所示。

⑦ 创建虚拟机过程中也可以选择自定义创建虚拟机的方式（见图 1.17），然后根据需求配置虚拟机。

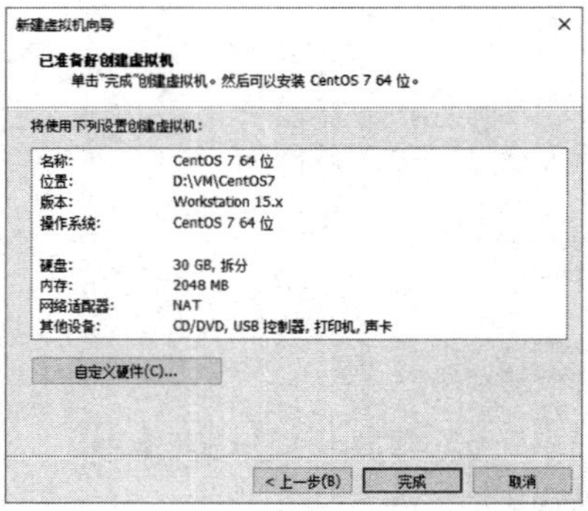

图 1.16　完成创建虚拟机界面

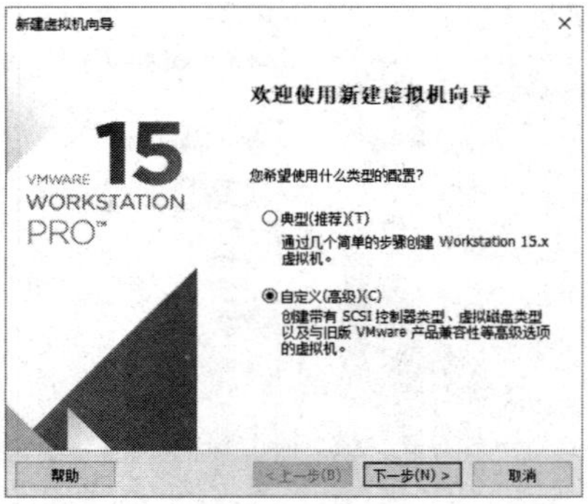

图 1.17　自定义虚拟机向导

⑧ 由于 VMware 版本较多，在定制创建虚拟机时可选择虚拟机硬件兼容性，如图 1.18 所示。

⑨ 在创建虚拟机时也可以选择处理器的数量和核心数，如图 1.19 所示。

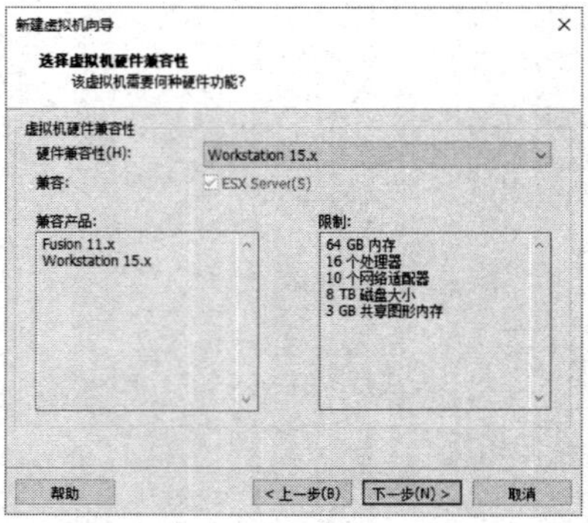

图 1.18　选择虚拟机硬件兼容性

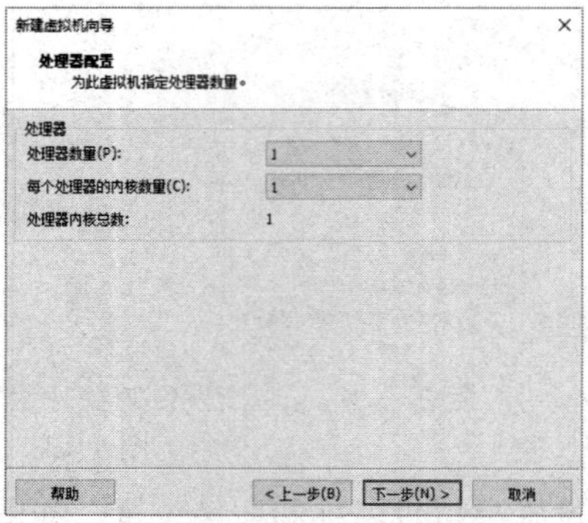

图 1.19　处理器配置

⑩ VMware 在设置虚拟机内存时会根据用户选择操作系统类型以及宿主计算机实际物理内存等参数为用户提示客户机最低操作系统、最低内存，以及推荐内存和最大内存设置标准，如图 1.20 所示。

⑪ VMware 有三种网络类型，在定制创建虚拟机过程中可以选择网络类型，默认为“使用网络地址转换（NAT）”网络类型，如图 1.21 所示。三种类型网络使用用途不同，“使用桥接网络”可以使客户机操作系统接入宿主机所在网络，使客户机与宿主机为统一网段。NAT 网络以宿主机做 NAT 转换，通过宿主机访问外部网络。“使用仅主机模式网络”时，客户机操作系统与宿主机之间构成专用的虚拟网络。

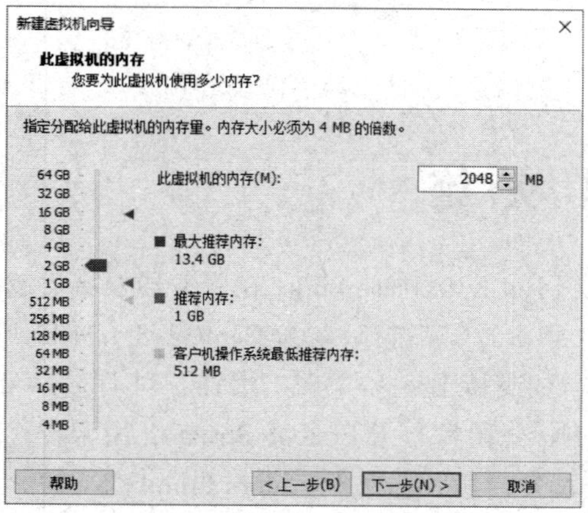

图 1.20　设置虚拟机内存

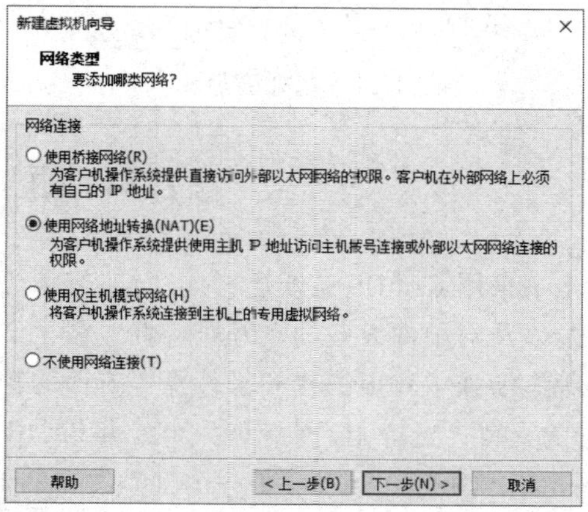

图 1.21　设置网络连接类型

⑫ VMware 在虚拟 I/O 控制器时提供三种类型：BusLogic，技术相对较早，性能比其他两个较差，针对一些较老的操作系统（如 Windows 2000），兼容性较好；LSI Logic 和 LSI Logic SAS 性能要优于 BusLogic，两者的性能也相近。一般情况下按照推荐选择即可，如图 1.22 所示。

⑬ 虚磁盘包括 4 种：IDE、SCSI、SATA、NVMe，推荐采用 SCSI 磁盘，如图 1.23 所示。

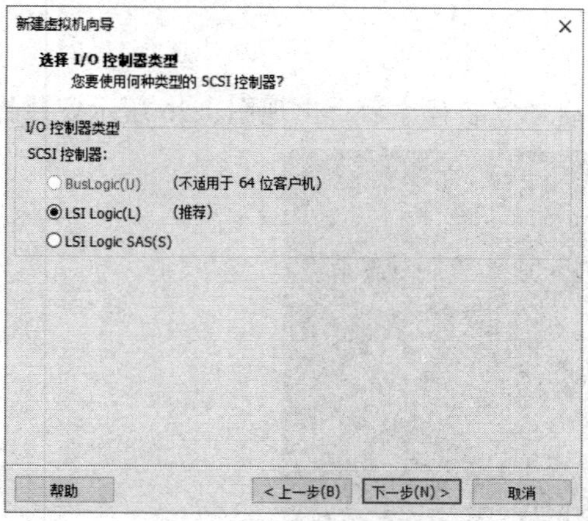

图 1.22　选择 I/O 控制器类型

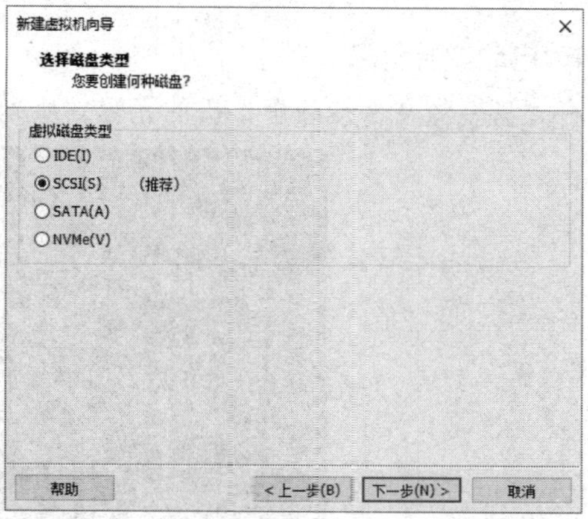

图 1.23　选择磁盘类型

⑭ 单击“下一步”按钮，选择“创建新虚拟机磁盘”单选按钮，如图 1.24 所示。

⑮ 单击“下一步”按钮，选择“新 CD/DVD（SATA）”选项设置光驱，如图 1.25 所示。

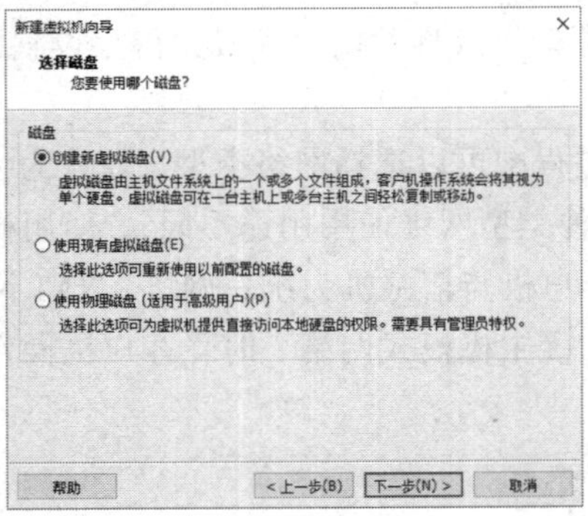

图 1.24　选择磁盘

图 1.25　设置光驱

1.2 项 目 实 施

本书采用 CentOS 系统进行编写，它继承了 Red Hat Enterprise Linux 在服务器领域优越的稳定性，以及对硬件设备的良好兼容性。截至 2021 年 6 月，最新版本为 CentOS 8.4.2105，相较前一版本增强了对虚拟化和云计算等方面的特性，如支持 Docker 容器，增强了对 Open VMware Tools 的支持，支持 4G 网卡等。2020 年末，Red Hat 公司发布了 CentOS Stream，用于替代原有的 CentOS。CentOS Stream 是一个滚动发布的 Linux 发行版，它介于 Fedora Linux 的上游开发和 RHEL 的下游开发之间而存在。本书采用 CentOS 7 作为蓝本进行编写，相关操作适用于 CentOS 7 和 CentOS 8。

CentOS 7 的安装与以往版本相比更为简便和快速，在安装过程中默认设置了很多选项，用户不再需要每一项都进行设置。当前 CentOS 的安装程序以 ISO 镜像文件方式提供给用户使用。

1.2.1 安装过程

视 频

CentOS 安装

1. 启动安装程序

将光盘镜像文件挂载虚拟机的光驱，从光盘启动安装程序后，出现图 1.26 所示安装界面。

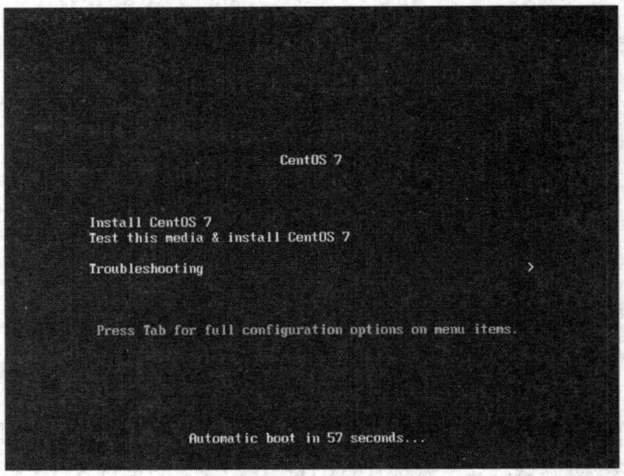

图 1.26　安装界面

CentOS 在开始安装时，提供三个安装选项：第一项为直接安装 CentOS 7（Install CentOS 7）；第二项为介质检测和安装 CentOS 7（Test this media & install CentOS 7），此项为默认项；最后一项为故障排除（Troubleshooting），选择此项并按【Enter】键后会进入子菜单，并进行系统维护。

此处可以通过键盘上的方向键，选择直接安装的菜单项，省去对安装介质的检测，以节约时间，当然，前提是已经知道安装介质没有问题。如果是第一次安装，建议进行介质检测，以防止在安装过程中因介质问题导致无法安装。在选择直接安装项后直接按【Enter】键，进入图形安装界面进行系统安装。

2. 选择安装过程中使用的语言

在进入图形安装界面后，首先选择安装过程中所使用的语言，如图 1.27 所示。在左下角的文本框中输入“Chinese”后，可在上方的列表中选择“中文”，并选择“简体中文”，单击“继续”按钮。

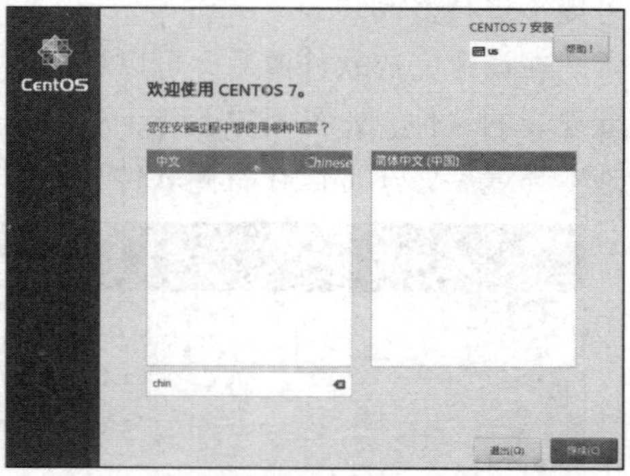

图 1.27　语言选择

3. 安装选项设置

CentOS 简化了安装步骤，与以往版本有所区别，在这一步中，同时提供了多个安装选项，主要完成系统的本地化设置、软件安装设置和基本系统设置，如图 1.28 所示。

图 1.28　安装信息摘要

在本地化设置中有三项：键盘、语言支持、时间和日期，单击各项后，进入设置画面，分别如图 1.29 ~ 图 1.31 所示。

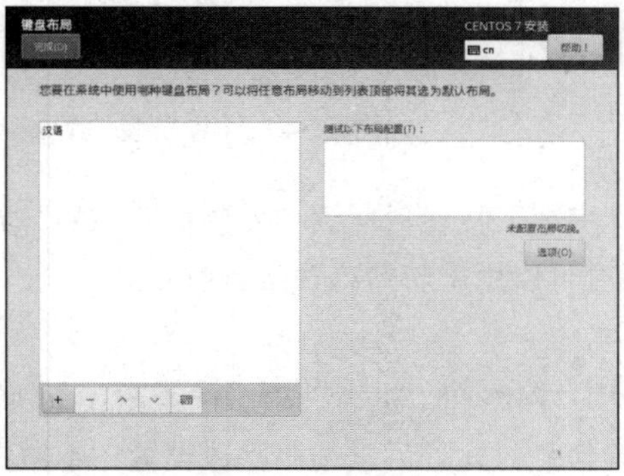

图 1.29　键盘布局

图 1.30　设置语言

在对相关项目设置完成后，单击左上角的“完成”按钮，进行确定并回到上一页面。在软件安装选项中可以选择安装源和具体要安装的软件。安装源配置界面如图 1.32 所示，如果设置为网络上的资源，必须保证网络通畅。在该页面上还可以设置额外软件仓库的位置，既可以是本地也可以是网络上的某个资源。此处可按照默认设置进行选择，如果不需要额外软件则可以不进行修改。

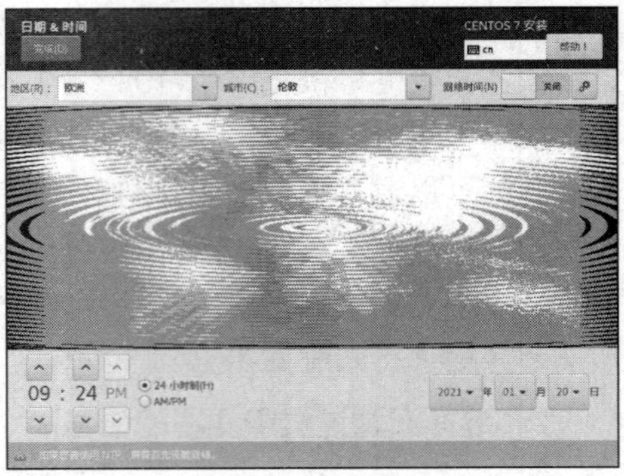

图 1.31　设置时间和日期

在设置完成软件源后，可以根据需要选择系统需要安装的软件，如图 1.33 所示，该页面中，选择确定基本环境后，还可以在右侧软件列表中选择安装其他需要的软件。

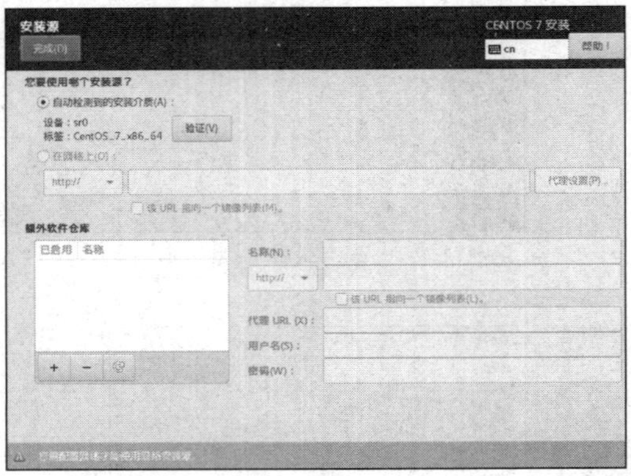

图 1.32　设置安装源

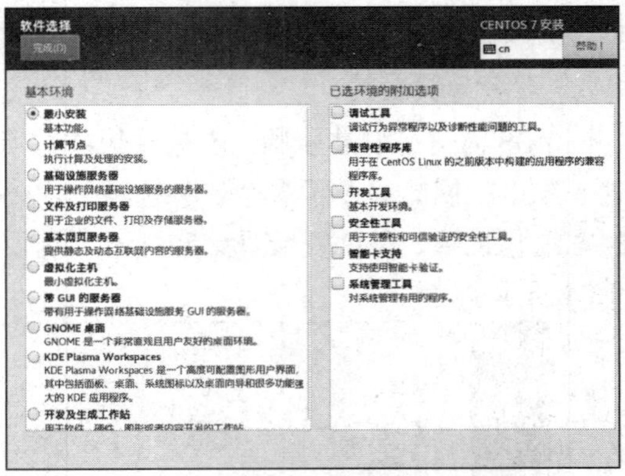

图 1.33　设置安装软件

4. 设置磁盘分区

在图 1.28 所示的“安装信息摘要”中选择“安装位置”项后进入图 1.34 的安装目标位置选择界面，在这里选择前面创建虚拟机时创建的硬盘后，单击“完成”按钮可以回到“安装信息摘要”界面。在这里还可以通过界面左下角的按钮添加专用磁盘或网络硬盘。

5. 设置 KDUMP

在图 1.28 所示的“安装信息摘要”界面中，单击“KDUMP”进入 KDUMP 设置界面，如图 1.35 所示。在此处可以设置 KDUMP 的保留内存方式，默认为自动，手动设置可以指定要保留内存的大小。单击“完成”按钮后回到“安装信息摘要”界面。

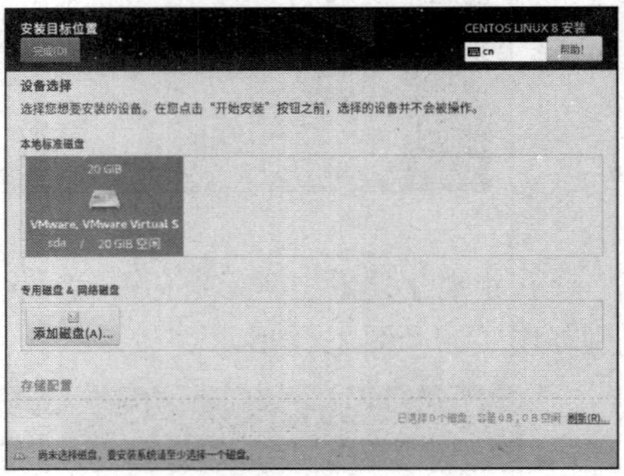

图 1.34　设置安装位置

KDUMP 是一个安全工具，当系统崩溃、死锁时可以用来转储内存运行参数。

6. 设置网络参数

在图 1.28 所示的“安装信息摘要”界面中选择“网络和主机名”项，进入图 1.36 所示界面，在这里可以配置以太网的网络参数和主机名等信息，此处可以按照默认设置，不做更改。

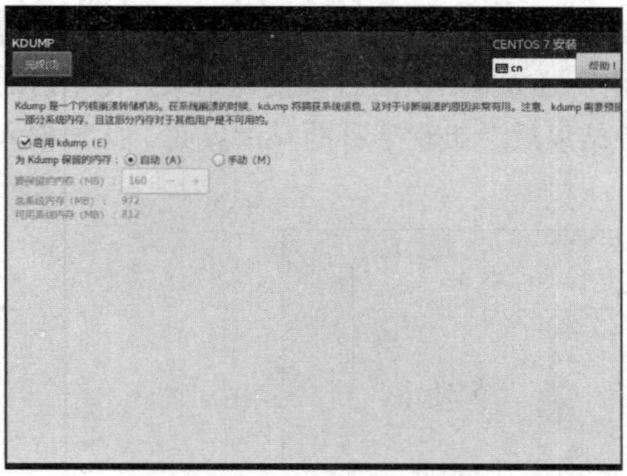

图 1.35　设置 KDUMP

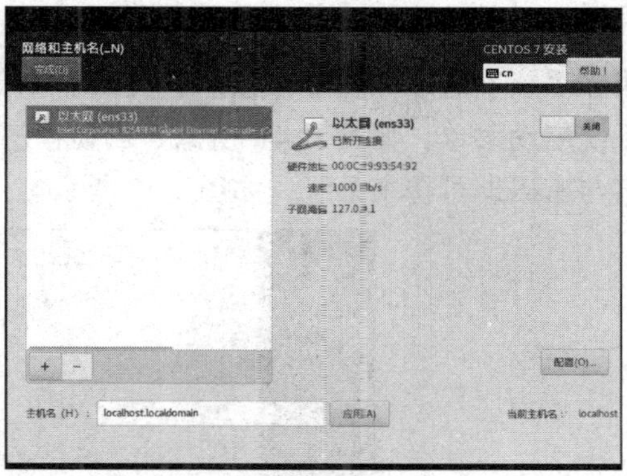

图 1.36　设置网络参数

7. 程序安装与用户设置

在设置完成以上项目后，图 1.28 的“开始安装”按钮已可用，单击该按钮后进入用户信息设置界面，如图 1.37 所示。在等候用户选择设置的同时，安装程序同时已经开始进行程序复制，可以看到进度条的变化。在这里可以为根用户设置密码，如图 1.38 所示；还可以创建新用户，如图 1.39 所示。在设置完成后单击“完成”按钮返回上一界面。

图 1.37　程序安装与用户设置

图 1.38　设置根用户密码

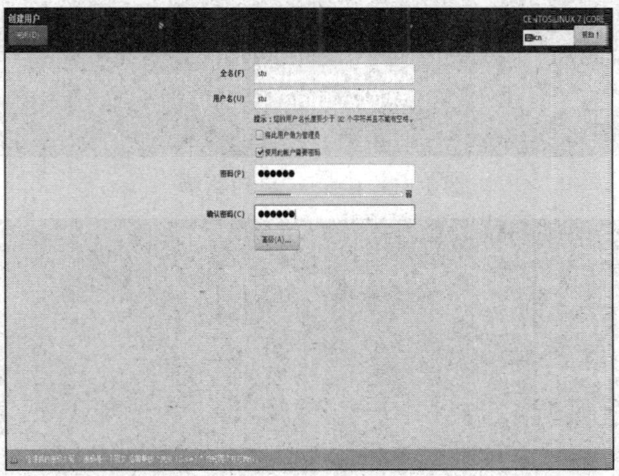

图 1.39　创建新用户

程序安装完成后，系统会提示进行重启，如图 1.40 所示，单击“重启”按钮后系统重启。如果在系统安装软件设置时选择了服务器或最小化安装方式，安装过程到此结束。在重启后进入系统启动菜单，如图 1.41 所示，启动程序引导结束后会出现字符的登录界面，此处输入用户名与密码即可登录系统，如图 1.42 所示。

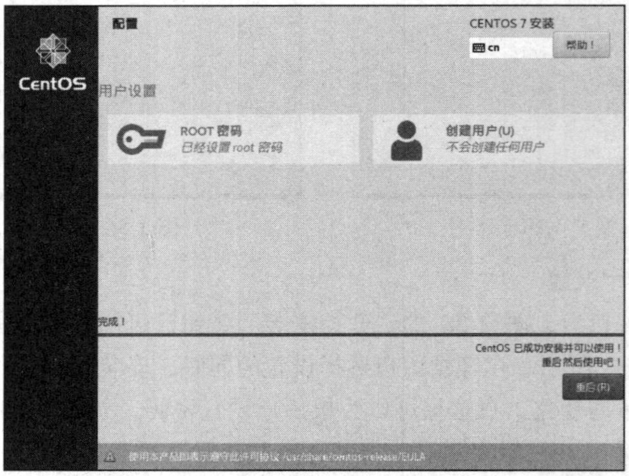

图 1.40　安装完成并重启

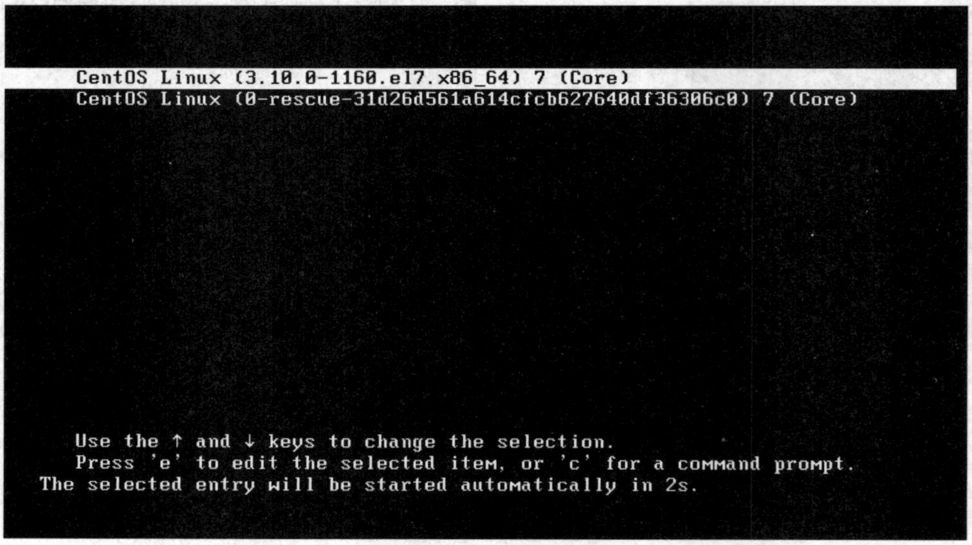

图 1.41　CentOS 启动菜单

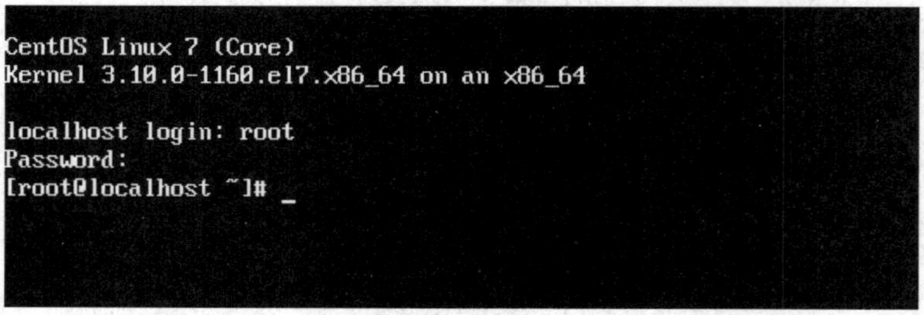

图 1.42　登录系统

如果安装选项中选择了具有图形界面的安装方式，在登录时会出现登录前的初始设置，如图 1.43 所示，完成后，会出现图 1.44 所示的登录界面。

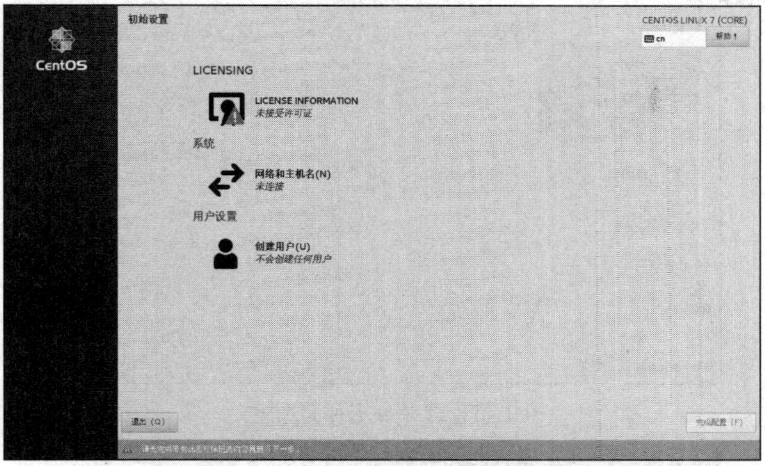

图 1.43　初始设置

图 1.44　图形界面登录系统

1.2.2　定制安装方式

默认安装过程中，安装程序默认分区方式比较简单，不适合所有应用场景，因此有时需要根据应用需求对安装分区进行手工设置。以下操作将一块硬盘分成四个分区：“/boot”分区、swap 分区、“/”分区和“/home”分区。

在图 1.28 所示的“安装信息摘要”中选择“安装位置”项后进入安装目标位置选择界面，在左下角的“其他存储选项”项选择“我要配置分区”单选按钮，如图 1.45 所示，单击“完成”按钮后，进入图 1.46 所示的界面，单击左下部分的“+”按钮，进行分区添加，进入图 1.47 所示的界面中，在弹出的对话框中设置挂载点和期限容量，“/”、“/boot”、“/home”和“swap”分区分别设置为 13 GB、300 MB、3.8 GB 和 2 GB，如图 1.48 所示。单击“完成”按钮后完成添加。

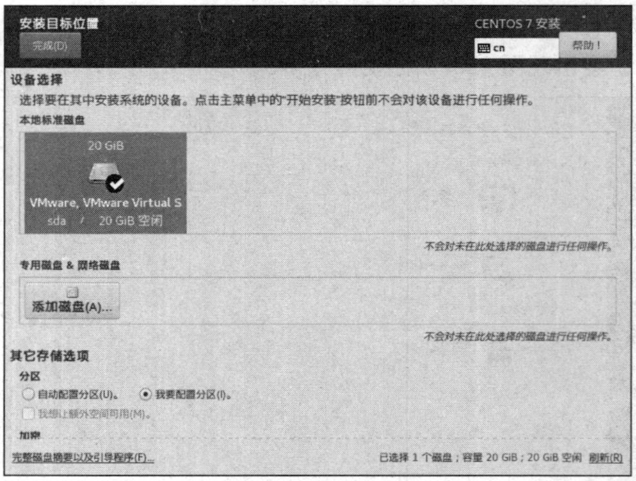

图 1.45　选择自定存储配置

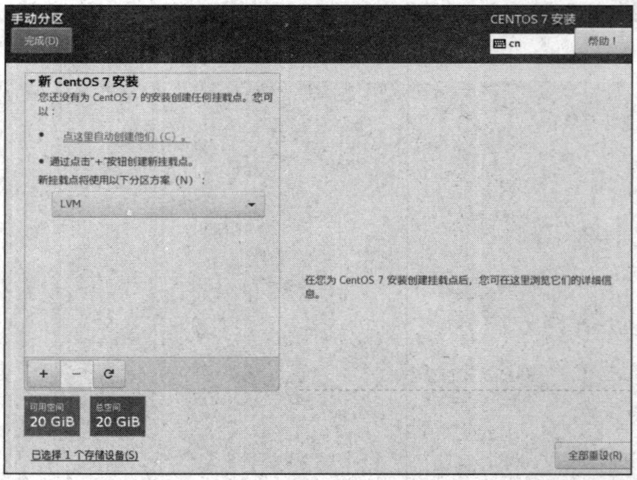

图 1.46　定制分区

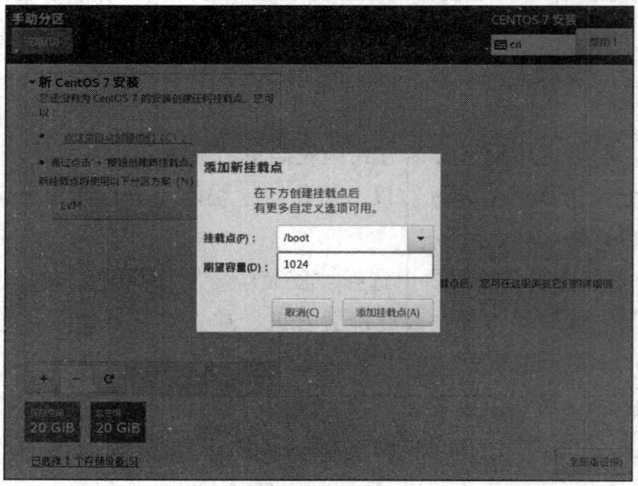

图 1.47　添加新的挂载点

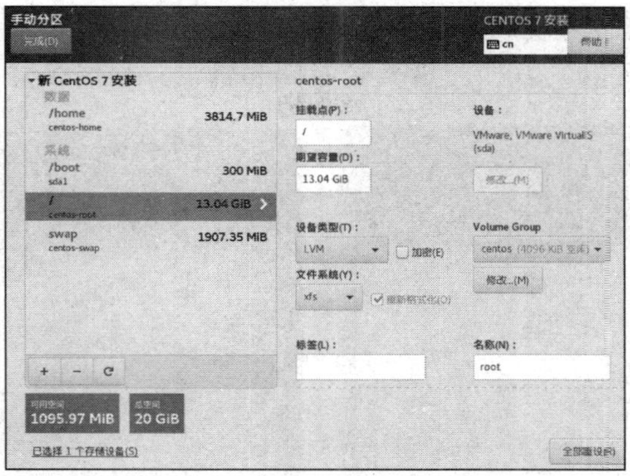

图 1.48　设置完成的结果

1.3　技 术 拓 展

1.3.1　安装 Ubuntu Linux

视 频

Ubuntu 的安装

Ubuntu（乌班图）是一个以桌面应用为主的 Linux 操作系统，其名称来自非洲南部祖鲁语或豪萨语的 Ubuntu 一词，意思是“我的存在是因为大家的存在”。Ubuntu 基于 Debian 发行版和 Gnome 桌面环境，而从 11.04 版起，Ubuntu 发行版放弃了 Gnome 桌面环境，改为 Unity。Ubuntu 系统在稳定性和易用性方面都非常出色，也是 Linux 族群中在桌面应用所占比例较大的一个发行版。Ubuntu 社区非常活跃，用户可以方便地从社区获得帮助。

Ubuntu 的安装比较简单方便，同时还提供直接启动试用的功能，用户可快速体验该系统。安装步骤如下：

① 选择“安装 Ubuntu”，如图 1.49 所示。

虽然 Ubuntu 的默认安装方式可以很方便地将系统安装在硬盘上，但也提供了定制和调整分区的选项。如果采用默认分区方案进行安装，可以选择图 1.50 所示的“清除整个磁盘并安装 Ubuntu”单选按钮；如果需要自己调整分区，可以选择“其他选项”单选按钮进入相关界面对磁盘进行手工设置。

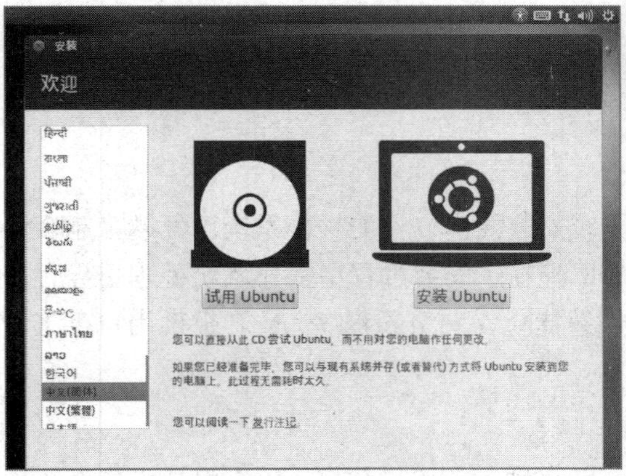

图 1.49　选择安装语言、安装或试用选项

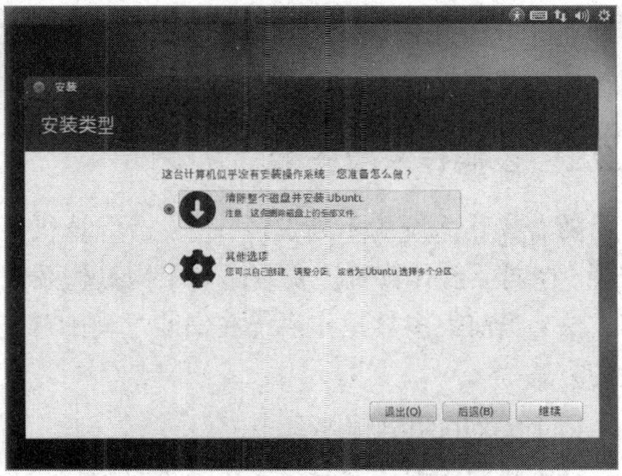

图 1.50　选择安装类型

② 打开“清除整个磁盘并安装 Ubuntu”界面，如图 1.51 所示。

③ 与很多操作系统安装一样，设置系统时间和键盘，如图 1.52 和图 1.53 所示。

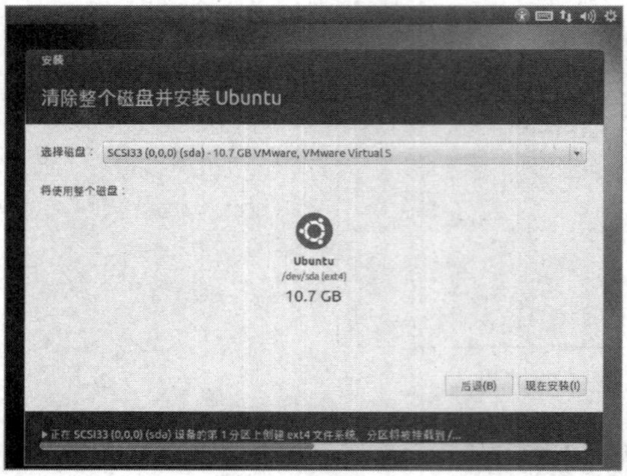

图 1.51 “清除整个磁盘并安装 Ubuntu”界面

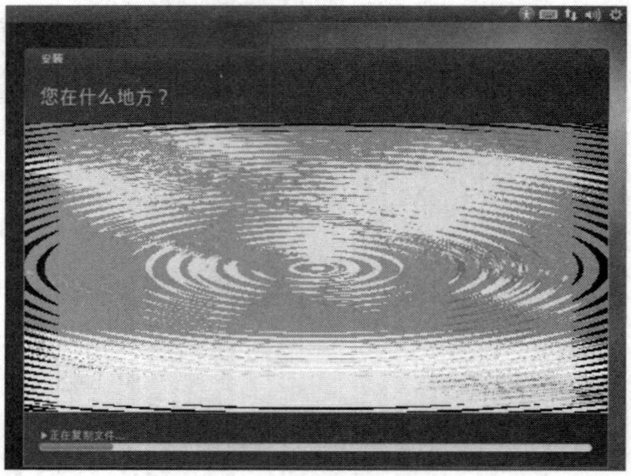

图 1.52 设置时间

④ 在图 1.54 所示页面设置用户信息与计算机名称。Ubuntu 默认不提供以 root 用户身份登录，而是推荐用在这里设置的用户进行登录。如果选择“自动登录”单选按钮就可以无密码登录。

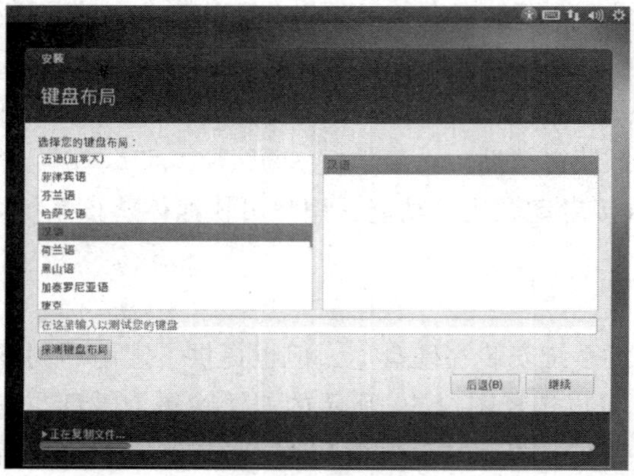

图 1.53 设置键盘

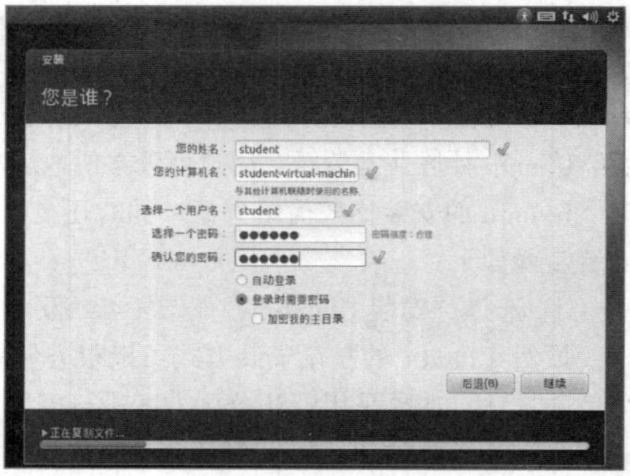

图 1.54 设置登录用户

在此后的安装系统过程中还会从网络上下载一些文件，所以安装过程时间较长。安装完成后重启系统。

1.3.2 多操作系统安装

随着操作系统的不断发展，在一台计算机上同时安装两套以上的操作系统已经越来越容易实现。在同一台计算机上安装两套不同操作系统的原理在于安装过程中操作系统处理引导程序的方法，当前大多数操作系统在安装过程中都能够智能化安装引导程序，或者提供用户手工设置的方式。

1. Linux 的引导程序

计算机启动时，在对计算机硬件自检完成后，会启动一个引导程序，由它引导操作系统启动。引导 Linux 系统的过程经过很多阶段，不论是标准的 x86 桌面系统，还是嵌入式的 Power PC，甚至安卓系统，其引导过程都很相近。

Linux 系统目前常用的引导程序是 GRand Unified Boot loader（简称 GRUB），它是 GNU 项目的启动引导程序。GRUB 提供多操作系统启动的功能。GRUB 可用于选择操作系统分区上的不同内核，也可用于向这些内核传递启动参数。除了 GRUB 引导程序，有的 Linux 系统还采用 LILO（LInux LOader），但由于其功能上的限制，使用较少。

2. Windows 7 与 Linux 双系统的安装

在一些特殊的需求下，往往会在同一台物理机上安装两个或者两个以上的操作系统，例如，在一台计算机上同时安装 Windows 系统和 Linux 系统，或者在同一台服务器上安装两个不同版本的 Linux 系统，这时就需要借助 GRUB 来实现。

下面以 Windows 7 和 Linux 系统安装在同一台计算机上为例介绍双系统的安装方法。在安装前需要确定安装顺序，一般情况下先安装 Windows 系统，然后再安装 Linux 系统，这样 GRUB 会识别 Windows 系统的引导程序而保证两个系统都可以正常启动。如果安装顺序反了，Windows 的引导程序会覆盖已经安装好的 GRUB，就无法实现双系统正常启动。

（1）系统存储划分

Windows 系统与 Linux 使用不同的文件系统，因此在安装前首先要规划好存储，可以在 Windows 安装完成后使用 Windows 的磁盘管理工具对磁盘进行分割，也可以采用分区工具在安装前将硬盘划分好。

（2）安装 Windows 7

Windows 7 的安装不需要特殊设置，按照其安装向导进行安装即可。如果没有提前为 Linux 划定安装分区，在安装完成后在 Windows 的磁盘管理工具对分区进行重新划分，将其转换为未知分区即可。

（3）安装 Linux

Linux 在安装过程中，绝大多数步骤与前面介绍的没有区别，不同的也是最为关键的是选择分区处，应注意不要选错分区。

1.3.3 Linux 系统在中国的本地化

虽然我国信息产业发展晚于西方国家，但早在 Linux 系统发展初期，从官方到民间都关注着 Linux 系统的发展，并不断地参与其中，其本地化的过程也一直在默默地进行。

1. 本地化发行版

早在 20 世纪 90 年代末至 21 世纪初的一段时间，笔者就接触了两个开始做本地化的发行版，一个是有着科研院所背景的中科红旗 Linux，一个是民间的 Xteam Linux。二十多年的发展历程，Linux 系统本土化一步步在前行。对于大多数人来说，或许意识不到，但各个企业与团队的努力工作与创新已经为我国信息产业的发展提供了越来越好的软件环境。

（1）中科红旗 Linux 系统

中科红旗 Linux 系统包括桌面版、工作站版、数据中心服务器版、HA 集群版和红旗嵌入式 Linux 等产品。红旗 Linux 系统是国内发展最早的一批 Linux 发行版，也是国内较大、较成熟的 Linux 发行版之一。

（2）中标麒麟

中标麒麟操作系统依然是基于 Linux 内核，同样针对桌面和企业服务提供不同的版本，已经广泛使用在能源、金融、交通、政府、央企等领域。同时，其构建的基于 Linux 架构的中标麒麟安全云操作系统桌面虚拟化方案也是云计算领域中的典型应用。

（3）深度操作系统 deepin

deepin 操作系统是由武汉深之度科技有限公司开发的 Linux 发行版。deepin 操作系统是一个基于 Debian 的 Linux 操作系统，该系统主要针对一般用户的桌面版，为用户在日常办公、学习与娱乐提供比原生 Linux 桌面环境更友好的用户体验。

2. 华为鸿蒙 OS

华为鸿蒙 OS 是华为自行研发的一款基于 Linux 内核的操作系统。鸿蒙 OS 基于微内核的面向全场景的分布式操作系统，可以适配智慧屏、手机、平板、计算机、智能汽车、可穿戴设备等多终端设备。

小　结

在使用 Linux 之前，必须首先将其安装在计算机中，本项目侧重于对 CentOS 7 安装方法的介绍，内容覆盖了从安装前的准备到具体的安装过程。

本项目介绍安装方法时，重点介绍了通过光盘安装方式，以及通过硬盘安装前期要做的准备工作。虽然本项目以 CentOS 7 为例进行介绍，但具体安装过程同样适用于其他版本的 Linux 操作系统。

练　习

1. 对比 CentOS 7 与 Ubuntu Linux 的安装过程有什么异同。
2. 双系统安装过程中应注意哪些问题？
3. 在网上访问一些 Linux 开源社区，了解 Linux 运维领域的新动向。

项目2

文件和目录管理

在计算机中数据信息都存储在各种不同的文件当中，因此操作系统一个非常重要的作用就是管理各种各样的文件。文件系统是操作系统重要的一部分，它定义了磁盘上存储文件的方法和数据结构。文件系统是操作系统组织、存取和保存信息的重要手段，每种操作系统都有自己的文件系统，如 Windows 所用的文件系统主要有 FAT16、FAT32 和 NTFS，Linux 所用的文件系统主要有 ext2、ext3、ext4、xfs 等。

2.1 技术准备

2.1.1 文件与目录

1. Linux 文件系统类型介绍

文件系统是操作系统在存储介质上组织文件的方法，不同的操作系统采用不同的文件系统类型。Linux 支持的文件系统类型较多，仅就 Linux 核心而言就可以支持十多种文件系统类型：JFS、ReiserFS、ext、ext2、ext3、iso9660、XFS、Minx、msdos、umsdos、Vfat、NTFS、Hpfs、NFS、smb、sysv、proc 等。很长一段时间，ext3 是多数 Linux 发行版默认的文件系统，随着 Linux 的应用规模越来越大，越来越多的发行版开始采用 ext4 或 xfs，作为默认文件系统。在这些文件系统中与 Windows 相关的文件系统类型有 msdos、umsdos、Vfat、NTFS 等，iso9660 是标准 CDROM 文件系统。

2. Linux 文件系统结构

Linux 文件系统中文件包含了文件中存储的数据以及文件系统的结构，并存储在块存储设备上，用户与程序通过文件系统访问这些文件。Linux 将整个文件系统表示成单一实体的层次树结构，在系统安装一个文件系统时会将其加入到文件系统层次树中。不管文件系统属于什么类型，都被连接到一个目录上，且此文件系统上的文件将取代此目录中已存在的文件。这个目录称为安装点或者安装目录。当卸载此文件系统时，这个安装目录中原有的文件将再次出现。

Linux 操作系统使用虚拟文件系统（VFS）实现对多种文件系统的支持。VFS 向上和用户进程文件访问系统调用接口，向下和具体不同文件系统的实现接口，如图 2.1 所示。通过 VFS 可以实现任意的文件系统，这些文件系统通过文件访问系统调用都可以访问。

Linux 系统中文件与目录在文件系统的组织和管理下为用户提供了一种树状结构，用户在使用文件和目录的时候，就像在操作和管理这棵树的各个叶子结点。虽然 Linux 拥有多种发行版，但其目录结构与用途基本一致，如图 2.2 所示。

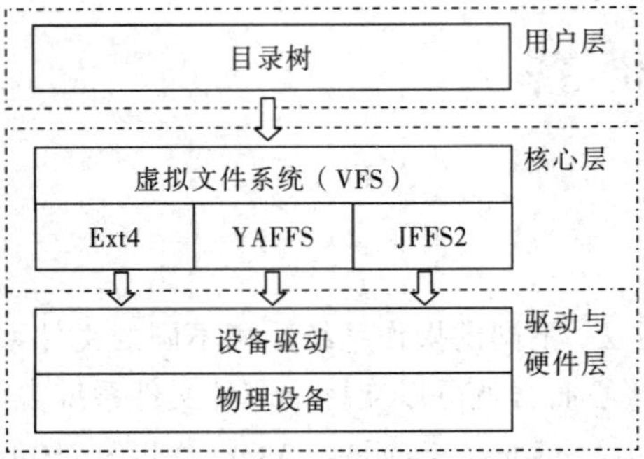

图 2.1　Linux 虚拟文件系统工作原理

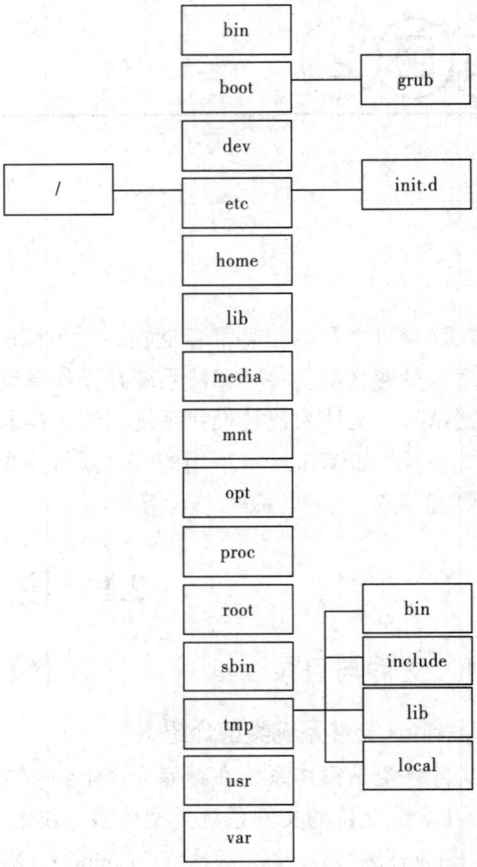

图 2.2　Linux 目录树结构

Linux 目录树的起点为根目录“/”，其他目录根据功能和特点分布其下，具体存放内容如表 2.1 所示。

表 2.1　Linux 目录内容

目录名称	目 录 内 容
/bin	存放常用命令的目录，这些命令可以被 root 与一般账号所使用
/boot	存放系统启动和引导所需文件与配置信息，Linux 核心文件一般放在此目录内
/dev	存放 Linux 系统中设备所对应的设备文件
/etc	存放系统配置文件，所有用户都可以查看文件，但只有 root 用户才有修改的权限。该目录下的 /etc/init.d/ 目录是所有服务的启动脚本存放的位置
/home	存放普通用户的工作目录（也称家目录），用户在自己的共工作目录中拥有全部权限
/lib	存放库文件和内核模块
/media	即插即用设备的挂载点自动存放在这个目录下
/mnt	用于挂载临时文件系统，早期版本 mnt 的功能与 media 相同，后来将两者做了区分

续表

目录名称	目 录 内 容
/opt	第三方软件的存放目录
/root	Linux 超级权限用户 root 的工作目录
/sbin	存放基本的系统维护命令，只能由超级用户使用
/srv	存放一些服务器启动之后需要提取的数据
/tmp	临时文件目录
/usr	存放用户使用系统命令和应用程序等信息
/var	存放经常变动的数据，如日志、邮件等

除了本地文件系统，Linux 还可以通过挂载的方式将其他文件系统挂载到指定的目录上。无论是本地文件系统还是通过挂载的其他文件系统，Linux 中文件在目录树中的位置都是通过路径方式描述，每一个文件在目录树中的路径是唯一的。在 Linux 中有两种路径表示方式：绝对路径和相对路径。

① 绝对路径：由根目录（/）开始写起的文件名或目录名称，例如 /home/student/.bashrc。

② 相对路径：相对于当前位置的路径表述。例如，student/.bashrc 表示当前目录下 student 目录下的.bashrc 文件。还可以用“./”表示当前目录，“../”表示所在位置的上一级目录，如“./home/student 或 ../../home/student/ 等。

3. 虚拟机的网络模式

在使用虚拟机学习 Linux 系统应用时，经常会涉及虚拟机和宿主操作系统之间的网络连通，以下以 VMware 为例介绍虚拟机所使用的主要网络模式，其他的虚拟机软件的虚拟网络模式与之类似。VMware 的虚拟网络模式主要有三种。

（1）桥接模式

使用桥接模式的虚拟操作系统和宿主操作系统就像连接在同一台交换机上，设置与宿主操作系统在同一网段的 IP 地址与子网掩码后，就可以像在局域网中一样相互访问。

（2）NAT 模式

NAT 模式下 VMware 通过 VMnet8 虚拟网卡的 DHCP 服务器提供虚拟系统的 TCP/IP 配置信息，虚拟机可以很方便地通过 NAT 转换访问外网，但不能够访问与宿主机同网段的主机。

（3）Host-only 仅主机模式

仅主机模式下 VMware 通过 VMnet1 虚拟网卡与宿主机之间建立的虚拟子网，所有的虚拟机与宿主机之间可以实现网络通信，但不能访问外网和宿主机所在的局域网。在一些特殊的网络调试环境中，要求将真实环境和虚拟环境隔离开，这时宜采用 Host-only 仅主机模式。

（4）虚拟网络设置案例

以下通过设置 NAT 模式为例介绍在虚拟机中应用虚拟网络。选择系统菜单的“编辑”项的“虚拟网络编辑器”后，在弹出的对话框中选择 NAT 模式，在子网 IP 处设置子网信息和子网掩码，如图 2.3 所示。在设置完 NAT 模式的信息后，选择系统菜单“虚拟机”项中的“设置”，在弹出的设置对话框中，将“网络适配器”设置为 NAT 模式，如图 2.4 所示。

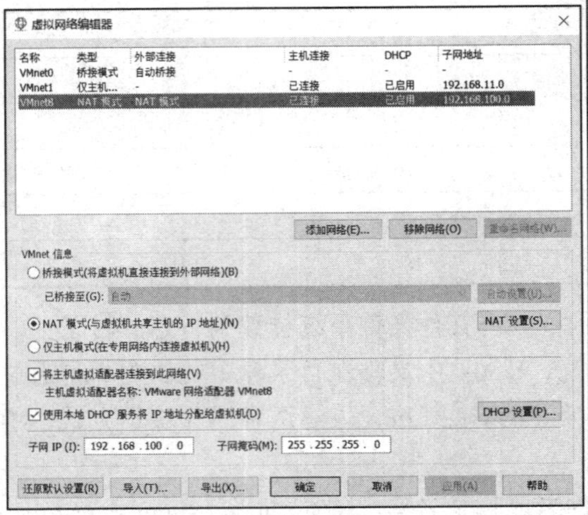

图 2.3 虚拟网络编辑器

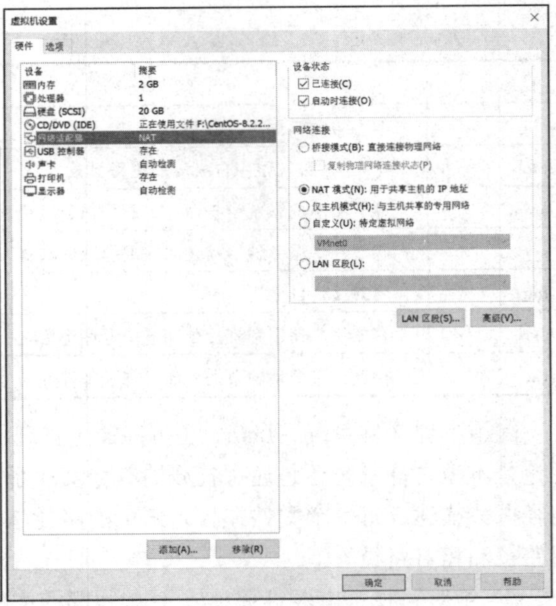

图 2.4 设置网络适配器

在设置完虚拟网络后，在虚拟机的终端窗口中可以设置主机的 IP 地址信息，通过 ip addr 命令设置具体的 IP 地址如图 2.5 所示，具体命令参考如下：

```
[root@localhost ~]# ip addr add 192.168.100.100/24 dev ens33
```

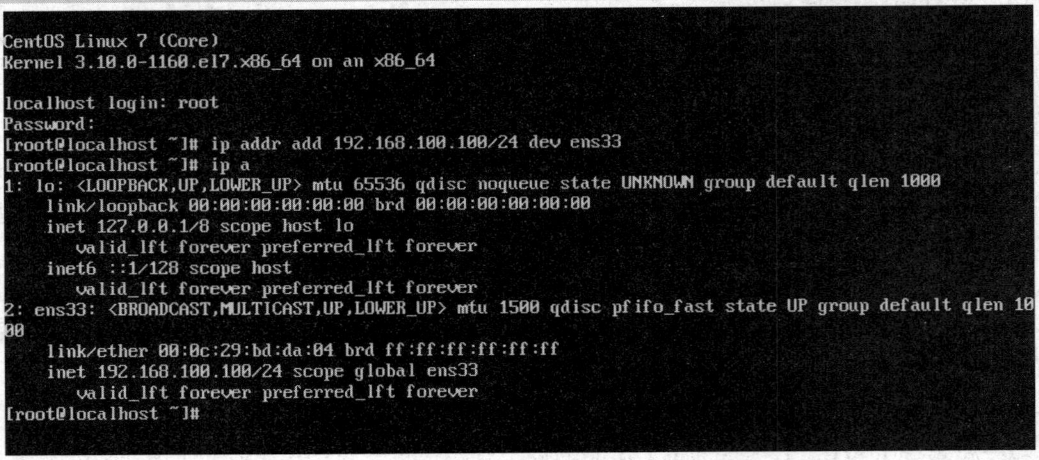

图 2.5 设置 IP 地址

视频

Linux 终端的使用

4. Linux 终端的使用

（1）Linux 终端介绍

Linux 是一个多用户多任务系统，可以通过多个终端供不同用户同时登录和使用系统。Linux 终端也称虚拟控制台，采用字符命令方式工作，用户通过键盘输入命令，执行结果或反馈信息通过显示器为用户显示。在 Linux 提供图形操作界面的环境下，终端存在两种模式：一种是纯文本模式，如图 2.6 所示；另一种是在图形界面中的字符终端，如图 2.7 所示。

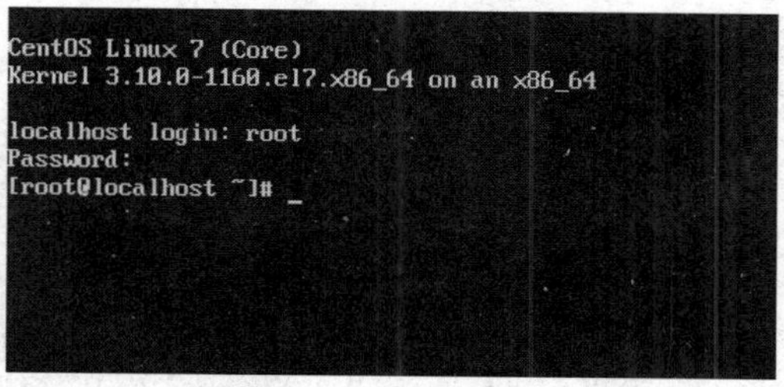

图 2.6　纯文本模式命令终端

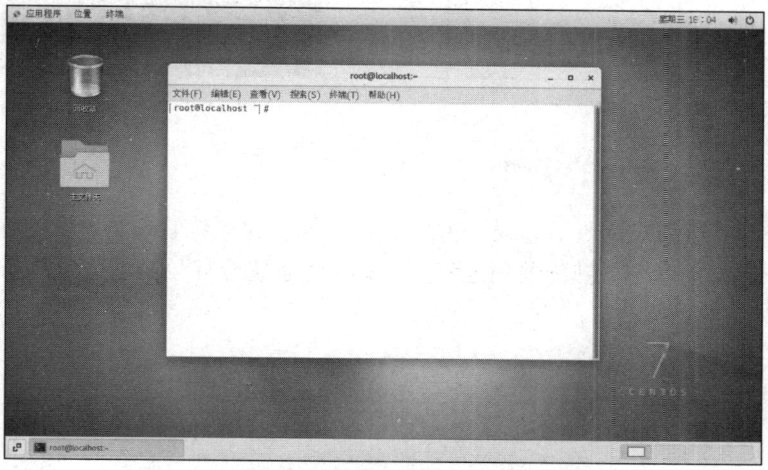

图 2.7　图形界面中的字符终端

通常 Linux 有六个终端，如果启动了 X Window，则 X Window 在第七个虚拟终端，使用【Ctrl+Alt+F1 ~ F7】组合键进行切换。

（2）远程登录 Linux

作为系统管理员，多数情况下不能直接在服务器机房里登录、管理和维护系统，经常会采用远程登录的方式进行管理。远程管理既有文本界面工具（telnet、ssh 等），也有图形界面工具（Xdmcp、VNC 等）。由于 telnet 的安全性能很差，因此现在已经很少在服务器系统维护时使用，但在设备维护中依然常用。图形界面工具虽然易用性很好，但因为消耗资源较多从而会影响系统性能，也很少在专业的运维中采用。Windows 系统远程登录 Linux，通过 SecureCRT、Putty、SSH Secure Shell、MobaXterm_Personal 等软件来完成，下面通过 MobaXterm_Personal 登录远程服务器。

双击运行 MobaXterm_Personal 后，单击图 2.8 所示的界面上部工具条的“Session”按钮，打开配置对话框，如图 2.9 所示，在设置窗口中选择“SSH”，在“Remote host”中输入 IP 地址，在“Specify username”中输入用户名，单击 OK 按钮后，在主界面中输入密码即可登录，如图 2.10 所示。

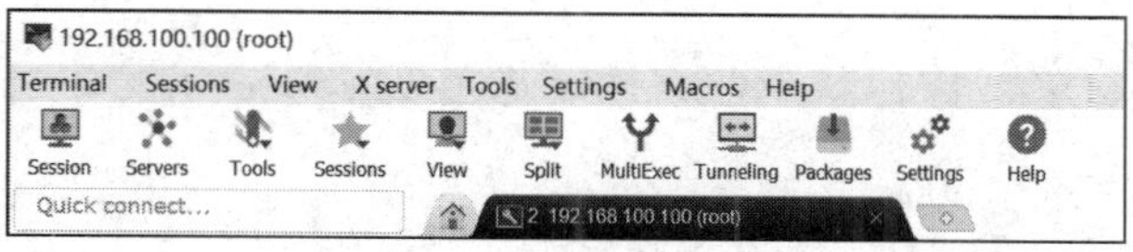

图 2.8　菜单界面

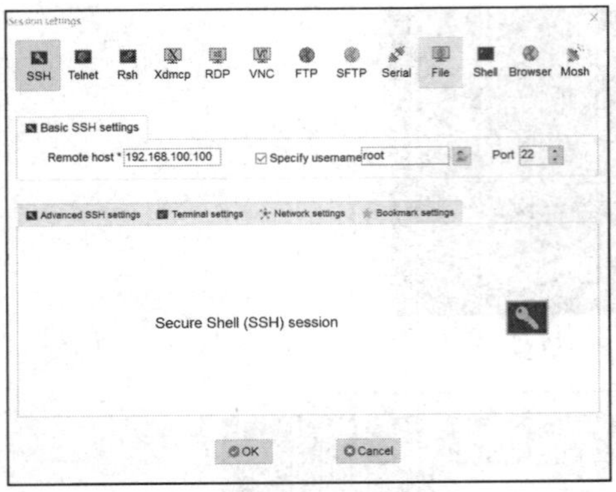

图 2.9　配置对话框

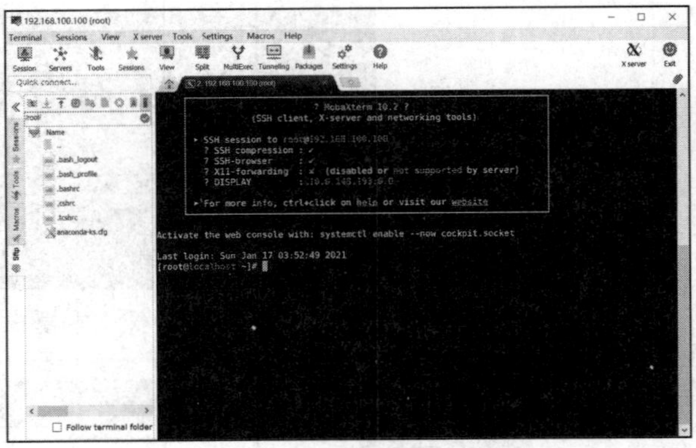

图 2.10　登录界面

2.1.2　Linux 文件和目录的操作

操作系统中存在大量的文件和目录（相当于文件夹），是系统管理员日常管理的主要对象，因此系统提供很多相关命令，熟练使用这些命令是作为系统管理员必不可少的基本技能。

● 视 频

文件创建、查看和显示

1. Linux 文件操作

（1）创建、查看和显示文件

① 创建文件：方法较多，可以使用命令 touch 创建一个空文件。

示例 1：创建文件。

```
[root@localhost ~]# touch 2.txt
```

② 查看文件信息：最常用的命令是 ls，可以查看当前或指定目录下文件信息。在提示符后输入 ls 后按【Enter】键，会显示当前目录下文件信息。

示例 2：查看当前目录下文件。

```
[root@localhost ~]# ls
2.txt  anaconda-ks.cfg
```

命令格式：

```
ls [选项]… [文件名]…
```

主要选项：

-l：显示文件详细信息。

-a：显示所有文件和目录，包含隐藏文件和目录。

示例 3：显示文件详细信息。

```
[root@localhost ~]# ls -l
总用量 4
-rw-r--r--. 1 root root    0 1月  15 12:15 2.txt
-rw-------. 1 root root 1302 1月  15 11:11 anaconda-ks.cfg
```

示例 4：显示当前目录下全部文件的详细信息。

```
[root@localhost ~]# ls -al
总用量 24
dr-xr-x---.  2 root root  127 1月  15 12:15 .
dr-xr-xr-x. 17 root root  224 1月  15 11:08 ..
-rw-r--r--.  1 root root    0 1月  15 12:15 2.txt
```

```
-rw-------. 1 root root 1302 1月  15 11:11 anaconda-ks.cfg
-rw-r--r--. 1 root root   18 5月  11 2019 .bash_logout
-rw-r--r--. 1 root root  176 5月  11 2019 .bash_profile
-rw-r--r--. 1 root root  176 5月  11 2019 .bashrc
-rw-r--r--. 1 root root  100 5月  11 2019 .cshrc
-rw-r--r--. 1 root root  129 5月  11 2019 .tcshrc
```

文件名前带“.”的文件或目录为隐藏文件或目录。

示例 5：列出“/var”目录下文件与目录的详细信息。

```
[root@localhost ~]# ls -l /var
总用量 4
drwxr-xr-x.  2 root root   19 1月  15 11:08 account
drwxr-xr-x.  2 root root    6 5月  10 2019 adm
drwxr-xr-x.  8 root root   91 1月  15 11:08 cache
drwxr-xr-x.  2 root root    6 4月  24 2020 crash
drwxr-xr-x.  3 root root   18 1月  15 11:08 db
drwxr-xr-x.  3 root root   18 1月  15 11:08 empty
drwxr-xr-x.  2 root root    6 5月  10 2019 ftp
drwxr-xr-x.  2 root root    6 5月  10 2019 games
drwxr-xr-x.  2 root root    6 5月  10 2019 gopher
drwxr-xr-x.  3 root root   18 1月  15 11:08 kerberos
drwxr-xr-x. 29 root root 4096 1月  15 11:10 lib
drwxr-xr-x.  2 root root    6 5月  10 2019 local
lrwxrwxrwx.  1 root root   11 1月  15 11:07 lock -> ../run/lock
drwxr-xr-x.  9 root root  233 1月  15 11:31 log
lrwxrwxrwx.  1 root root   10 5月  10 2019 mail -> spool/mail
drwxr-xr-x.  2 root root    6 5月  10 2019 nis
drwxr-xr-x.  2 root root    6 5月  10 2019 opt
drwxr-xr-x.  2 root root    6 5月  10 2019 preserve
lrwxrwxrwx.  1 root root    6 1月  15 11:07 run -> ../run
drwxr-xr-x.  7 root root   66 1月  15 11:08 spool
drwxrwxrwt.  3 root root   85 1月  15 11:22 tmp
drwxr-xr-x.  2 root root    6 5月  10 2019 yp
```

（2）复制和移动文件

视频

文件的复制移动

① 复制文件：文件复制命令 cp 用于将指定文件复制到指定位置。

命令格式：

```
cp [选项]... 源文件/目录 目的文件/目录
```

主要选项：

-a：此选项的效果和同时指定“-dpR”参数相同。

-d：当复制符号连接时，把目标文件或目录也建立为符号连接，并指 向与源文件或目录连接的原始文件或目录。

-f：强行复制文件或目录，不论目标文件或目录是否已存在。

-i：覆盖既有文件之前先询问用户。

-l：对源文件建立硬连接，而非复制文件。

-p：保留源文件或目录的属性。

-R/r：递归处理，将指定目录下的所有文件与子目录一并处理。

-s：对源文件建立符号连接，而非复制文件。

-u：使用这项参数后，只会在源文件的更改时间较目标文件更新时或者名称相互对应的目标文件并不存在时，才复制文件。

-S：在备份文件时，用指定的后缀 SUFFIX 代替文件的默认后缀。

-b：覆盖已存在的文件目标前将目标文件备份。

-v：详细显示命令执行的操作。

示例 6：将当前目录下的 anaconda-ks.cfg 文件复制到当前目录下的/tmp 目录中，并用 ls 查看/tmp 目录。

```
[root@localhost ~]# cp anaconda-ks.cfg /tmp
[root@localhost ~]# ls /tmp
anaconda-ks.cfg
```

复制文件时，如果目标地址已经存在同名文件，系统会询问是否进行覆盖，输入“y”进行覆盖，输入“n”不进行覆盖。再次执行上面的命令，会出现如下情况。

```
[root@localhost ~]# cp anaconda-ks.cfg /tmp
cp: 是否覆盖'/tmp/anaconda-ks.cfg'? y
```

如果在复制命令中添加“-f”选项，将会强制复制。

示例 7：复制文件的同时对文件进行重命名。

```
[root@localhost ~]# cp anaconda-ks.cfg anaconda-ks.cfg.bak
[root@localhost ~]# ls
2.txt  anaconda-ks.cfg  anaconda-ks.cfg.bak
```

示例 8：将目录复制到另一个目录下。

```
[root@localhost ~]# cp -r /tmp/ /mnt
[root@localhost ~]# ls /mnt
tmp
```

示例 9：复制多个文件或目录至指定目录。

```
[root@localhost ~]# cp -R 2.txt anaconda-ks.cfg /tmp /mnt
cp: 是否覆盖'/mnt/tmp/ks-script-a9tnt38z'? y
cp: 是否覆盖'/mnt/tmp/anaconda-ks.cfg'? y
[root@localhost ~]# ls /mnt
2.txt  anaconda-ks.cfg  tmp
```

② 移动文件：mv 命令用于移动文件或重命名文件。

命令格式：

```
mv [选项] 源文件或/目录 目标文件/目录
```

主要选项：

-b：覆盖操作前先进行备份。

-f：强制覆盖，如果目标文件已经存在，则不询问直接覆盖。

-i：若目标文件已存在，则会询问是否覆盖。

-u：若目标文件已经存在，且源文件比较新，才会更新。

-t：--target-directory=DIRECTORY move all SOURCE arguments into DIRECTORY，即指定

mv 的目标目录，该选项适用于移动多个源文件到一个目录的情况，此时目标目录在前，源文件在后。

示例 10：移动文件。

```
[root@localhost ~]# mv 2.txt /tmp
[root@localhost ~]# ls /tmp
2.txt  ks-script-a9tnt38z anaconda-ks.cfg
[root@localhost ~]# ls
anaconda-ks.cfg  anaconda-ks.cfg.bak
```

示例 11：重命名文件。

```
[root@localhost ~]# mv anaconda-ks.cfg anaconda-ks.cfg.info
[root@localhost ~]# ls
anaconda-ks.cfg.bak  anaconda-ks.cfg.info
```

（3）删除文件

视 频

删除文件

rm 命令用于删除一个或多个文件或目录，对于链接文件，只是删除了链接，原有文件保持不变。

命令格式：

```
rm  [选项]  文件…
```

主要选项：

-f：忽略不存在的文件，不给出提示。

-i：进行交互式删除。

-r、-R：将参数中列出的全部目录和子目录递归地删除。

示例 12：删除指定文件。

```
[root@localhost ~]# rm anaconda-ks.cfg.info
rm: 是否删除普通文件 'anaconda-ks.cfg.info'? y
[root@localhost ~]# ls
anaconda-ks.cfg.bak
```

删除过程中系统会提示确认删除，输入“y”后删除文件，输入“n”则不删除文件。如果添加选项“-f”可以进行强制删除。

示例 13：将 /mnt 目录中的 tmp 子目录以及其中所有文件删除。

```
[root@localhost ~]# rm -r /mnt/tmp
rm: 是否进入目录'/mnt/tmp'? y
rm: 是否删除目录 '/mnt/tmp/.font-unix'? y
rm: 是否删除目录 '/mnt/tmp/.X11-unix'? y
......
rm: 是否删除目录 '/mnt/tmp/.XIM-unix'? y
rm: 是否删除普通文件 '/mnt/tmp/anaconda-ks.cfg'? y
rm: 是否删除目录 '/mnt/tmp'? y
```

示例 14：将/mnt 目录中的 tmp 子目录以及其中所有文件强行删除。

```
[root@localhost ~]# rm -rf  /mnt/tmp
```

（4）查找文件

视 频

查找文件

Linux 系统中可以使用查找命令查找文件，常用的查找命令有 find、locate、grep 等。

① find 命令：最常用的查找命令，功能十分强大，可以根据文件名、权限、用户和组群

等多种条件进行查询。

命令格式：

```
find  [指定目录] [指定条件] [指定动作]
```

指定目录：所要搜索的目录及其所有子目录，默认为当前目录。

指定条件：所要搜索的文件的特征。

-name filename：查找名为 filename 的文件。

-perm：按执行权限来查找。

-user username：按文件属主来查找。

-group groupname：按组来查找。

-mtime -n +n -atime -n +n：按文件访问时间来查找。

-ctime -n +n：按文件创建时间来查找文件，-n 指 n 天以内，+n 指 n 天以前。

指定动作：对搜索结果进行特定的处理。

-print：find 命令将匹配的文件输出到标准输出。

-exec：find 命令对匹配的文件执行该参数所给出的 shell 命令，相应命令的形式为 'command' { } \;，注意{ }和“\;”之间的空格。

-ok：和-exec 的作用相同，只不过以一种更为安全的模式来执行该参数所给出的 shell 命令，在执行每一个命令之前，都会给出提示，让用户确定是否执行。

-print：将查找到的文件输出到标准输出。

-exec command {} \; ：将查到的文件执行 command 操作，{} 和“\;”之间有空格。

示例 15：在/var 目录中搜索文件名以 a 开头的文件。

```
[root@localhost ~]# find  -name 'a*'
./anaconda-ks.cfg.bak
```

示例 16：搜索/etc 目录中文件名为 dhcp 开头的文件。

```
[root@localhost ~]# find /etc -name 'dhcp*'
/etc/dhcp
```

示例 17：搜索/var 目录中 bind 开头的文件，并显示文件的详细信息。

```
[root@localhost ~]# find /var -name 'bind*' -ls
 17086271      0 drwx------    2  root      root            44  1 月  15 11:08
/var/lib/selinux/targeted/active/modules/100/bind
```

示例 18：搜索当前目录中，所有过去 10 min 中更新过的普通文件。

```
[root@localhost ~]# touch test
[root@localhost ~]# find  -type f -mmin -10
./test
```

示例 19：搜索/var 目录中权限为 755 的文件。

```
[root@localhost ~]# find /var   -perm   755
/var
/var/lib
/var/lib/dnf
/var/lib/rpm
/var/lib/games
/var/lib/misc
```

```
/var/lib/rpm-state
/var/lib/alternatives
/var/lib/selinux
/var/lib/selinux/tmp
/var/lib/selinux/targeted/active/modules/100
```

② locate 命令：本质上就是 find -name，但其速度比 find 命令快，原因在于它不搜索具体目录，而是搜索一个数据库（/var/lib/locatedb），这个数据库中含有本地所有文件信息。Linux 系统自动创建这个数据库，并且每天自动更新一次，所以使用 locate 命令查不到最新变动过的文件。为了避免这种情况，可以在使用 locate 命令之前，先使用 updatedb 命令，手动更新数据库。CentOS 7 中默认没有安装该命令，通过安装相关包后，以下命令可使用。

```
[root@localhost ~]# updatedb
[root@localhost ~]# locate /etc/qt
[root@localhost ~]# locate /etc/ns
/etc/nscd.conf
/etc/nsswitch.conf
```

③ whereis 命令：只用于程序名的查找，搜索二进制文件、man 说明文件和源代码文件。没有参数的情况下显示所有结果。

```
[root@localhost ~]# whereis rpm
rpm: /bin/rpm /etc/rpm /usr/lib/rpm /usr/include/rpm /usr/share/man/man8/
rpm.8.gz
```

④ which 命令：其作用是在 PATH 变量指定的路径中，搜索某个系统命令的位置，并且返回第一个搜索结果。也就是说，使用 which 命令，就可以看到某个系统命令是否存在，以及执行的到底是哪一个位置的命令。

```
[root@localhost ~]# which rpm
/usr/bin/rpm
```

⑤ grep 命令：用于文本搜索，通过使用正则表达式搜索文本，并将结果输出。

命令格式：

```
grep [选项]
```

-c：只输出匹配行的计数。

-i：不区分大小写。

-h：查询多文件时不显示文件名。

-l：查询多文件时只输出包含匹配字符的文件名。

-n：显示匹配行及行号。

-s：不显示不存在或无匹配文本的错误信息。

-v：显示不包含匹配文本的所有行。

示例 20：显示/etc 目录下所有 conf 文件中含有 dns 字符的行。

```
[root@localhost ~]# grep  dns /etc/*.conf
/etc/krb5.conf: dns_lookup_realm = false
/etc/krb5.conf: rdns = false
/etc/nsswitch.conf:#    dns                       Use DNS (Domain Name Service)
/etc/nsswitch.conf:#hosts:     db files nisplus nis dns
/etc/nsswitch.conf:hosts:      files dns myhostname
```

示例 21：显示/var/log 目录下的文件（包含子目录）包含 dns 的行。

```
[root@localhost ~]# grep -r dns /var/log
/var/log/messages:Jan 21 17:43:53 localhost NetworkManager[1214]: <info>
[1611222233.1030] dns-mgr[0x56                                  3d299e6220]:
init: dns=default,systemd-resolved rc-manager=file
/var/log/anaconda/syslog:09:33:05,255     INFO      NetworkManager:<info>
[1611221585.2544] dns-mgr[0x558011be52                                  20]:
init: dns=default,systemd-resolved rc-manager=file
/var/log/anaconda/syslog:09:33:05,465     DEBUG     NetworkManager:<debug>
[1611221585.4467] dns-mgr: (device_ip                       _config_changed):
queueing DNS updates (1)
/var/log/anaconda/syslog:09:33:05,465     DEBUG     NetworkManager:<debug>
[1611221585.4467] dns-mgr: (device_ip                       _config_changed):
DNS configuration did not change
/var/log/anaconda/syslog:09:33:05,465     DEBUG     NetworkManager:<debug>
[1611221585.4468] dns-mgr: (device_ip                       _config_changed):
no DNS changes to commit (0)
/var/log/anaconda/syslog:09:33:05,467     DEBUG     NetworkManager:<debug>
[1611221585.4480] dns-mgr: (device_ip                       _config_changed):
queueing DNS updates (1)
…
```

视 频

重定向与管道

（5）重定向

Linux 有标准输入和输出，Linux 在执行命令的时候，一般从标准输入设备（默认是键盘）输入，Shell 在执行命令后会将结果输出至标准输出设备（默认是屏幕），另外，Linux 还有一个标准错误输出。在实际应用中输入和输出过程都可以通过重定向和管道改变数据的流向。通过这种方式可以达到批量数据输入、记录命令执行结果等目标。

重定向通过重定向符号实现对标准输入和输出的控制。标准输入的控制格式为“命令< 文件”，此时将文件作为命令的输入。标准输出的控制格式为“命令> 文件”，此时将命令的执行结果送至指定的文件中。

常用重定向符号：

>：输出重定向到一个文件或设备覆盖原来的文件。

>!：输出重定向到一个文件或设备强制覆盖原来的文件。

>>：输出重定向到一个文件或设备追加原来的文件。

<：输入重定向到一个程序。

示例 22：用 ls 命令列出当前目录下文件的详细信息并将其写入 list.txt 文件中，用查看文件命令 cat 显示文件内容。

```
[root@localhost ~]# ls -l>list.txt
[root@localhost ~]# cat list.txt
总用量 4
-rw-r--r--. 1 root root    0 1月  20 18:44 2.txt
-rw-------. 1 root root 1232 1月  20 17:12 anaconda-ks.cfg
-rw-r--r--. 1 root root    0 1月  20 19:04 list.txt
```

示例 23：用 grep 结合重定向方式查找刚生成的 list.txt 文件中 cfg 出现的地方。

```
[root@localhost ~]# grep cfg <list.txt
-rw-------. 1 root root 1232 1月  20 17:12 anaconda-ks.cfg
```

以下是几种不常见的用法：

n<&-：表示将 n 号输入关闭。

<&-：表示关闭标准输入（键盘）。

n>&-：表示将 n 号输出关闭。

>&-：表示将标准输出关闭。

（6）管道

管道用于在命令之间进行单向数据传输，即将前面命令输出的正确结果作为后一命令的标准输入。管道操作的符号是“|”。管道命令正确使用有两个条件：管道命令只处理前一个命令的正确输出，不处理错误输出；管道命令右边的命令必须能够接收标准输入流命令。

```
[root@localhost ~]# cat list.txt |grep cfg
[root@localhost ~]# cat list.txt |grep cfg
-rw-------. 1 root root 1232 1月  20 17:12 anaconda-ks.cfg
```

2. Linux 目录操作

视频

目录操作

（1）显示当前目录

pwd 命令为显示当前工作目录。在 Linux 命令行环境下，没有图形界面的文件夹图形形式，初学者在学习的开始，往往会不知自己在何处，而 Linux 在执行命令时又默认在当前目录，因此可以用 pwd 命令明确自己此时在何处。

示例 24：显示当前工作目录。

```
[root@localhost ~]# pwd
/root
```

（2）改变当前目录

cd 用于改变当前目录，是 Linux 最常用的命令之一。在使用该命令时，可以采用绝对路径，也可以采用相对路径切换当前目录。cd 命令相当于图形界面中打开文件夹并进入该文件夹。

示例 25：切换至系统根目录“/”中。

```
[root@localhost ~]# cd /
[root@localhost /]#
```

注意：该命令在使用时，cd 与“/”之间有一个空格。

示例 26：切换至用户的工作目录。

```
[root@localhost /]# cd ~
[root@localhost ~]#
```

cd 后面不跟任何参数也可以直接切换至用户自己的工作目录。

示例 27：采用绝对路径进入“/usr”目录。

```
[root@localhost ~]# cd /usr
[root@localhost usr]#
```

示例 28：采用相对路径进入 bin 目录。

```
[root@localhost ~]# cd bin
[root@localhost bin]#
```

以上示例采用相对路径方式时，bin 是在当前目录下的子目录，如果想进入当前目录同级的目录，需要借助“..”，“..”表示上一级目录。

示例 29：进入同级目录。

```
[root@localhost bin]# cd ../sbin
[root@localhost sbin]#
```

（3）创建目录

mkdir 命令用于创建一个新的目录。创建目录时可以采用绝对路径，也可以采用相对路径。

mkdir 命令格式及用法：

```
mkdir [选项] 目录名称
```

常用选项：

-p：创建新目录时，在其父目录不存在的情况下首先创建父目录。

-m：创建新目录的同时指定此目录的权限。

示例 30：在当前目录下创建一个子目录 temp。

```
[root@localhost ~]# mkdir temp
[root@localhost ~]# ls
2.txt  anaconda-ks.cfg  Desktop  install.info  install.log  temp
```

示例 31：在刚才创建的目录 temp 下再创建一个名为 t01 的目录（采用相对路径方式创建目录）。

```
[root@localhost ~]# mkdir temp/t01
[root@localhost ~]# ls temp
t01
```

示例 32：在当前目录下创建一个 temp01 的目录同时在其下创建一个名为 t02 的子目录。

```
[root@localhost ~]# mkdir -p temp01/t02
[root@localhost ~]# ls
2.txt  anaconda-ks.cfg  Desktop  install.info  install.log  temp  temp01
[root@localhost ~]# ls temp01
t02
```

示例 33：采用绝对路径的方式在/tmp 目录下创建一个名为 t03 的目录。

```
[root@localhost ~]# mkdir /tmp/t03
```

（4）删除目录

rmdir 命令用于删除指定目录。

命令格式：

```
rmdir  [选项]  目录名称
```

常用选项：

-p：删除指定路径上的所有目录。

示例 34：删除目录。

```
[root@localhost ~]# rmdir temp/t01
[root@localhost ~]# rmdir temp
```

此命令只能删除空目录，当要删除目录内有文件和子目录时不能进行删除操作。

```
[root@localhost ~]# rmdir temp01
rmdir: temp01: 目录非空
```

如果需要删除含有文件或子目录的目录时可以使用 rm 命令，此时需要使用-r 参数。在删除过程中会提示是否进入目录和删除文件或目录，输入 y 表示确定。

示例 35：删除上面创建的 temp01 目录（其中有 t02 子目录）。

```
[root@localhost ~]# rm -r temp01
rm: 是否进入目录 "temp01"? y
rm: 是否删除 目录 "temp01/t02"? y
rm: 是否删除 目录 "temp01"? y
```

3. 文件和目录的权限

视 频

文件与目录权限的显示与修改

Linux 高安全性的一个主要因素来源于其文件和目录的权限管理，文件的访问权限分为可读、可写、可执行三种，同时结合多用户环境下文件的拥有者、文件所属组，以及其他用户组成较为复杂的访问权限。

（1）访问权限

任何用户对文件的访问操作可分为可读、可写、可执行三种权限，分别用 r、w、x 表示。针对不同的用户 Linux 也将访问权限进行了定义：

① 文件拥有者（Owner）：建立文件或目录的用户。

② 同组用户（Group）：文件拥有者所属组中的其余用户。

③ 其他用户（Other）：既不是文件拥有者，也不是拥有者所属组的其他所有用户。

在 Linux 中文件的操作权限通过一些字母和符号进行表述，通过 ls –l 命令可以列出文件或目录的详细权限信息。

示例 36：显示当前目录详细信息。

```
[root@localhost ~]# ls -l
总计 72
-rw-------  1 root root  1480 2015-02-10  anaconda-ks.cfg
drwxr-xr-x  2 root root  4096 10-06 18:19 Desktop
-rw-rw-rwx+ 1 root root 36041 2015-02-10  install.log
-rw-r--r--  1 root root     0 2015-02-10  install.log.syslog
drwxr-xr-x  6 root root  4096 2015-02-10  temp
```

以上是左边 10 位连续字符表示文件或目录的权限组合，第一位为“d”表示目录，为“–”表示文件，为“l”表示链接。从第二位开始分三组，每组三位分别表示文件所有者、同组用户和其他用户对该文件所拥有的权限，每一组的三位字符可能是以下四种：

-：表示没有任何权限。

r：表示可以浏览和复制文件，浏览目录。

w：表示可以修改文件，在目录中创建文件，删除和重命名文件。

x：表示文件可以执行，可以用 cd 命令进入该目录，并访问该目录中的文件。

（2）访问权限的表示方法

① 字符表示法：这种表示方法用字母和符号表示与文件权限有关的三类不同用户及其对文件的访问权限，其一般形式为：

```
[ugoa] [= + -] [rwx]
```

其中，字母和符号的含义如下：

u：文件拥有者。

g：同组用户。

o：其他用户。

a：所有用户。

=：指定权限。

+：在目前设置的权限基础上增加权限。

-：在目前设置的权限上减少权限。

r：可读权限。

w：可写权限。

x：可执行权限。

不同用户的权限之间用逗号分隔。

② 数字表示法：用一个三位八进制数字分别表示三类用户的权限，每一位八进制数转换为三位二进制数，三位二进制数分别对应 rwx，为 1 的位表示具有对应的权限，为 0 的位表示没有权限。如果一个文件的权限为“rwxrw-rw-”，则对应的二进制数权限表示为（111）（110）（110），所对应的八进制数就分别是 7、6、6，因此该文件的权限用数字表示就是 766。

（3）修改权限

在 Linux 中创建文件或目录时，系统会根据默认参数自动设置其访问权限。在实际管理工作中，通常需要使用 chmod 命令来重新设置或修改文件或目录的权限。需要说明的是，只有文件或目录的拥有者或 root 用户才有此权限。

chmod 命令格式如下：

```
chmod  [-R] 模式 文件或目录
```

chmod 命令用于修改文件或目录的访问权限，模式为文件或目录的权限表示，可以用数字方式，也可以用字符方式，选项-R 表示递归设置指定目录下的所有文件和目录的权限。

示例 37：为 test 文件所有者添加可执行权限。

```
[root@localhost ~]# ls -l test
-rw-rw-rw- 1 root root 5 10-19 20:04 test
[root@localhost ~]# chmod u+x test
[root@localhost ~]# ls -l test
-rwxrw-rw- 1 root root 5 10-19 20:04 test
```

示例 38：将 test 文件其他用户的写权限取消。

```
[root@localhost ~]# chmod o-w test
[root@localhost ~]# ls -l test
-rwxrw-r-- 1 root root 5 10-19 20:04 test
```

示例 39：用数字方式重新设置权限，文件所有者为读/写权限，同组用户和其他用户只有读权限。

```
[root@localhost ~]# chmod 644 test
[root@localhost ~]# ls -l test
-rw-r--r-- 1 root root 5 10-19 20:04 test
```

（4）修改拥有者

文件或目录的创建者，是该文件或目录的拥有者，拥有者和 root 用户可以根据需要将文件或目录的所有权转让给其他用户或者所属组群。

chown 命令用于改变文件或目录拥有者以及所属组群。

命令格式：

```
chown 文件拥有者[:组] 文件或目录
```

通过使用 ls –l 命令显示文件详细信息时，在权限后面有文件所有者和所属组群。

示例 40：将 test 文件拥有者改为 student 用户。

```
[root@localhost ~]# ls -l test
-rw-r--r-- 1 root root 5 10-19 20:04 test
[root@localhost ~]# chown student test
[root@localhost ~]# ls -l test
-rw-r--r-- 1 student root 5 10-19 20:04 test
```

4. 查看文件内容

视频

查看文件内容

查看文件内容常用命令较多，不同命令使用时侧重点不同。相关命令有 cat、more、less、head 和 tail 等。

（1）cat 命令

cat 是一个文本文件查看和连接工具，可以显示文本或将若干文本文件连接起来，可与 more 搭配使用。cat 也用于创建文件，创建文件后以 EOF、STOP 或按【Ctrl+d】组合键结束。

命令格式：

```
cat [选项] [文件]...
```

常用选项：

-A, --show-all：显示全部内容。

-b, --number-nonblank：对非空输出行编号。

-E, --show-ends：在每行结束处显示$。

-n, --number：对输出的所有行编号。

-s, --squeeze-blank：不输出多行空行。

-T, --show-tabs：将跳格字符显示为 ^I。

-v, --show-nonprinting：使用 ^ 和 M- 引用，除了 LFD 和 TAB 之外。

示例 41：显示/etc/passwd 文件。

```
[root@localhost ~]# cat /etc/passwd
root:x:0:0:root:/root:/bin/bash
bin:x:1:1:bin:/bin:/sbin/nologin
daemon:x:2:2:daemon:/sbin:/sbin/nologin
adm:x:3:4:adm:/var/adm:/sbin/nologin
…
```

示例 42：显示/etc/passwd 文件内容，并且对非空白行进行编号，行号从 1 开始。

```
[root@localhost ~]# cat -b /etc/passwd
     1  root:x:0:0:root:/root:/bin/bash
     2  bin:x:1:1:bin:/bin:/sbin/nologin
     3  daemon:x:2:2:daemon:/sbin:/sbin/nologin
     4  adm:x:3:4:adm:/var/adm:/sbin/nologin
     5  lp:x:4:7:lp:/var/spool/lpd:/sbin/nologin
  …
```

示例 43：显示/etc/profile 文件内容，并在每行的结尾处附加$符号。

```
[root@localhost ~]# cat -E /etc/profile
# /etc/profile$
```

```
$
# System wide environment and startup programs, for login setup$
# Functions and aliases go in /etc/bashrc$
$
pathmunge() {$
    if ! echo $PATH | /bin/egrep -q "(^|:)$1($|:)" ; then$
       if [ "$2"="after" ] ; then$
          PATH=$PATH:$1$
       else$
…
```

示例 44：同时显示多个文件的内容。

```
[root@localhost ~]# cat /etc/fstab /etc/profile
```

示例 45：分屏显示文件内容。

```
[root@localhost ~]# cat /etc/passwd | more
root:x:0:0:root:/root:/bin/bash
bin:x:1:1:bin:/bin:/sbin/nologin
daemon:x:2:2:daemon:/sbin:/sbin/nologin
adm:x:3:4:adm:/var/adm:/sbin/nologin
…
nscd:x:28:28:NSCD Daemon:/:/sbin/nologin
vcsa:x:69:69:virtual console memory owner:/dev:/sbin/nologin
rpc:x:32:32:Portmapper RPC user:/:/sbin/nologin
mailnull:x:47:47::/var/spool/mqueue:/sbin/nologin
smmsp:x:51:51::/var/spool/mqueue:/sbin/nologin
pcap:x:77:77::/var/arpwatch:/sbin/nologin
ntp:x:38:38::/etc/ntp:/sbin/nologin
--More--
```

示例 46：用 cat 命令创建文件。

```
[root@localhost ~]# cat>typetest
This is the test for cat!
[root@localhost ~]# cat typetest
This is the test for cat!
[root@localhost ~]# cat>cattest.txt<<EOF
> this is the test for cat!
> OK!
> EOF
```

示例 47：向文件中追加内容。

```
[root@localhost ~]# cat>>cattest.txt<<EOF
> appended OK!
> EOF
```

示例 48：连接多个文件。

```
[root@localhost ~]# cat typetest cattest.txt>newtype.txt
[root@localhost ~]# cat newtype.txt
This is the test for cat!
this is the test for cat!
OK!
appended OK!
```

（2）more 命令

more 命令也是将文件内容输出到指定设备上，与 cat 命令类似，但 more 命令能够根据窗口大小进行分页显示并提示文件显示进度百分比。

命令格式：

```
more [参数选项] [文件]
```

主要参数：

+num：从第 num 行开始显示。

-num：定义屏幕大小，为 num 行。

+/pattern：从 pattern 前两行开始显示。

-c：从顶部清屏然后显示。

-d：提示 Press space to continue, 'q' to quit.（按空格键继续，按【q】键退出），禁用响铃功能。

-l：忽略 Ctrl+l（换页）字符。

-p：通过清除窗口而不是滚屏来对文件进行换页，与-c 参数相似。

-s：把连续的多个空行显示为一行。

-u：把文件内容中的下画线去掉。

示例 49：分屏显示/etc/passwd 文件内容。

```
[root@localhost ~]# more /etc/passwd
root:x:0:0:root:/root:/bin/bash
bin:x:1:1:bin:/bin:/sbin/nologin
daemon:x:2:2:daemon:/sbin:/sbin/nologin
adm:x:3:4:adm:/var/adm:/sbin/nologin
lp:x:4:7:lp:/var/spool/lpd:/sbin/nologin
sync:x:5:0:sync:/sbin:/bin/sync
shutdown:x:6:0:shutdown:/sbin:/sbin/shutdown
halt:x:7:0:halt:/sbin:/sbin/halt
mail:x:8:12:mail:/var/spool/mail:/sbin/nologin
news:x:9:13:news:/etc/news:
uucp:x:10:14:uucp:/var/spool/uucp:/sbin/nologin
operator:x:11:0:operator:/root:/sbin/nologin
games:x:12:100:games:/usr/games:/sbin/nologin
gopher:x:13:30:gopher:/var/gopher:/sbin/nologin
ftp:x:14:50:FTP User:/var/ftp:/sbin/nologin
nobody:x:99:99:Nobody:/:/sbin/nologin
nscd:x:28:28:NSCD Daemon:/:/sbin/nologin
distcache:x:94:94:Distcache:/:/sbin/nologin
vcsa:x:69:69:virtual console memory owner:/dev:/sbin/nologin
ntp:x:38:38::/etc/ntp:/sbin/nologin
pcap:x:77:77::/var/arpwatch:/sbin/nologin
dbus:x:81:81:System message bus:/:/sbin/nologin
apache:x:48:48:Apache:/var/www:/sbin/nologin
--More--(50%)
```

示例 50：从 passwd 的第 5 行开始显示。

```
[root@localhost ~]# more +5 /etc/passwd
```

示例 51：每屏显示 5 行。

```
[root@localhost ~]# more -5 /etc/ passwd
```

示例 52：从 passwd 中的第一个 daemon 单词的前两行开始显示。

```
[root localhost ~]# more +/ daemon /etc/passwd
```

在用 more 命令查看内容较大文件时，需要使用一些组合键进行操作。

Enter：向下 n 行，需要定义，默认为 1 行。

Ctrl+f：向下滚动一屏。

空格键：向下滚动一屏。

Ctrl+b：返回上一屏。

=：输出当前行的行号。

:f：输出文件名和当前行的行号。

V：调用 vi 编辑器。

!：调用 Shell，并执行命令。

Q：退出 more 命令。

（3）less 命令

less 命令是与 more 命令类似但比 more 命令更强大的工具。

命令格式：

```
less [参数] 文件
```

常用参数：

-c：从顶部（从上到下）刷新屏幕，并显示文件内容，而不是通过底部滚动完成刷新。

-f：强制打开文件，二进制文件显示时，不提示警告。

-i：搜索时忽略大小写，除非搜索串中包含大写字母。

-I：搜索时忽略大小写，除非搜索串中包含小写字母。

-m：显示读取文件的百分比。

-M：显法读取文件的百分比、行号及总行数。

-N：在每行前输出行号。

-p pattern：搜索 pattern；比如在/etc/profile 搜索单词 MAIL，就用 less -p MAIL /etc/profile。

-s：把连续多个空白行作为一个空白行显示。

-Q：在终端下不响铃。

示例 53：显示/etc/profile 的内容时让其显示行号。

```
[root@localhost ~]# less -N   /etc/profile
```

同样，less 命令在显示文件内容时也可以通过以下快捷键操作：

Enter：向下移动一行。

y：向上移动一行。

空格键：向下滚动一屏。

b：向上滚动一屏。

d：向下滚动半屏。

u：向上滚动半屏。

w：可以指定从哪行开始显示，是从指定数字的下一行显示。

g：跳到第一行。

G：跳到最后一行。

p n%：跳到 n%处开始显示。

/pattern：搜索 pattern。

v：调用 vi 编辑器。

q：退出 less。

!command：调用 Shell，可以运行命令，如!ls 显示当前列当前目录下的所有文件。

（4）head 命令

head 命令用于显示一个文件内容的前若干行，用法简单，显示速度快。

命令格式：

```
head -n 行数值 文件名
```

示例 54：显示/etc/profile 的前 5 行内容。

```
[root@localhost ~]# head -n 5 /etc/profile
```

（5）tail 命令

Tail 命令用于显示一个文件内容的最后若干行。

命令格式：

```
tail -n 行数值 文件名
```

示例 55：显示/etc/profile 的后 5 行内容。

```
[root@localhost ~]# tail -n 5 /etc/profile
```

tail 命令常用于监控日志文件，在文件内容增加后，且自动显示新增的文件内容，可以在屏幕上显示新增的日志信息。

示例 56：监控/var/log/syslog 日志文件。

```
[root@localhost ~]# tail -f /var/log/syslog
```

2.2 项 目 实 施

Linux 系统通过图形界面对文件和目录进行操作和管理，但 Linux 做服务器应用时，更多情况下还是以使用命令行方式管理为主，因此本项目采用两种方式实现对文件和目录的管理。

项目具体要求如下：

① 在“/home”目录下创建学生目录，目录（文件夹）名为 student 加学号后四位，如 student0001。其余目录（文件夹）及文件都在该目录下进行操作，初始目录与文件结构如图 2.11 所示。

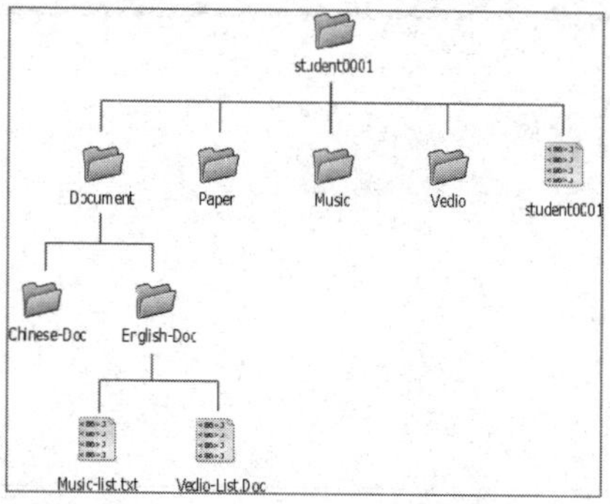

图 2.11　初始目录与文件结构

② 根据要求对文件、目录进行复制、移动、删除或重命名等操作，得到图 2.12 所示的目录与文件结构。

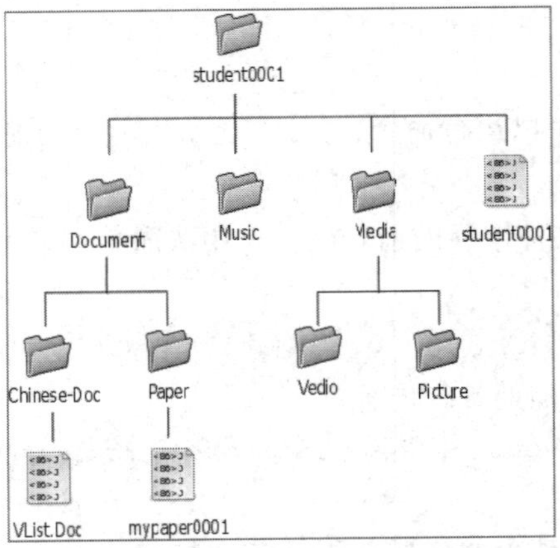

图 2.12　修改后目录与文件结构

2.2.1　文件和目录操作

视 频

图形界面操作文件和目录案例

1. 图形界面实现文件和目录的操作

图形界面操作过程与 Windows 操作相似，以下只演示基本操作。在打开的文件夹空白处右击，弹出快捷菜单，如图 2.13 所示。在快捷菜单中选择“新建文件夹”命令创建新文件夹，如图 2.14 所示。

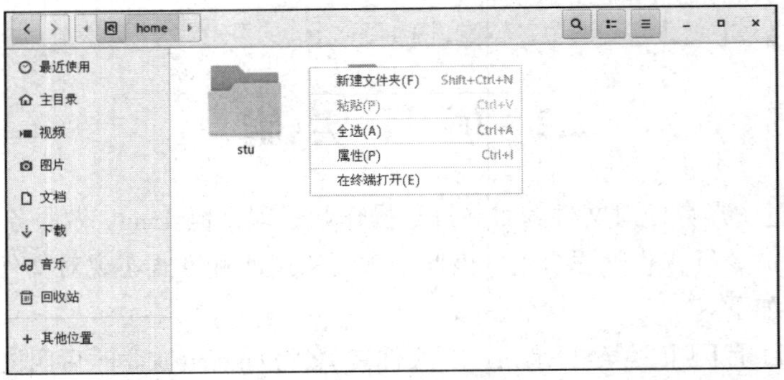

图 2.13　打开快捷菜单

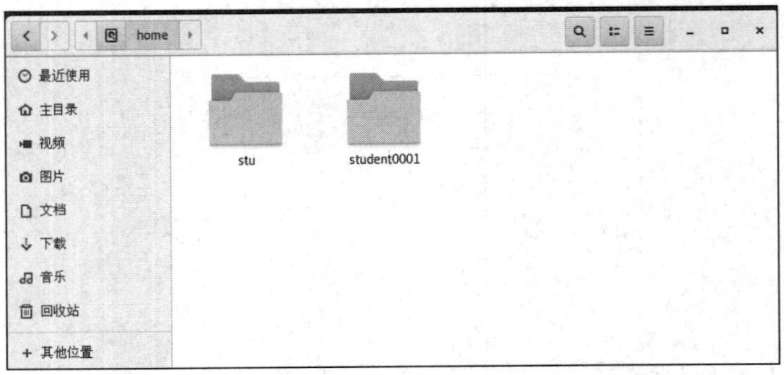

图 2.14　创建文件夹

CentOS 的图形界面在快捷菜单中默认不提供新建文件功能，需要添加模板。首先单击左侧的“主目录”，回到主目录后双击“模板”文件夹后进入该文件夹，在模板文件夹空白处右击，在弹出的快捷菜单中选择“在终端打开”命令，如图 2.15 所示。

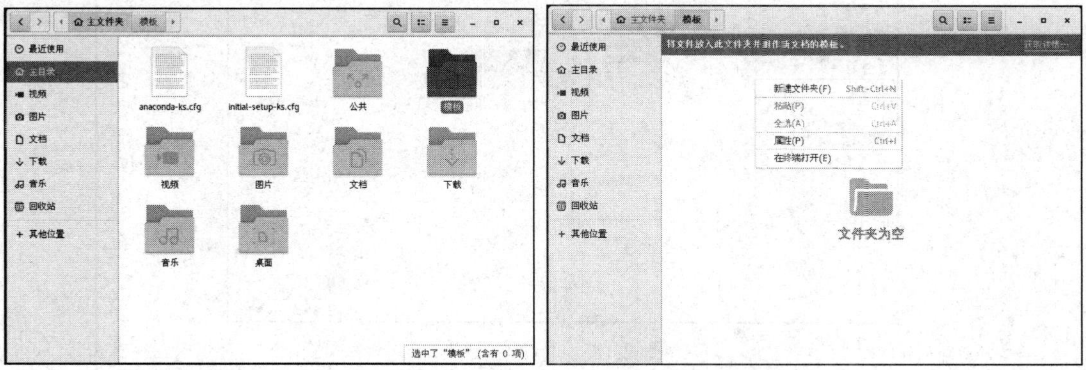

图 2.15　通过快捷菜单打开终端

在打开的终端中输入命令“cat>file”后按【Enter】键，并按【Ctrl+D】组合键将其保存，如图 2.16 所示。这里创建一个空白文件，将来在弹出菜单中就会出现此空白文件的子菜单，如果需要创建特殊类型的文件，如 html 文件，就可以在此处创建 html 文件的模板文件，之后就可以通过快捷菜单直接创建 html 文件。

图 2.16　创建文件模板

打开 student0001 文件夹，在空白处右击，在弹出的快捷菜单中选择“创建文档”→“file”命令创建新文件，如图 2.17 所示。

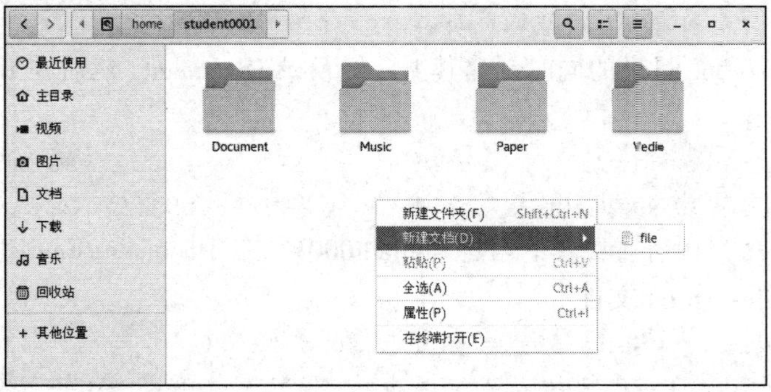

图 2.17　创建新文件

创建完成的文件默认文件名为“file”，如果需要对该文件进行重命名，可以在该文件上右击，在弹出的快捷菜单中选择“重命名”命令为其重新命名，如图 2.18 所示。

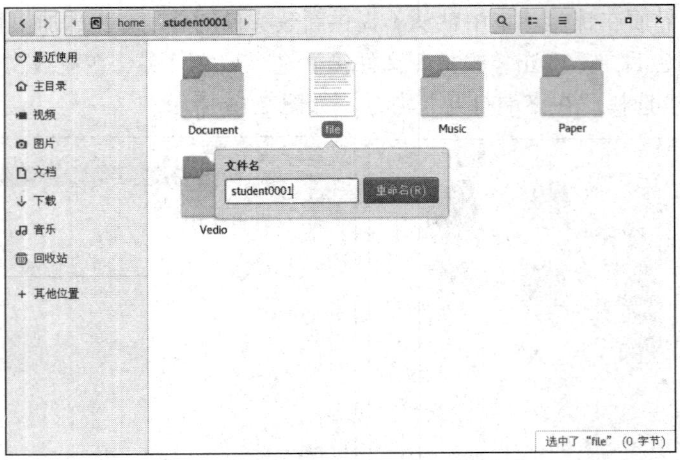

图 2.18　重命名文件

视 频

命令方式操作文件和目录案例

2. 命令行方式实现文件和目录的管理

打开虚拟终端，以下操作都在虚拟终端进行操作。

① 创建 student0001 目录，查看当前目录（pwd），如果当前没有在“/home”目录下，使用如下命令进入该目录。

```
cd /home
[root@localhost ~]# pwd
/root
[root@localhost ~]# cd /home
[root@localhost home]# pwd
/home
[root@localhost home]# mkdir student0001
```

② 切换至 student0001 目录，创建 Paper Music Vedio 目录。

```
[root@localhost home]# cd student0001
[root@localhost student0001]# mkdir Paper Music Vedio
```

③ 创建 Chinese-Doc 目录的同时创建其上一级目录 Document，然后在 Document 目录中再创建 English-Doc 目录。

```
[root@localhost student0001]# mkdir -p Document/Chinese-Doc
[root@localhost student0001]# mkdir Document/English-Doc
```

④ 使用 touch 命令在当前目录下创建 student0001，在 Document/English-Doc/目录下创建 Music-list.txt 和 Vedio-list.txt 文件。

```
[root@localhost student0001]# touch student0001
[root@localhost student0001]# touch Document/English-Doc/Music-list.txt
[root@localhost student0001]# touch Document/English-Doc/Vedio-list.txt
```

⑤ 按照要求创建完成目录结构后，根据要求修改目录结构。

在当前目录中创建 Media 目录，将 Vedio 目录转移到 Media 目录中，并在 Media 目录中创建 Picture 目录。

```
[root@localhost student0001]# mkdir Media
[root@localhost student0001]# mv Vedio Media/
[root@localhost student0001]# mkdir Media/Picture
```

⑥ 将 Paper 目录移至 Document 目录，将 Document/English-Doc/Vedio-list.txt 移动至 Document/Chinese-Doc/目录并重命名为 VList.Doc，将 Document/English-Doc/Music-list.txt 文件复制至 Document/Paper/目录中，并将其重命名为 mypaper0001。

```
    [root@localhost student0001]# mv Paper Document
    [root@localhost  student0001]#  mv  Document/English-Doc/Vedio-list.txt
Document/Chinese-Doc/VList.Doc
    [root@localhost  student0001]#  cp  Document/English-Doc/Music-list.txt
Document/Paper/mypaper0001
```

⑦ 删除 English-Doc 目录以及该目录中的文件。

```
    [root@localhost student0001]# rm -r Document/English-Doc/
    rm: 是否进入目录 “Document/English-Doc/”? y
    rm: 是否删除 一般空文件 “Document/English-Doc//Music-list.txt”? y
    rm: 是否删除 目录 “Document/English-Doc/”? y
```

2.2.2 文件权限

根据以下要求完成文件与目录权限的修改。

① 将目录 Media 的操作权限改为群组内用户可以读/写访问操作，其他用户只读。

② 将 student0001 文件的权限改为所有用户都有读/写权限。

③ 将 mypaper0001 文件修改为文件拥有者有可执行权限，群内用户只有读的权限，其他用户没有任何权限。

④ 将 VList.Doc 文件的所有者更改为 student。

1. 图形界面实现文件和目录的操作

视频

图形界面操作文件和目录权限案例

右击 student001 文件，在弹出的快捷菜单中选择“属性”命令，如图 2.19 所示。在打开的属性对话框中设置文件属性，如图 2.20 所示。

图 2.19　选择“属性”命令

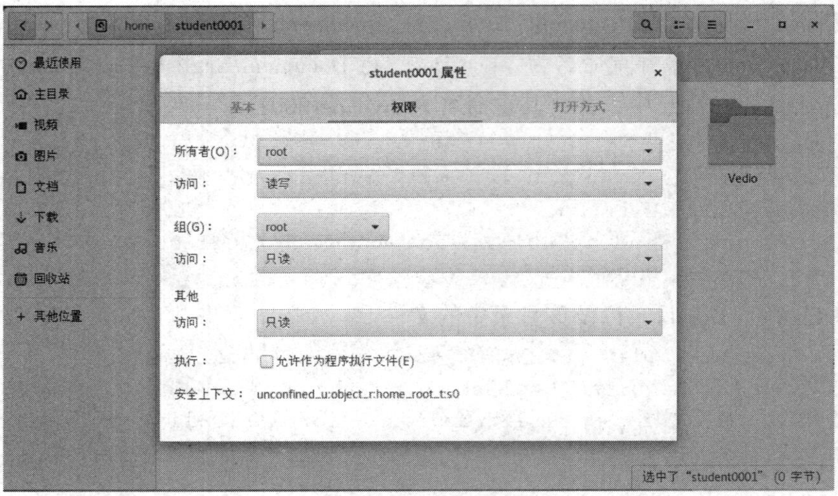

图 2.20 设置属性

2. 命令行方式实现文件和目录的管理

① 将目录 Media 的操作权限改为群组内用户可以读/写访问操作，其他用户只读。列出 Media 目录当前权限信息：

```
[root@localhost student0001]# ll
总计 12
drwxr-xr-x 4 root root 4096 10-22 09:32 Document
drwxr-xr-x 4 root root 4096 10-20 10:28 Media
drwxr-xr-x 2 root root 4096 10-20 09:57 Music
-rwxrwx--x 1 root root    0 10-20 10:07 student0001
```

② 采用字符方式为群组用户添加 w 权限，将其他用户的 x 属性去除。

```
[root@localhost student0001]# chmod g+w,o-x Media/
[root@localhost student0001]# ll
总计 12
drwxr-xr-x 4 root root 4096 10-22 09:32 Document
drwxrwxr-- 4 root root 4096 10-20 10:28 Media
```

③ 将 student0001 文件的权限改为所有用户都有读/写权限。

```
[root@localhost student0001]# chmod a+rw student0001
[root@localhost student0001]# ll student0001
-rwxrwxrwx 1 root root 0 10-20 10:07 student0001
```

④ 将 mypaper0001 文件修改为文件拥有者有可执行权限，群内用户有读和修改的权限，其他用户没有任何权限。

当前该文件的权限信息如下：

```
[root@localhost student0001]# ll Document/Paper/mypaper0001
-rw-r--r-- 1 root root 5 10-20 10:11 Document/Paper/mypaper0001
```

⑤ 采用数字方式修改文件权限，文件所有者有读、写和可执行的权限，表示为数字 7，读和写的权限为 6，没有任何权限为 0。

```
[root@localhost student0001]# chmod 760 Document/Paper/mypaper0001
[root@localhost student0001]# ll Document/Paper/mypaper0001
```

```
-rwxrw---- 1 root root 5 10-20 10:11 Document/Paper/mypaper0001
```

⑥ 将 VList.Doc 文件的所有者更改为 student。

```
[root@localhost student0001]# ll Document/Chinese-Doc/VList.Doc
-rw-r--r-- 1 root root 0 10-20 10:14 Document/Chinese-Doc/VList.Doc
[root@localhost student0001]# chown student Document/Chinese-Doc/VList.Doc
[root@localhost student0001]# ll Document/Chinese-Doc/VList.Doc
-rw-r--r-- 1 student root 0 10-20 10:14 Document/Chinese-Doc/VList.Doc
```

2.3 技术拓展

2.3.1 文档的归档与压缩

在文件管理过程中，需要对文件进行备份管理，备份常用的操作有归档和压缩。归档不调用压缩命令时仅仅是将文件进行打包备份，压缩不仅可以将文件进行打包，还可以将其压缩至比原文件小的尺寸。

视频

文件的归档与压缩

1. 打包归档命令

Linux 下最常用的打包命令为 tar，经过 tar 打包文件或目录后，归档文件扩展名为 tar。

命令格式：

```
tar [选项] [包名] [文件或目录列表]
```

常用选项：

-c：创建.tar 格式的包文件。

-x：解包.tar 格式的包文件。

-v：输出详细信息。

-f：表示使用归档文件。

-p：打包时保留原始文件及目录的权限。

-t：列表查看包内的文件。

-C：解包时指定释放的目标文件夹。

-z：调用 gzip 程序进行压缩或解压。

-j：调用 bzip2 程序进行压缩或解压。

示例 57：打包/tmp 目录下的文件到 tmp.bak.tar 包中。

```
[root@localhost ~]# tar -cvf tmp.bak.tar /tmp
tar：从成员名中删除开头的“/”
/tmp/
/tmp/yum.log
/tmp/.XIM-unix/
/tmp/.Test-unix/
/tmp/.font-unix/
/tmp/.X11-unix/
/tmp/.ICE-unix/
/tmp/ks-script-KYue_q
/tmp/anaconda-ks.cfg
```

示例 58：用 tar 解开打包文件 tmp.bak.tar 到/mnt 目录。

```
[root@localhost ~]# tar -xvf tmp.bak.tar -C /mnt
tmp/
tmp/yum.log
tmp/.XIM-unix/
tmp/.Test-unix/
tmp/.font-unix/
tmp/.X11-unix/
tmp/.ICE-unix/
tmp/ks-script-KYue_q
tmp/anaconda-ks.cfg
```

示例 59：打包/etc/目录下所有的.conf 文件，并将其进行压缩。

```
[root@localhost ~]# tar -czvf etc.conf.tar.gz /etc/*.conf
tar: 从成员名中删除开头的“/”
/etc/autofs_ldap_auth.conf
/etc/capi.conf
/etc/cdrecord.conf
/etc/conman.conf
…
```

示例 60：查看归档文件中 etc.conf.tar.gz 的文件列表。

```
[root@localhost ~]# tar -tvf etc.conf.tar.gz
-rw------- root/root     2726  2010-03-16  22:17:10  etc/autofs_ldap_auth.
conf
-rw-r--r-- root/root     351 2009-06-09 05:40:22 etc/capi.conf
-rw-r--r-- root/root     977 2008-10-03 18:42:17 etc/cdrecord.conf
-rw-r--r-- root/root     6308 2007-06-28 23:51:53 etc/conman.conf
……
```

示例 61：解压压缩包 etc.conf.tar.gz 到/tmp 目录中。

```
[root@localhost ~]# tar -xzvf etc.conf.tar.gz -C /tmp
etc/autofs_ldap_auth.conf
etc/capi.conf
etc/cdrecord.conf
…
```

2. 压缩命令

Linux 系统中常用的压缩软件有 gzip、bzip2、xz 和 zip 等。

gzip 命令生成.gz 压缩文件，格式如下：

```
gzip [选项] 文件名
```

常用选项：

-c：把解压后的文件输出到标准输出设备。

-d：执行解压缩。

-f：强行解开压缩文件，不理会文件名称或硬连接是否存在，以及该文件是否为符号连接。

-l：列出压缩文件的相关信息。

-r：递归处理，将指定目录下的所有文件及子目录一并处理。

-v：显示指令执行过程。

示例 62：压缩和解压文件。

```
[root@localhost ~]# gzip anaconda-ks.cfg
[root@localhost ~]# gzip -d anaconda-ks.cfg.gz
```

bzip2 命令生成.bz2 压缩文件，比 gzip 有着更大压缩比，格式如下：

```
bzip2 [选项] 文件名
```

主要选项：

-c：将压缩与解压缩的结果送到标准输出。

-d：执行解压缩。

-f：bzip2 在压缩或解压缩时，若输出文件与现有文件同名，预设不会覆盖现有文件。若要覆盖，请使用此参数。

-k：bzip2 在压缩或解压缩后，会删除原始文件。若要保留原始文件，请使用此参数。

-t 或--test：测试.bz2 压缩文件的完整性。

-v 或--verbose：压缩或解压缩文件时，显示详细的信息。

-z 或--compress：强制执行压缩。

示例 63：压缩和解压文件。

```
[root@localhost ~]# bzip2 anaconda-ks.cfg
[root@localhost ~]# bzip2 -d anaconda-ks.cfg.bz2
```

2.3.2 vi 编辑器的使用

视 频

vi 编辑器的使用

Linux 系统下最常使用的文本编辑器 vi 几乎是所有 Linux 版本中默认的编辑器。vi 编辑器是文本模式，能够提供功能强大的编辑功能。

进入 vi 编辑器可以直接在命令行下输入 vi，也可以在 vi 后加文件名。

```
[root@localhost ~]# vi test
```

vi 编辑器有三种工作模式：命令模式，vi 的默认模式，等待用户输入命令；编辑模式，又称文本输入模式，该状态可以编辑文本；末行模式，光标处于文本最末行左侧的“:”后。在使用 vi 编辑器的过程中需要在三种模式中进行切换，各模式之间的切换方法如图 2.21 所示。

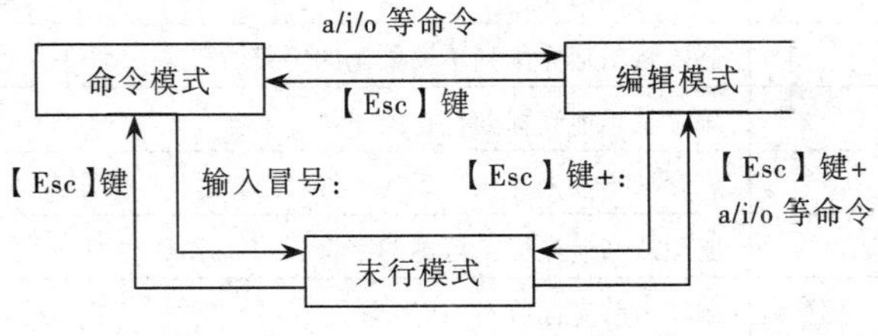

图 2.21 vi 编辑器工作模式之间的切换方法

进入 vi 编辑器后，默认是命令模式，命令模式可以通过 a/i/o 等命令进入编辑模式，在命令模式输入“:”可以进入末行模式；无论在编辑模式还是末行模式，都可以通过【Esc】键进入命令模式。

进入 vi 编辑器输入 vi test 命令，进入命令模式界面，如图 2.22 所示。图的左下角为文件名（test）和文件的行数与列数（1L，5C）。

```
[root@localhost ~]# vi test
```

图 2.22　vi 编辑器命令模式界面

命令模式常用命令如表 2.2 所示。

表 2.2　命令模式常用命令

命令类型	命　　令	描　　述
进入编辑模式	i	在当前光标位置之前插入文本
	I	在当前行的开头插入文本
	a	在当前光标位置之后插入文本
	A	在当前行的末尾插入文本
进入编辑模式	o	在当前位置下面创建一行
	O	在当前位置上面创建一行
删除命令	x	删除当前光标后面的字符
	X	删除光标前面的字符
	dw	删除从当前光标到单词结尾的字符
	d^	删除从当前光标到行首的字符
	d$	删除从当前光标到行尾的字符
	D	删除从当前光标到行尾的字符，与 d$作用相同
	dd	删除当前光标所在的行
	cc	删除当前行，并进入编辑模式
	cw	删除当前字（单词），并进入编辑模式
替换操作	r	替换当前光标下的字符
	R	从当前光标开始替换字符，按【Esc】键退出
	s	用输入的字符替换当前字符，并进入编辑模式
	S	用输入的文本替换当前行，并进入编辑模式

续表

命令类型	命　　令	描　　述
复制与粘贴	yy	复制当前行
	nyy	复制 n 行
	yw	复制一个字（单词）
	nyw	复制 n 行
	p	将复制的文本粘贴到光标后面
	P	将复制的文本粘贴到光标前面
撤销操作	U	撤销对当前行所做的修改
	u	撤销上次操作，再次按 'u' 恢复该次操作

末行模式下常用命令如表 2.3 所示。

表 2.3　末行模式下常用命令

命令类型	命　　令	描　　述
文件操作	:f	以百分号（%）的形式显示当前光标在文件中的位置、文件名和文件的总行数
	:f filename	将文件重命名为 filename
	:w filename	保存修改到 filename
	:e filename	打开另一个文件名为 filename 的文件
	:cd dirname	改变当前工作目录到 dirname
	:e #	在两个打开的文件之间进行切换
	:n	如果用 vi 打开了多个文件，可以使用:n 切换到下一个文件
	:p	如果用 vi 打开了多个文件，可以使用:n 切换到上一个文件
	:N	如果用 vi 打开了多个文件，可以使用:N 切换到上一个文件
	:r file	读取文件并在当前行的后边插入
	:nr file	读取文件并在第 n 行后边插入
搜索	/字符	当前光标处向下搜索
	?	当前光标处向上搜索
存盘退出操作	:q	如果文件未被修改，会直接退回到 Shell；否则提示保存文件
	:q!	强行退出，不保存修改内容
	:wq	w 命令保存文件，q 命令退出 vi，合起来就是保存并退出
	:ZZ	保存并退出，相当于 wq，但是更加方便

2.3.3　Linux 软件的安装

视　频

Linux 软件包安装

Linux 系统软件安装方式与 Windows 有所不同。由于 Linux 有多种发行版本，因此其软件包的安装也不尽相同，目前常见的软件包管理有 RPM、DPKG、yum 等。软件包管理工具的作用是提供在操作系统中安装、升级、卸载需要的软件的方法，并提供对系统中所有软件状态信息的查询。除了这些常见的软件包管理工具之外，在 Linux 系统下还有一种较为通用但操作比较复杂的软件安装方式，即采用软件源代码安装软件。

1. RPM 包管理

RPM 全称为 Redhat Package Manager，由 Red Hat 公司开发和实现，之后被很多 Linux 系统作为默认的包管理器。

命令格式：

```
rpm [选项] package.rpm
```

常用参数：

-q：在系统中查询软件或查询指定 RPM 包的内容信息。

-i：在系统中安装软件。

-U：在系统中升级软件。

-e：在系统中卸载软件。

-h：用#(hash)符显示 RPM 安装过程。

-v：详述安装过程。

-p：表明对 RPM 包进行查询，通常和其他参数同时使用。

-qlp：查询某个 RPM 包中的所有文件列表，查看软件包将会在系统中安装哪部分。

-qip：查询某个 RPM 包的内容信息，系统将会列出这个软件包的详细资料，包括含有多少个文件、各文件名称、文件大小、创建时间、编译日期等信息。

示例 64：安装 RPM 包。

```
[root@localhost ~]# rpm -ivh package-name.rpm
```

示例 65：升级 RPM 包。

```
[root@localhost ~]# rpm -Uvh package-name.rpm
```

示例 66：卸载 RPM 包。

```
[root@localhost ~]# rpm -ev package-name
```

示例 67：查询已安装 RPM 包。

```
[root@localhost ~]# rpm  -qa | grep package-name
```

示例 68：查询指定文件属于哪个软件包。

```
[root@localhost ~]# rpm -qf <文件名>
```

2. yum 包管理软件

yum（全称为 Yellow dog Updater Modified）是基于 RPM 包的管理工具，在 Fedora、Red Hat 和 CentOS 中应用广泛。yum 能够从指定的源空间（服务器、本地目录等）自动下载目标 RPM 包并且安装，可以自动处理依赖性关系并进行下载、安装，无须手动下载、安装每一个需要的依赖包。此外，yum 还能够进行系统中所有软件的升级。在使用 yum 安装软件包之前，需设置 yum 下载 RPM 包的具体位置，这个位置称为 yum 源。yum 源配置文件在/etc/yum.repos.d/目录中以.repo 为扩展名的配置文件中，其中基础 yum 源的配置文件为 CentOS-Base.repo。在该文件中有多条配置用于指定 RPM 包下载的位置，这些源分为两类：本地 yum 源和网络 yum 源。

```
[base]
name=CentOS-$releasever - Base
mirrorlist=http://mirrorlist.centos.org/?release=$releasever&arch=$basearch&repo=os&infra=$infra
#baseurl=http://mirror.centos.org/centos/$releasever/os/$basearch/
```

```
    gpgcheck=1
    gpgkey=file:///etc/pki/rpm-gpg/RPM-GPG-KEY-CentOS-7
    #released updates
    [updates]
    name=CentOS-$releasever - Updates
    mirrorlist=http://mirrorlist.centos.org/?release=$releasever&arch=$basea
rch&repo=updates&infra=$infra
    #baseurl=http://mirror.centos.org/centos/$releasever/updates/$basearch/
    gpgcheck=1
    gpgkey=file:///etc/pki/rpm-gpg/RPM-GPG-KEY-CentOS-7
```

该文件中有五个 yum 源容器，主要项目中[base]为容器名称，该名称必须用“[]”括起来；baseurl 为 yum 源的地址。默认情况下该地址为 CentOS 官方 yum 源服务器，可以将其改为国内 yum 源服务器地址用以提高下载速度，也可设置为本地存储位置；enabled 为设置该容器是否生效，如果不写或写成 enabled 则表示此容器生效，当 enable=0 表示此容器不生效；gpgcheck 如果为 1 则表示 RPM 的数字证书生效，如果为 0 则表示 RPM 的数字证书不生效；gpgkey 为数字证书的公钥文件保存位置。

示例 69：本地 yum 源的配置。

在虚拟机设置中挂载光盘镜像文件。在虚拟机中将安装所使用的镜像文件挂载至光驱上，如图 2.23 所示。注意以下两点：一是要在虚拟开启的状态下；二是要将设备状态中的“已连接”复选框选中。以上操作等同于在实际的计算机设备中将光盘插入光驱。

图 2.23　挂载光盘镜像至虚拟机

① 在 Linux 中将光盘挂载到指定目录。

在终端命令行中将光盘挂载到/media/cdrom 目录中。

```
[root@localhost ~]# mkdir /media/cdrom
[root@localhost ~]# mount /dev/sr0 /media/cdrom
mount: /dev/sr0 写保护，将以只读方式挂载
```

② 修改本地 yum 源配置文件。

```
[root@localhost ~]# mv /etc/yum.repos.d/CentOS-Base.repo /etc/yum.repos.d/CentOS-Base.repo.bak
[root@localhost ~]# vi /etc/yum.repos.d/local.repo
[Centos]
name=CentOS
baseurl=file:///media/cdrom
enabled=1
gpgcheck=0
```

③ 清除原有信息并重新缓存。

```
[root@localhost ~]# yum clean all
已加载插件: fastestmirror
正在清理软件源:  Centos
Cleaning up list of fastest mirrors
[root@localhost ~]# yum makecache
已加载插件: fastestmirror
Determining fastest mirrors
Centos                          | 3.6 kB  00:00:00
(1/4): Centos/group_gz          | 3.5 kB  00:00:00
(2/4): Centos/filelists_db      | 305 kB  00:00:00
(3/4): Centos/primary_db        | 832 kB  00:00:00
(4/4): Centos/other_db          | 201 kB  00:00:00
元数据缓存已建立
```

④ 列出 yum 源中的信息。

```
[root@localhost ~]# yum repolist
已加载插件: fastestmirror
Loading mirror speeds from cached hostfile
源标识                          源名称                          状态
Centos                          CentOS                           447
repolist: 447
```

示例 70：配置国内 yum 源。

```
[root@localhost ~]# wget  http://centos.ustc.edu.cn/CentOS-Base.repo
[root@localhost ~]# cp CentOS-Base.repo /etc/yum.repos.d/CentOS-Base.repo
```

示例 71：通过 yum 安装 ppp。

```
[root@localhost ~]# yum -y install ppp
已加载插件: fastestmirror
Loading mirror speeds from cached hostfile
正在解决依赖关系
--> 正在检查事务
---> 软件包 ppp.x86_64.0.2.4.5-34.el7_7 将被安装
--> 正在处理依赖关系 libpcap >= 14:0.8.3-6，它被软件包 ppp-2.4.5- 34.el7_7.x86_64 需要
```

```
  --> 正在处理依赖关系 libpcap.so.1()(64bit)，它被软件包 ppp-2.4.5- 34.el7_7.
x86_64 需要
  --> 正在检查事务
  ---> 软件包 libpcap.x86_64.14.1.5.3-12.el7 将被安装
  --> 解决依赖关系完成

  依赖关系解决
  ================================================================================
   Package        架构              版本                    源               大小
  ================================================================================
  正在安装:
   ppp            x86_64       2.4.5-34.el7_7           Centos            358 k
  为依赖而安装:
   libpcap        x86_64      14:1.5.3-12.el7           Centos            139 k

  事务概要
  ================================================================================
  安装  1 软件包 (+1 依赖软件包)

  总下载量: 496 k
  安装大小: 1.1 M
  Downloading packages:
  -------------------------------------------------------------------------------
  总计                                              1.6 MB/s | 496 kB  00:00:00
  Running transaction check
  Running transaction test
  Transaction test succeeded
  Running transaction
  正在安装: 14:libpcap-1.5.3-12.el7.x86_64                                    1/2
  正在安装: ppp-2.4.5-34.el7_7.x86_64                                         2/2
  验证中    : 14:libpcap-1.5.3-12.el7.x86_64                                  1/2
  验证中: ppp-2.4.5-34.el7_7.x86_64                                           2/2

  已安装:
    ppp.x86_64 0:2.4.5-34.el7_7

  作为依赖被安装:
    libpcap.x86_64 14:1.5.3-12.el7

  完毕!
```

yum 常用的其他命令：升级包为 yum update；卸载包为 yum remove。

3. DEB 包管理

DEB 是基于 Debian 操作系统的软件包管理工具（DPKG），全称为 Debian Package。由于基于 Debian 的 Linux 发行版也较多（如 Ubuntu 系统），因此也成为常见的包管理器。

命令格式：

```
dpkg [选项] Package
```

常用选项：

-l：在系统中查询软件内容信息。

--info：在系统中查询软件或查询指定 RPM 包的内容信息。

-i：在系统中安装/升级软件。

-r：在系统中卸载软件，不删除配置文件。

-P：在系统中卸载软件及其配置文件。

示例 72：查询系统中已安装的软件。

```
[root@localhost ~]# dpkg-l package
```

示例 73：安装 DEB 包。

```
[root@localhost ~]# dpkg -i package.deb
```

示例 74：卸载 DEB 包。

```
[root@localhost ~]# dpkg -rpackage.deb
```

4. apt 包管理

apt 全称为 Advanced Packaging Tools，是基于 dpkg 的前端软件，当前已经通过 apt-rpm 实现对 RPM 包的管理管理。apt 的主要包管理工具为 apt-get。

示例 75：更新源索引。

```
[root@localhost ~]# apt-get update
```

示例 76：安装一个新手软件包。

```
[root@localhost ~]# apt-get install package-name
```

示例 77：下载指定源文件。

```
[root@localhost ~]# apt-get source package-name
```

示例 78：升级所有软件。

```
[root@localhost ~]# apt-get upgrade
```

示例 79：卸载一个已安装的软件包。

```
[root@localhost ~]# apt-get remove package-name
```

5. 源文件安装方式

Linux 系统下通过源代码安装软件是一种较为通用的安装方式，几乎在所有的 Linux 系统下都可以实现。安装过程由三个步骤组成：配置（Configure）、编译（Make）、安装（Make Install）。

源代码包中一般都采用 tar 进行打包及压缩，因此在安装前首先将其解压。在解压后的源代码中有一个 configure 文件，该文件是一个可执行脚本，用于安装前的一些配置。

配置脚本程序中最常用的选项——prefix 用于配置安装的路径，如果不配置该选项，安装后可执行文件默认放在/usr/local/bin，库文件默认放在/usr/local/lib，配置文件默认放在/usr/local/etc，其他的资源文件放在/usr /local/share。

示例 80：配置软件安装到“/usr/local/myapp”。

```
[root@localhost ~]# ./configure --prefix=/usr/local/myapp
```

配置完成后需要用 make 命令对源代码进行编译，将源代码编译成二进制代码，这个过程需要较长的时间。编译后用 make install 命令安装程序。

示例 81：编译安装程序。

```
[root@localhost ~]# make
[root@localhost ~]# make install
```

小　　结

本项目首先简单介绍了Linux中常见的文件系统类型及目录结构，接着详细介绍了常用的Linux文件和目录操作的相关命令，包括文件操作命令、目录操作命令及对文件和目录进行权限设置操作的命令，最后详细介绍了各个命令的使用方法。

对于Linux系统管理员，必须掌握文件系统的管理，并了解文件权限的分配等相关知识。本项目只介绍了使用Linux必须掌握的一些命令，这些命令读者应反复练习，熟练掌握。

练　　习

一、熟悉桌面环境

1. 启动Linux，进入图形用户界面，熟悉桌面、面板及菜单的各个组成内容及操作。
2. 打开“终端”。

二、熟悉命令方式

1. 使用命令登录（login）和退出（logout）。
2. 学会查看命令的帮助信息（man）。
3. 方向键和【Tab】键的使用。
4. 简单命令使用：pwd、data、cal。
5.【Ctrl+Alt+F1 ~ F7】虚拟控制台之间的切换，虚拟控制台与图形界面的切换。
6. 重启reboot、关机init、shutdown、init 0。

三、Linux目录管理

1. pwd显示当前工作目录。
2. 使用cd命令先转到根目录，再进入“/root”目录。
3. 使用ls命令列出根目录下的文件和目录，列出全部文件。
4. 在“/root”目录下创建如下的文件目录。

```
stu
|-- class
|   |-- a
|   |-- b--d
|   `-- c
`-- music
```

5. 将class/c目录删除。

四、文件管理

1. 在stu目录下使用touch命令创建file01.txt、file02.txt和file03.txt。

2. 使用cp命令将stu目录下的file01.txt、file02.txt和file03.txt文件复制到a目录下，将a目录复制到b目录下。

3. 将a目录下的file03.txt重命名为myfile.txt。

4. 将a目录下的myfile.txt移至b目录下。

5. 将 b 目录下的所有文件和子目录删除。
6. 使用 cat 命令在 stu 目录下创建文件 linux.txt，内容如下：

```
Red hat Linux
Ubuntu
```

创建 opensource.txt，内容如下：

```
OpenSource Software
```

7. 使用 cat 命令显示 linux.txt 的内容。
8. 使用 cat 命令将 opensource.txt 和 linux.txt 的内容合并起来放到 osl.txt 中。
9. 使用 more 命令显示文件 osl.txt。
10. 使用 less 命令显示文件 osl.txt。
11. 使用 head 命令显示文件 osl.txt 前两行。
12. 使用 tail 命令显示文件 osl.txt 后两行。

项目3

用户和组管理

在企业中不同人员对资源的使用存在差异，在企业的信息资源管理过程中需要对企业人员进行分类，根据不同需求为其分配所需使用的资源及相关权限。Linux 系统管理员通常通过用户和组来管理使用系统资源，通过对资源访问的权限控制实现访问的可控目标。

3.1 技术准备

3.1.1 Linux 系统中的用户

Linux 系统中有三类用户：超级用户（root 用户）、普通用户和虚拟用户（也称伪用户或系统用户）。

① 超级用户：这类用户（ID 为 0 的用户）可以对任何文件、目录或进程进行操作，一般用于涉及系统全局的管理，如查看系统日志、管理用户等操作。

② 普通用户：这类用户具有操作系统有限的权限，用户 ID 为 1000 ~ 65535。

③ 虚拟用户：这类用户不能用于登录系统，是为了方便系统管理，满足相应的系统进程文件属主的要求，在 CentOS 6 及其以前的版本，用户 ID 为 1 ~ 499，在 CentOS 7 以后的版本用户 ID 为 1~999。

Linux 是一个多用户、多任务的操作系统，不同的用户所分配的权限不同，这是 Linux 系统安全保障的一个重要因素。作为管理员，一般情况下以普通用户身份登录进行相关管理，对于需要系统配置及系统管理相关操作时，可以通过切换到 root 身份或者采用 sudo 命令执行管理命令。

视 频

图形界面用户管理

1. 图形界面用户管理

CentOS 系统继承了 Red Hat Linux 系统的图形界面，因此也提供通过图形界面管理用户和组群的管理工具，对于初学者来说非常方便学习和使用。使用图形界面的前提是安装操作系统时，已经安装了图形桌面管理工具如 Gnome 或 KDE 等。如果安装了桌面工具，但没有安装用户和组群管理图形界面可以通过以下命令进行安装。

```
[root@localhost ~]# yum -y install system-config-users
```

① 安装后的图形管理工具在“应用程序”菜单的“杂项”中，打开后如图 3.1（a）所示，在“用户管理者”窗口有“用户”和“组群”选项卡，如图 3.1（b）所示，可以打开“用户”

和“组群”管理界面。

（a）

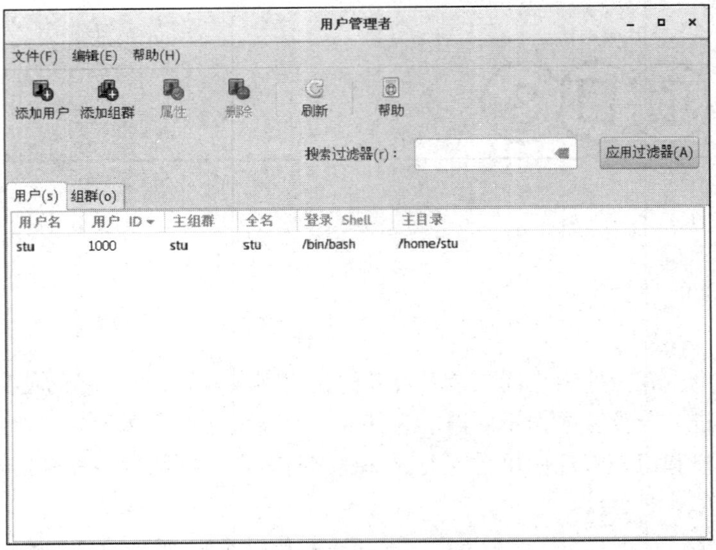

（b）

图 3.1 “用户管理者”窗口

②“用户管理者”窗口提供用户和组群管理的基本工具，单击“添加用户”按钮，在弹出的“添加新用户”窗口中创建新用户，如图 3.2 所示。在该窗口中可以输入用户名、密码和登录 Shell 等基本信息。一般情况下，在创建新用户时需要为其创建主目录，默认在“/home”目录下创建与用户同名的目录，也可以自定义。在创建新用户时系统同时会为其分配一个用户 ID（UID）以及一个同名的私人组群。普通用户的 UID 从 1000 开始。

③ 通过用户属性按钮可以打开“用户属性”配置窗口，在“用户数据”选项卡中可以修改用户的基本信息，如图 3.3 所示。

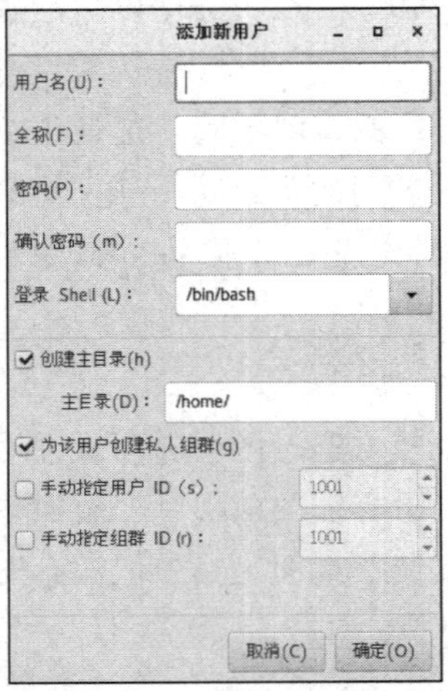

图 3.2 添加新用户

图 3.3 “用户数据”选项卡

④ 在“账号信息”选项卡中可以设置账号过期时间和锁定密码，启动账号过期的目的是为了防止一些账号长期不使用带来的潜在不安全因素，如图 3.4 所示。

⑤ 在“密码信息”选项卡中可以对用户密码使用进行过期设置，促使用户定期进行密码更新，从而提高安全性，如图 3.5 所示。

图 3.4 “账号信息”选项卡

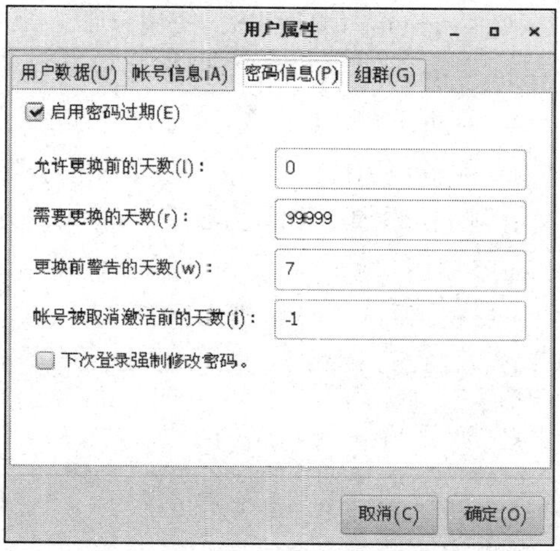

图 3.5 “密码信息”选项卡

⑥ 在“组群”选项卡可以将用户加入选中的组群，如图 3.6 所示。

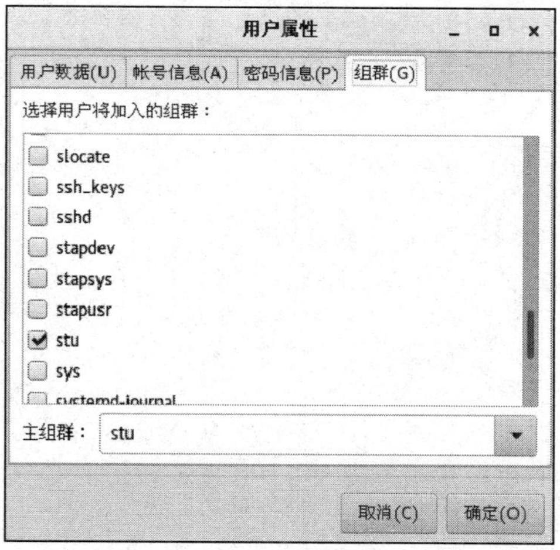

图 3.6 “组群”选项卡

2. 用户管理命令

视频 用户管理命令

（1）添加新用户

useradd 命令格式：

```
useradd 选项 用户名
```

常用选项：

-b, --base-dir BASE_DIR：设置基本路径作为用户的登录目录。

-c, --comment COMMENT：对用户的注释。

-d, --home-dir HOME_DIR：设置用户的登录目录。

-e, --expiredate EXPIRE_DATE：设置用户的有效期。

-f, --inactive INACTIVE：用户过期后，让密码无效。

-g, --gid GROUP：使用户只属于某个组。

-G, --groups GROUPS：使用户加入某个组。

-m, --create-home：自动创建登录目录。

-s, --shell SHELL：登录时候的 Shell。

-u, --uid UID：为新用户指定一个 UID。

示例 1：添加一个名为 user10 的用户并设置密码“123456”。

在添加用户后，必须为其添加密码，否则将无法使用该用户登录系统，在设置密码的过程中，Linux 系统不显示输入字符。

```
[root@localhost ~]# useradd user10
[root@localhost ~]# passwd user10
更改用户 user10 的密码。
新的 密码:
无效的密码： 密码是一个回文
重新输入新的 密码:
passwd: 所有的身份验证令牌已经成功更新。
```

示例 2：添加用户时同时设置用户有效期到 2025 年 10 月 10 日。

```
[root@localhost ~]# useradd user20 -e 2025/10/10
[root@localhost ~]# passwd user20
更改用户 user20 的密码 。
新的 密码:
无效的密码： 密码是一个回文
重新输入新的 密码:
passwd: 所有的身份验证令牌已经成功更新。
[root@localhost ~]# chage -l user20
最近一次密码修改时间                    : 1月 29, 2021
密码过期时间                            : 从不
密码失效时间                            : 从不
账户过期时间                            : 10月 10, 2025
两次改变密码之间相距的最小天数          : 0
两次改变密码之间相距的最大天数          : 99999
在密码过期之前警告的天数                : 7
```

chage 命令用于修改账号和密码的有效期限，“-l”选项用户列出指定用户以及密码的有效期信息。

（2）修改用户

在对用户管理过程中可以根据需求修改用户相关属性，如修改登录的工作目录，将其加入或移除某个组群。

示例 3：修改用户的主目录为“/home/user200”后显示 user20 的用户信息。

```
[root@localhost ~]# mkdir /home/user200
[root@localhost ~]# usermod -d /home/user200 user20
[root@localhost ~]# finger user20
Login: user20                           Name: (null)
Directory: /home/user200                Shell: /bin/bash
```

如果 finger 命令没有安装，其安装命令如下：

```
[root@localhost ~]# yum -y install finger
```

（3）删除用户

对于已经不再使用的用户可以将其删除。

命令格式：

```
userdel 用户名
```

示例 4：删除 user20 用户后进行查询。

```
[root@localhost ~]# userdel user20
[root@localhost ~]# finger user20
finger: user20: no such user.
```

（4）查看用户

作为管理员查看用户信息是日常管理中必不可少的操作，与查看用户相关的命令有 w、who、whoami、finger、id 等。

whoami 命令用于查看当前登录用户名。

示例 5：显示当前登录用户名。

```
[root@localhost ~]# whoami
root
```

who 命令用于查看当前登录的所有用户。

示例 6：查看当前所有登录用户。

```
[root@localhost ~]# who
root     :0          2016-09-30 11:10
root     pts/1       2016-09-30 11:20 (:0.0)
```

w 命令用于显示登录用户详细信息，此命令不仅显示登录用户，同时还会显示登录用户的登录地址，登录时间以及做了什么。

示例 7：显示用户登录详细信息。

```
[root@localhost ~]# w
 11:45:25 up 40 min,  2 users,  load average: 0.00, 0.02, 0.09
USER     TTY      FROM      LOGIN@   IDLE    JCPU   PCPU WHAT
root     :0       -         11:10    ?xdm?   1:02   0.58s /usr/bin/gnome-
root     pts/1    :0.0      11:20    0.00s   0.12s  0.04s w
```

finger 命令用于查看指定用户信息。该命令后如果不跟具体用户名就会显示当前用户信息；如果指定具体用户就会显示该用户详细信息。

示例 8：分别显示当前用户信息和 user20 的信息。

```
[root@localhost ~]# finger
Login     Name     Tty      Idle  Login Time   Office     Office Phone
root      root     *:0            Sep 30 11:10
root      root      pts/1          Sep 30 11:20 (:0.0)
[root@localhost ~]# finger user20
Login: user20                       Name: (null)
Directory: /home/user20             Shell: /bin/bash
Never logged in.
No mail.
No Plan.
```

如果需要查询用户的 id 信息，可以通过 id 命令查看到相应用户的 id、组 id 等信息。

示例 9：查看 root 用户的相关 id 信息。

```
[root@localhost ~]# id root
uid=0(root) gid=0(root) 组=0(root)
```

视频

组群管理

3.1.2 组群

Linux 系统中为了简化用户管理，将具有相同特性的用户归为一个组群，方便用户文件的共享与权限管理。任何一个用户都至少属于一个组群。组群按照性质分为系统组群和私人组群。

① 系统组群：安装 Linux 以及部分服务性程序时系统自动设置的组群，组群 ID（GID）低于 500。

② 私人群组：系统安装完成后，由超级用户新建的组群，组群 ID 在 1000 以上。

一个用户只属于一个主组群，但可以同时属于多个附加组群。用户不仅拥有其主组群的权限，还同时拥有附加组群的权限。Linux 系统中组群都除了有组群名和组群 ID 之外，还可以设置组群密码。

1. 图形界面管理组群

在“用户管理者”窗口中单击“添加组群”按钮，弹出“添加新组群”对话框（见图 3.7），在该对话框中可以输入组群名并添加该组群。

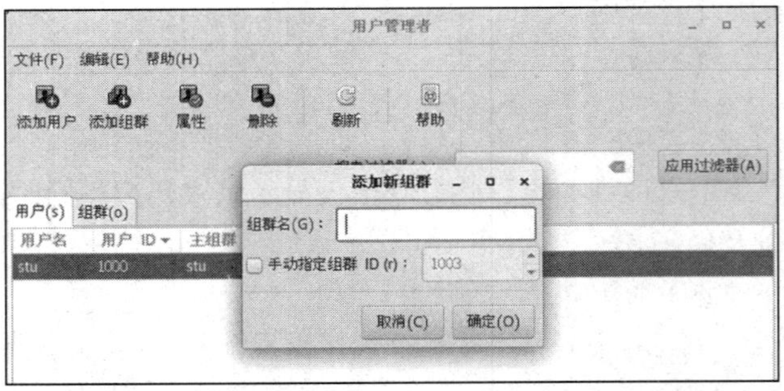

图 3.7 “添加新组群”对话框

2. 组群管理命令

① groupadd ：创建组群命令。

示例 10：创建一个名为 test 的组群。

```
[root@localhost ~]# groupadd test
You have new mail in /var/spool/mail/root
```

② groupmod：修改组群命令。

示例 11：将 test 组群改名为 test01。

```
[root@localhost ~]# groupmod -n test01 test
```

③ groupdel：删除组群命令。

示例 12：删除组群 test01。

```
[root@localhost ~]# groupdel test01
```

④ groups：查看组群命令。

示例 13：查看当前登录用户所在的组群。

```
[root@localhost ~]# groups
root bin daemon sys adm disk wheel
```

示例 14：查看指定组群中的用户。

```
[root@localhost ~]# groups bin
bin : bin daemon sys
```

3. 用户与组群管理综合应用

示例 15：添加用户时将其加入组群。

具体要求：新建一个 tempgrp 的组群，再创建一个 tmp01 的用户，在创建的同时将其加入 tempgrp，并查看。

```
[root@localhost ~]# groupadd tempgrp
[root@localhost ~]# useradd tmp01 -G tempgrp
[root@localhost ~]# groups tmp01
tmp01 : tmp01 tempgrp
```

示例 16：从 tempgrp 组群中删除 tmp01 用户后查看。

```
[root@localhost ~]# gpasswd -d tmp01 tempgrp
正在将用户“tmp01”从“tempgrp”组中删除
[root@localhost ~]# groups tmp01
tmp01 : tmp01
```

示例 17：通过修改用户属性将其加入指定组群。

```
[root@localhost ~]# useradd tmp02
[root@localhost ~]# usermod -G tempgrp tmp02
```

示例 18：将用户 tmp02 从 tempgrp 组中移出。

```
[root@localhost ~]# gpasswd -d tmp02 tempgrp
```

示例 19：利用管道和标准输入为用户修改密码。

```
[root@localhost ~]# useradd user100
[root@localhost ~]# echo "123456" | passwd --stdin user100
更改用户 user100 的密码 。
passwd: 所有的身份验证令牌已经成功更新。
```

3.1.3 账号文件

Linux 系统账号信息保存在配置文件中，与账号相关的配置文件有 4 个分别是 passwd、shadow、group 和 gshadow，这 4 个配置文件都在/etc 目录下。

1. passwd 文件

passwd 文件用于存放用户账户信息，每行存储一个账户信息，用冒号分隔。格式如下：

```
用户名:密码:用户 ID:组群 ID:用户全名:工作目录:shell 名称
```

示例 20：显示 passwd 文件内容。

```
[root@localhost ~]# cat /etc/passwd
root:x:0:0:root:/root:/bin/bash
bin:x:1:1:bin:/bin:/sbin/nologin
daemon:x:2:2:daemon:/sbin:/sbin/nologin
adm:x:3:4:adm:/var/adm:/sbin/nologin
```

```
    lp:x:4:7:lp:/var/spool/lpd:/sbin/nologin
    sync:x:5:0:sync:/sbin:/bin/sync
    shutdown:x:6:0:shutdown:/sbin:/sbin/shutdown
    halt:x:7:0:halt:/sbin:/sbin/halt
    mail:x:8:12:mail:/var/spool/mail:/sbin/nologin
    news:x:9:13:news:/etc/news:
    uucp:x:10:14:uucp:/var/spool/uucp:/sbin/nologin
    operator:x:11:0:operator:/root:/sbin/nologin
    games:x:12:100:games:/usr/games:/sbin/nologin
    gopher:x:13:30:gopher:/var/gopher:/sbin/nologin
    ftp:x:14:50:FTP User:/var/ftp:/sbin/nologin
    nobody:x:99:99:Nobody:/:/sbin/nologin
    nscd:x:28:28:NSCD Daemon:/:/sbin/nologin
    vcsa:x:69:69:virtual console memory owner:/dev:/sbin/nologin
    rpc:x:32:32:Portmapper RPC user:/:/sbin/nologin
    mailnull:x:47:47::/var/spool/mqueue:/sbin/nologin
    smmsp:x:51:51::/var/spool/mqueue:/sbin/nologin
    pcap:x:77:77::/var/arpwatch:/sbin/nologin
    ntp:x:38:38::/etc/ntp:/sbin/nologin
    dbus:x:81:81:System message bus:/:/sbin/nologin
    avahi:x:70:70:Avahi daemon:/:/sbin/nologin
    sshd:x:74:74:Privilege-separated SSH:/var/empty/sshd:/sbin/nologin
    rpcuser:x:29:29:RPC Service User:/var/lib/nfs:/sbin/nologin
    nfsnobody:x:65534:65534:Anonymous NFS User:/var/lib/nfs:/sbin/nologin
    haldaemon:x:68:68:HAL daemon:/:/sbin/nologin
    avahi-autoipd:x:100:101:avahi-autoipd:/var/lib/avahi-autoipd:/sbin/
nologin
    distcache:x:94:94:Distcache:/:/sbin/nologin
    apache:x:48:48:Apache:/var/www:/sbin/nologin
    oprofile:x:16:16:Special user account to be used by OProfile:/home/
oprofile:/sbin/nologin
    webalizer:x:67:67:Webalizer:/var/www/usage:/sbin/nologin
    squid:x:23:23::/var/spool/squid:/sbin/nologin
    xfs:x:43:43:X Font Server:/etc/X11/fs:/sbin/nologin
    gdm:x:42:42::/var/gdm:/sbin/nologin
    sabayon:x:86:86:Sabayon user:/home/sabayon:/sbin/nologin
    student:x:500:500::/home/student:/bin/bash
    vboxadd:x:101:1::/var/run/vboxadd:/bin/false
    smbuser01:x:501:501:Samba user:/home/smbuser01:/bin/bash
    smbuser02:x:502:502:Samba user:/home/smbuser02:/bin/bash
    smbadm:x:503:503::/home/smbadm:/bin/bash
    smbman:x:504:504::/home/smbman:/bin/bash
    webadmin:x:505:505::/var/www/html:/sbin/nologin
    named:x:25:25:Named:/var/named:/sbin/nologin
```

账号信息中密码用“x”代替，具体密码存储在/etc/shadow 中。

2. Shadow 文件

shadow 文件用于存放各个用户加密后的密码，每行代表一个用户，格式如下：

```
    username:password:last_change:min_change:max_change:warm:failed_expire:e
```

```
xpiration:reserved
```

示例 21：显示 shadow 文件内容。

```
[root@localhost ~]# cat /etc/shadow
root:$1$cFCrsGlx$sLmynQuXDuUnzIeKrLShF0:17099:0:99999:7:::
bin:*:17099:0:99999:7:::
daemon:*:17099:0:99999:7:::
adm:*:17099:0:99999:7:::
lp:*:17099:0:99999:7:::
sync:*:17099:0:99999:7:::
shutdown:*:17099:0:99999:7:::
halt:*:17099:0:99999:7:::
mail:*:17099:0:99999:7:::
news:*:17099:0:99999:7:::
uucp:*:17099:0:99999:7:::
operator:*:17099:0:99999:7:::
games:*:17099:0:99999:7:::
gopher:*:17099:0:99999:7:::
ftp:*:17099:0:99999:7:::
nobody:*:17099:0:99999:7:::
nscd:!!:17099:0:99999:7:::
vcsa:!!:17099:0:99999:7:::
rpc:!!:17099:0:99999:7:::
mailnull:!!:17099:0:99999:7:::
smmsp:!!:17099:0:99999:7:::
pcap:!!:17099:0:99999:7:::
ntp:!!:17099:0:99999:7:::
dbus:!!:17099:0:99999:7:::
avahi:!!:17099:0:99999:7:::
sshd:!!:17099:0:99999:7:::
rpcuser:!!:17099:0:99999:7:::
nfsnobody:!!:17099:0:99999:7:::
haldaemon:!!:17099:0:99999:7:::
avahi-autoipd:!!:17099:0:99999:7:::
distcache:!!:17099:0:99999:7:::
apache:!!:17099:0:99999:7:::
oprofile:!!:17099:0:99999:7:::
webalizer:!!:17099:0:99999:7:::
squid:!!:17099:0:99999:7:::
xfs:!!:17099:0:99999:7:::
gdm:!!:17099:0:99999:7:::
sabayon:!!:17099:0:99999:7:::
student:$1$3x/6UHpP$ntWYkEFeHnx73hH4ZqDwU1:17099:0:99999:7:::
vboxadd:!!:17099::::::
smbuser01:$1$oPku5rB4$3XMeC9Ht9q8N3TYbRiYe70:17106:0:99999:7:::
smbuser02:$1$10bx34rC$UCB8d7yiHxECjkull2Vwo.:17106:0:99999:7:::
smbadm:$1$sPCHc2Bv$rRH3J8oYOT3BBHTAwzdET0:17113:0:99999:7:::
smbman:$1$hL9C6JCe$u63cj5pgBkhlH2O1o7CGW0:17113:0:99999:7:::
webadmin:$1$I2BfmWs9$BIWpnp6rGpy5oJkz9bLky1:17117:0:99999:7:::
named:!!:17118::::::
```

username 为用户名；password 为加密后的密码；last_change 是最近一次密码修改时间，值是从 1970 年 1 月 1 日到现在的日期差；min_change 是两次改变密码之间相距的最小天数；max_change 是两次改变密码之间相距的最大天数；warn 是在密码过期之前警告的天数；failed_expire 用于修改用户密码有效期，在经过的这些天，原密码将无法使用；expiration 表示该账户的有效期限；reserved 为保留位。

3. group 文件

group 文件存放用户组信息，每行代表一个用户组，格式如下：

```
groupname:password:gid:members
```

示例 22：显示 group 文件内容。

```
[root@localhost ~]# cat /etc/group
root:x:0:
```

groupname 为用户组名；password 为组密码；gid 为该用户组的 id；members 为该用户组包含的用户，以该用户组为主用户组的用户不会在 members 中。

4. gshadow 文件

gshadow 文件用于存放用户组的密码，每行代表一个用户组，格式如下：

```
groupname:password:admin_users:members
```

groupname 为用户组名；password 为密码；admin_users 为用户组管理员用户，可以为逗号分隔的列表；members 为该用户组包含的用户，以该用户组为主用户组的用户不会在 members 中。

3.2 项目实施

公司与其他企业合作过程中有些合作企业技术人员需要短期使用系统资源，管理员需要为其创建一个短期使用的账号，并归属一个临时组群，可以在一定范围内使用资源。

3.2.1 图形桌面环境下管理用户与组群

视 频

图形桌面环境下管理用户与组群案例

1. 创建组群

在“添加新组群”对话框的“组群名”文本框内输入 tmp2021，创建组群，如图 3.8 所示。

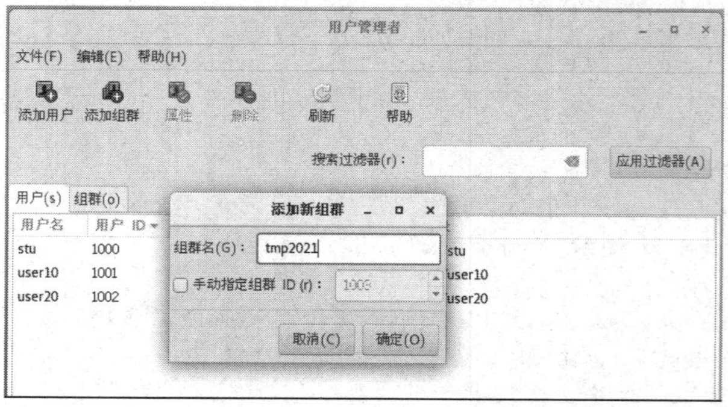

图 3.8 创建组群

2. 创建一个用户并将其添加至临时组群

在“添加新用户”对话框中输入用户名 tmpuser202101，全称 tempuser-2021-01，密码 123456，

其他按默认设置，选中创建好的用户并打开“用户属性”窗口，在“组群”选项卡中选中“tmp2021”组群，如图 3.9 所示。

图 3.9　创建新用户

3. 创建短期使用的用户账号

在“用户属性”窗口的“账号信息”选项卡中选择“启用账号过期”复选框，并在“账号过期日期”中填写 2021-10-31，如图 3.10 所示。

图 3.10　设置账号过期时间

3.2.2 使用命令管理用户账号和组群

视频

使用命令对用户账号和组群管理案例

1. 创建组群

```
[root@localhost ~]# groupadd tmp2021
```

2. 创建一个用户并将其添加至临时组群

```
[root@localhost ~]# useradd tmpuser202101 -G tmp2016
```

3. 创建短期使用的用户账号

```
[root@localhost ~]# usermod  -e 2021-10-31 tmpuser201601
```

视 频

批量添加用户

3.2.3 批量添加用户

以上通过命令方式管理用户和组群的方式灵活方便，但对于大批量的用户管理则显得效率较低，因此可以采用其他方式批量管理。管理员经常会在一台服务器上添加多个用户，也有可能在多台服务器上添加同一个用户。

批量添加用户可以通过 Shell 脚本结合用户管理命令进行添加和管理，这种方法可以实现多种需求，但需要掌握 Shell 脚本编写技术。另一种简单的方法是用 newusers 和 chpasswd 实现。

1. 创建用户文件和密码文件

创建包含新用户的文件 users.list，此文件中一行为一个用户的信息，依次为用户名:密码（x）:UID:GID:用户全名:用户主目录:登录 Shell。

```
[root@localhost ~]# vi users.list
user00:x:1020:1020::/home/user00:/bin/bash
user01:x:1021:1021::/home/user01:/bin/bash
user02:x:1022:1022::/home/user02:/bin/bash
user03:x:1023:1023::/home/user03:/bin/bash
user04:x:1024:1024::/home/user04:/bin/bash
```

创建用户设置密码文件 userspwd.list，文件中每行为一个用户名和密码信息。

```
[root@localhost ~]# vi userspwd.list
user00:78dDf7
user01:4Gu3sd
user02:Dur7sd
user03:7d5Fd2
user04:de4Fv9
```

2. 用 newusers 批量添加用户

```
[root@localhost ~]# newusers users.list
[root@localhost ~]# ls /home
student  tmpuser201601  user00  user01  user02  user03  user04
```

3. 密码转换文件

执行命令 pwunconv，将/etc/shadow 产生的 shadow 密码解码，然后回写到/etc/passwd 中。

```
[root@localhost ~]# pwunconv
[root@localhost ~]# cat /etc/passwd
…
user00:$1$Jx7RTNAf$FOQszeNzCifhu1vf9AiQ/.:520:520::/home/user00:/bin/bash
user01:$1$Jx7RTNAf$FOQszeNzCifhu1vf9AiQ/.:521:521::/home/user01:/bin/bash
user02:$1$Jx7RTNAf$FOQszeNzCifhu1vf9AiQ/.:522:522::/home/user02:/bin/bash
user03:$1$Jx7RTNAf$FOQszeNzCifhu1vf9AiQ/.:523:523::/home/user03:/bin/bash
user04:$1$Jx7RTNAf$FOQszeNzCifhu1vf9AiQ/.:524:524::/home/user04:/bin/bash
```

4. 用 chpasswd 批量修改密码

```
[root@localhost ~]# chpasswd<userspwd.list
```

5. 恢复/etc/shadow 文件

```
[root@localhost ~]# pwconv
[root@localhost ~]# cat /etc/passwd
…
user00:x:520:520::/home/user00:/bin/bash
user01:x:521:521::/home/user01:/bin/bash
user02:x:522:522::/home/user02:/bin/bash
user03:x:523:523::/home/user03:/bin/bash
user04:x:524:524::/home/user04:/bin/bash
```

6. 切换用户

```
[root@localhost ~]# su user00
bash-4.2$
```

3.3 技术拓展

视频

ACL 简介

3.3.1 Linux 下的 ACL 简介

ACL（Access Control List）是访问控制列表，是 Linux 原有用户和文件权限管理（owner、group 和 other 的 rwx 权限）之外的一种权限管理方式。通过使用 ACL，可以增加权限给其他用户或组群，而不只是简单的 other 或者是拥有者不存在的组群。ACL 支持多种 Linux 文件系统，包括 ext2、ext3、ext4、XFS、Btfrs 等。可以通过以下命令检查系统是否支持 ACL，在该命令中，根据自己的系统更换版本信息和文件系统名称。

```
[root@localhost ~]# cat /boot/config-3.10.0-1160.el7.x86_64 |grep -i xfs
CONFIG_XFS_FS=m
CONFIG_XFS_QUOTA=y
CONFIG_XFS_POSIX_ACL=y
# CONFIG_XFS_RT is not set
# CONFIG_XFS_WARN is not set
# CONFIG_XFS_DEBUG is not set
# CONFIG_VXFS_FS is not set
```

输出结果中第三行显示系统支持 ACL。CentOS 7 默认对 ACL 全面支持，体现在安装系统时创建的分区支持 ACL，以及在系统中创建的新分区也支持 ACL。但 CentOS 6 或者其他 Linux 操作系统不是每一个分区都默认支持 ACL，可以通过以下方式查询该分区是否支持 ACL。

```
[root@localhost ~]# dumpe2fs /dev/mapper/VolGroup00-LogVol00 |grep acl
dumpe2fs 1.39 (29-May-2006)
Default mount options:    user_xattr acl
```

输出结果 user_xattr acl 表示该分区或卷可以使用 ACL。

ACL 权限的查看与设置命令为 getfacl 和 setfacl。

① getfacl：用于查看文件/目录的 ACL 设置内容。

```
[root@localhost ~]# getfacl install.log
# file: install.log
# owner: root
# group: root
```

```
user::rw-
group::r--
other::r-
```

② setfacl 命令的格式如下：

```
setfacl [-bkRd] [{-m|-x} acl参数] 文件名
```

-m：设置后续的 acl 参数。

-x：删除后续的 acl 参数。

-b：删除所有的 ACL 设置参数。

-R：递归设置 acl 参数。

-d：设置预设的 acl 参数（只对目录有效，在该目录新建的文件也会使用此 ACL 默认值）。

-k：删除预设的 ACL 参数。

参数设置格式如下：

```
[d[efault]:] u[ser]:uid [:perms]
[d[efault]:] g[roup]:gid [:perms]
[d[efault]:] m[ask][:] [:perms]
[d[efault]:] o[ther][:] [:perms]
```

示例 23：为文件添加读/写权限并查看文件权限。

```
[root@localhost ~]# setfacl -m o:rwx install.log
[root@localhost ~]# getfacl install.log
# file: install.log
# owner: root
# group: root
user::rw-
group::r--
other::rwx
```

示例 24：为文件添加指定用户的读/写权限。

```
[root@localhost ~]# setfacl -m user:student:rw install.log
[root@localhost ~]# ls -l install.log
-rw-rw-rwx+ 1 root root 36041 2015-02-10 install.log
[root@localhost ~]# getfacl install.log
# file: install.log
# owner: root
# group: root
user::rw-
user:student:rw-
group::r--
mask::rw-
other::rwx
```

3.3.2 ACL 示例

对分区/dev/sdb1 设置并启动 ACL，在该分区上设置文件的 ACL 权限并验证。

1. 挂载分区

① 将/dev/sdb1 挂载到/facl 目录，同时支持 ACL 功能，通常可以用下列的方式挂载分区并

启用 ACL：

```
[root@localhost ~]# mkdir /facl
[root@localhost ~]# mount -t ext3 -o acl /dev/sdb1 /facl
```

② 修改/facl 目录权限，让所有用户都能够读/写该目录。

```
[root@localhost ~]# chmod 777 /facl
```

如果需要该分区在系统启动时就支持 ACL 功能,可以在/etc/fstab 文件中添加对 ACL 的支持。

2. 创建三个用户并设置密码

```
[root@localhost ~]# adduser acl01
[root@localhost ~]# adduser acl02
[root@localhost ~]# adduser acl03
[root@localhost ~]# passwd acl01
Changing password for user acl01.
New UNIX password:
BAD PASSWORD: it is too simplistic/systematic
Retype new UNIX password:
passwd: all authentication tokens updated successfully.
…
```

3. 以 acl01 用户登录创建文件并设置权限

```
[root@localhost ~]# su acl01
[acl01@localhost root]$ cd /facl
[acl01@localhost facl]$ echo "ACL testing">acltest.txt
[acl01@localhost facl]$ chmod 600 acltest.txt
[acl01@localhost facl]$ ls -l acltest.txt
-rw------- 1 acl01 acl01 12 10-09 20:03 acltest.txt
```

4. 切换至 acl02 用户

```
[acl01@localhost facl]$ su acl02
口令:
[acl02@localhost facl]$ cat acltest.txt
cat: acltest.txt: 权限不够
```

系统显示权限不够，不能显示该文件内容。切换回 acl01 用户，为该文件设置 acl02 用户的访问权限。

```
[root@localhost facl]# su acl01
[acl01@localhost facl]$ setfacl -m u:acl02:rw acltest.txt
[acl01@localhost facl]$ ls -l acltest.txt
-rw-rw----+ 1 acl01 acl01 12 10-09 20:03 acltest.txt
[acl01@localhost facl]$ getfacl acltest.txt
# file: acltest.txt
# owner: acl01
# group: acl01
user::rw-
user:acl02:rw-
group::---
mask::rw-
other::---
```

5. 切换回 acl02 用户并查看文件内容

```
[acl01@localhost facl]$ su acl02
密码:
[acl02@localhost facl]$ cat acltest.txt
ACL testing
```

6. 以 acl03 用户登录系统查看该文件

```
[acl02@localhost facl]$ su acl03
密码:
[acl03@localhost facl]$ cat acltest.txt
cat: acltest.txt: 权限不够
```

结果显示 acl03 用户不能访问该文件。

小　结

本项目介绍了 Linux 系统中用户和组群的相关概念，以及创建和使用用户的方法。通过桌面图形界面和命令行两种方式实现对用户和群组的管理，通过批量添加用户的示例加强对相关概念和用法的强化。

练　习

一、用户管理

1. 在图形界面下创建用户 stuser01，密码自定，用户全名：学生自己的姓名全拼。
2. 命令添加新用户 stuser02，并为用户设置密码 123456。
3. 在虚拟控制台练习用户的注册与注销操作。
4. 使用 finger 命令查看用户的详细信息。
5. 使用 who 命令显示登录到系统上的用户。
6. 使用命令删除用户。

二、用户组设置

1. 在图形界面下创建用户组群 stugrp01。
2. 新建组群 stugrp02。
3. 用命令创建三个用户：stu01、stu02、stu03。
4. 用图形界面将 stu01、stu02 划归到组群 stugrp01，用命令方式将 stu03 划归到组群 stgroup2。
5. 用命令删除组 stugrp02。

三、更改目录或文件的访问权限

1. 创建一个文件 test.txt。
2. 显示文件 test.txt 的权限。
3. 使用 chomd 命令更改 test.txt 权限，为同组用户和其他用户添加 w 权限。
4. 为文件属主去掉 r 权限。

5. 使用文字设定法将 test.txt 权限设置为 rw-r--r-x。

6. 使用数字设定法将 test.txt 权限设置为 rwxrw-r--。

四、更改目录或文件所属用户和组群

1. 使用 chown 命令将 test.txt 所属组群改为 stugrp01。

2. 使用 chown 命令将 test.txt 所属主组改为 stu01。

项目4

磁盘存储管理

对于一般用户的文件与资料的存储与管理，Linux 的文件系统负责相关功能。系统管理员如果进一步细化管理存储资源就需要更多涉及存储介质管理，如通过磁盘管理命令查询用户使用存储的情况，或通过磁盘配额实现对用户存储资源的控制等。

4.1 技术准备

4.1.1 Linux 存储

在计算机领域，当提及存储管理的概念时往往针对两种对象：一种是操作系统的内存管理；另一种是外部存储的磁盘管理。本书所讨论的存储管理是指磁盘存储管理。

在 Linux 系统中所有的硬件设备都是通过文件的方式来表现和使用的，这些文件被称为设备文件，通常放置在/dev 目录中。根据设备文件的不同，又分为字符设备文件和块设备文件，磁盘属于块设备文件。

在 Linux 系统中磁盘设备有固定的表示方法，设备名称的命名与设备接口、设备顺序等有关，常用的命名方式为：设备类型名称+设备号+分区号，如 hda1、sdb5 等。在项目 1 中介绍过这种设备命名方式。

在一些引导程序中（如 GRUB）采用另一种存储设备命名方式：（设备名类型名称+设备号，分区号）。在这种命名方式下，设备号用数字表示，由 0 开始，即 0 表示第一块硬盘，分区号也从 0 开始，即 0 表示第一个分区。例如，sda1 用这种表示方式为（hd0，0）。

4.1.2 磁盘管理命令

1. 磁盘查询命令

视频

磁盘查询命令

① du 命令用于统计文件和目录占用的磁盘空间，该命令默认对当前目录进行统计。

命令格式：

```
du [选项] [文件]
```

主要选项：

-a 或-all：显示目录中个别文件的大小。

-b 或-bytes：显示目录或文件大小时，以 byte 为单位。

-c 或--total：除了显示个别目录或文件的大小外，同时也显示所有目录或文件的总和。

-k 或--kilobytes：以 KB 为单位输出。

-m 或--megabytes：以 MB 为单位输出。

-s 或--summarize：仅显示总计，只列出最后加总的值。

-h 或--human-readable：以 K、M、G 为单位，提高信息的可读性。

-x 或--one-file-xystem：以一开始处理时的文件系统为准，若遇上其他不同的文件系统目录则略过。

-L<符号链接>或--dereference<符号链接>：显示选项中所指定符号链接的源文件大小。

-S 或--separate-dirs：显示个别目录的大小时，并不含其子目录的大小。

-X<文件>或--exclude-from=<文件>：在<文件>指定目录或文件。

--exclude=<目录或文件>：略过指定的目录或文件。

-D 或--dereference-args：显示指定符号链接的源文件大小。

-l 或--count-links：重复计算硬件链接的文件。

示例 1：显示当前目录占用空间。

```
[root@localhost ~]# du
52      .
```

左边一列是文件或目录的大小，右边一列是文件或目录的名称，此处“.”为当前目录。

示例 2：显示指定文件所占的空间。

```
[root@localhost ~]# du install.log
52      install.log
```

示例 3：显示指定目录所占的空间。

```
[root@localhost ~]# du /boot
0       /boot/efi/EFI/centos
0       /boot/efi/EFI
0       /boot/efi
2400    /boot/grub2/i386-pc
3176    /boot/grub2/locale
2504    /boot/grub2/fonts
8096    /boot/grub2
4       /boot/grub
120556  /boot
```

示例 4：只显示总和的大小。

```
[root@localhost ~]# du -s
5456    .
```

示例 5：文件和目录同时显示。

```
[root@localhost ~]# du -a Desktop/
52      Desktop/install.log
60      Desktop/
```

示例 6：显示多个文件或目录各自占用磁盘空间的大小并统计其总和。

```
[root@localhost ~]# du -c install.log Desktop/
52      install.log
60      Desktop/
112     总计
```

② df：显示文件系统磁盘空间的使用情况，默认以 KB 为单位显示所有当前挂载的文件系

统的可用空间。如果没有文件名被指定，则所有当前被挂载的文件系统的可用空间将被显示。

命令格式：

```
df  [选项]  [文件]
```

常用选项：

-a：全部文件系统列表。

-i：显示 inode 信息。

-k：区块为 1 024 B。

-l：只显示本地文件系统。

-m：区块为 1 048 576 B。

-T：文件系统类型。

-t：<文件系统类型> 只显示选定文件系统的磁盘信息。

示例 7：显示磁盘使用情况。

```
[root@localhost ~]# df
文件系统                  1K-块      已用      可用 已用% 挂载点
devtmpfs                 919464         0    919464   0% /dev
tmpfs                    931500         0    931500   0% /dev/shm
tmpfs                    931500      9768    921732   2% /run
tmpfs                    931500         0    931500   0% /sys/fs/cgroup
/dev/mapper/centos-root 28289540  1295788  26993752   5% /
/dev/sda1               1038336    153772    884564  15% /boot
tmpfs                    186304         0    186304   0% /run/user/0
/dev/sr0                 996038    996038         0 100% /media/cdrom
```

表 4.1 所示为执行 df 命令显示的磁盘信息各列内容。

表 4.1　执行 df 命令显示的信息内容

列　　名	意　　义
文件系统	文件系统对应的设备文件的路径
1K-块	分区对应的数据块（1 024 B）数目
已用	已用的数据块数目
可用	可用的数据块数目
已用%	普通用户空间使用的百分比
挂载点	文件系统的挂载点

示例 8：以 inode 模式来显示磁盘使用情况。

```
[root@localhost ~]# df -i
文件系统                   Inode  已用(I)  可用(I)  已用(I)% 挂载点
devtmpfs                  229866    387   229479      1%   /dev
tmpfs                     232875      1   232874      1%   /dev/shm
tmpfs                     232875    742   232133      1%   /run
tmpfs                     232875     16   232859      1%   /sys/fs/cgroup
/dev/mapper/centos-root 14151680  27433 14124247      1%   /
/dev/sda1                 524288    327   523961      1%   /boot
tmpfs                     232875      1   232874      1%   /run/user/0
/dev/sr0                       0      0        0       -   /media/cdrom
```

示例 9：显示指定类型磁盘。

```
[root@localhost ~]# df -t xfs
```

```
文件系统                          1K-块      已用      可用       已用%    挂载点
/dev/mapper/centos-root  28289540  1295788  26993752    5%     /
/dev/sda1                 1038336   153772    884564   15%     /boot
```

示例 10：列出各文件系统的 i 节点的使用情况。

```
[root@localhost ~]# df -ia
文件系统                       Inode  已用(I) 可用(I) 已用(I)% 挂载点
sysfs                              0      0        0 -  /sys
proc                               0      0        0 -  /proc
devtmpfs                      229866    387   229479 1% /dev
securityfs                         0      0        0 -  /sys/kernel/security
tmpfs                         232875      1   232874 1% /dev/shm
devpts                             0      0        0 -  /dev/pts
tmpfs                         232875    742   232133 1% /run
tmpfs                         232875     16   232859 1% /sys/fs/cgroup
cgroup                             0      0        0 -  /sys/fs/cgroup/systemd
pstore                             0      0        0 -  /sys/fs/pstore
cgroup                             0      0        0 -  /sys/fs/cgroup/perf_event
……
cgroup                             0      0        0 -  /sys/fs/cgroup/devices
cgroup                             0      0        0 -  /sys/fs/cgroup/blkio
configfs                           0      0        0 -  /sys/kernel/config
/dev/mapper/centos-root  14151680 27433 14124247 1% /
selinuxfs                          0      0        0 -  /sys/fs/selinux
systemd-1                          0      0        0 -  /proc/sys/fs/binfmt_misc
mqueue                             0      0        0 -  /dev/mqueue
debugfs                            0      0        0 -  /sys/kernel/debug
hugetlbfs                          0      0        0 -  /dev/hugepages
/dev/sda1                     524288    327   523961 1% /boot
tmpfs                         232875      1   232874 1% /run/user/0
/dev/sr0                           0      0        0    /media/cdrom
```

2. 磁盘分区与格式化命令

视频

磁盘分区与格式化命令

(1) fdisk 格式化命令

fdisk 是 Linux 的磁盘分区工具，可以通过交互方式对磁盘进行分区管理。

命令格式：

```
fdisk [选项] [设备]
```

常用参数：

-l：显示当前设备的分区表。

-s /dev/sda1：显示指定分区的大小。

交互方式中常用子命令：

m：显示命令帮助。

p：显示当前分区表。

q：退出。

n：新建一个新分区。

d：删除一个分区。

q：退出不保存。

w：把分区写进分区表，保存并退出。

示例 11：对新硬盘进行分区。

要求：对一块新硬盘进行分区，将其分为两个分区：一个 3 GB 的主分区、其余划分为扩展分区，并创建相应的逻辑分区。前一个格式化为 ext4 格式，逻辑分区格式化为 xfs 的文件系统。

① 在分区前需要在虚拟机中添加一块新硬盘，并重启系统才会在系统中进行分区。

```
[root@localhost ~]# fdisk -l
磁盘 /dev/sda: 32.2 GB, 32212254720 字节, 62914560 个扇区
Units = 扇区 of 1 * 512 = 512 bytes
扇区大小(逻辑/物理): 512 字节 / 512 字节
I/O 大小(最小/最佳): 512 字节 / 512 字节
磁盘标签类型: dos
磁盘标识符: 0x000aa3b6
   设备 Boot      Start         End      Blocks   Id  System
/dev/sda1   *        2048     2099199     1048576   83  Linux
/dev/sda2         2099200    62914559    30407680   8e  Linux LVM
磁盘 /dev/sdb: 21.5 GB, 21474836480 字节, 41943040 个扇区
Units = 扇区 of 1 * 512 = 512 bytes
扇区大小(逻辑/物理): 512 字节 / 512 字节
I/O 大小(最小/最佳): 512 字节 / 512 字节
磁盘 /dev/mapper/centos-root: 29.0 GB, 28982640640 字节, 56606720 个扇区
Units = 扇区 of 1 * 512 = 512 bytes
扇区大小(逻辑/物理): 512 字节 / 512 字节
I/O 大小(最小/最佳): 512 字节 / 512 字节
磁盘 /dev/mapper/centos-swap: 2147 MB, 2147483648 字节, 4194304 个扇区
Units = 扇区 of 1 * 512 = 512 bytes
扇区大小(逻辑/物理): 512 字节 / 512 字节
I/O 大小(最小/最佳): 512 字节 / 512 字节
```

② 在上面的操作中，通过 fdisk –l 命令查看硬盘分区情况，可以看到新添加的硬盘设备名为 sdb，容量为 21 GB，并且显示为没有可用分区表。此时可使用 fdisk 命令对其进行分区。

```
 [root@localhost ~]# fdisk /dev/sdb
欢迎使用 fdisk (util-linux 2.23.2)。

更改将停留在内存中，直到您决定将更改写入磁盘。
使用写入命令前请三思。

Device does not contain a recognized partition table
使用磁盘标识符 0x6c4d330e 创建新的 DOS 磁盘标签。

命令(输入 m 获取帮助):
```

③ 在提示符后输入 fdisk /dev/sdb 进入交互命令方式，输入 m 列出命令动作。

```
命令(输入 m 获取帮助): m
命令操作
   a   toggle a bootable flag
   b   edit bsd disklabel
   c   toggle the dos compatibility flag
   d   delete a partition
   g   create a new empty GPT partition table
   G   create an IRIX (SGI) partition table
   l   list known partition types
   m   print this menu
```

```
   n   add a new partition
   o   create a new empty DOS partition table
   p   print the partition table
   q   quit without saving changes
   s   create a new empty Sun disklabel
   t   change a partition's system id
   u   change display/entry units
   v   verify the partition table
   w   write table to disk and exit
   x   extra functionality (experts only)

命令(输入 m 获取帮助):
```

④ 输入n新建一个分区：

```
命令(输入 m 获取帮助): n
Partition type:
   p   primary (0 primary, 0 extended, 4 free)
   e   extended
Select (default p):
```

其中，p表示主分区，e表示扩展分区，输入p创建主分区。

```
Select (default p): p
分区号 (1-4，默认 1):
```

输入分区号1（数字1），为分区指定分区号。在fdisk命令中磁盘的容量沿用了磁盘柱面表述磁盘容量的方式，这块磁盘起始柱面为1，结束柱面为1004，虽然默认采用柱面方式表示容量，但也提供目前较为常用的容量定义方法，即在要求输入结束页面时，采用“+容量尺寸”的方式设置分区大小。例如，“+500M”表示设置为500 MB，“1000M”表示设置为1 GB。

```
分区号 (1-4，默认 1): 1
起始 扇区 (2048-41943039，默认为 2048): 2048
Last 扇区, +扇区 or +size{K,M,G} (2048-41943039，默认为 41943039): 3000M
分区 1 已设置为 Linux 类型，大小设为 476.5 KiB

命令(输入 m 获取帮助):
```

⑤ 重新进入分区，并输入e创建扩展分区，将剩余的空间全部划分给扩展分区，此处可以按照默认柱面分配，直接按【Enter】键即可。

```
命令(输入 m 获取帮助): n
Partition type:
   p   primary (1 primary, 0 extended, 3 free)
   e   extended
Select (default p): e
分区号 (2-4，默认 2): 2
起始 扇区 (3001-41943039，默认为 4096):
将使用默认值 4096
Last 扇区, +扇区 or +size{K,M,G} (4096-41943039，默认为 41943039):
将使用默认值 41943039
分区 2 已设置为 Extended 类型，大小设为 20 GiB

命令(输入 m 获取帮助):
```

⑥ 再次输入 n 进入创建分区动作，此时，有没有扩展分区，只有主分区和逻辑分区，输入 l（小写字母 L）创建逻辑分区，如果在结束柱面处输入+4000M，则创建一个 20 GB 的分区（分区号为 5）。

```
命令(输入 m 获取帮助): n
Partition type:
   p   primary (1 primary, 1 extended, 2 free)
   l   logical (numbered from 5)
Select (default p): l
添加逻辑分区 5
起始 扇区 (6144-41943039，默认为 6144):
将使用默认值 6144
Last 扇区, +扇区 or +size{K,M,G} (6144-41943039，默认为 41943039):
将使用默认值 41943039
分区 5 已设置为 Linux 类型，大小设为 20 GiB

命令(输入 m 获取帮助):
```

⑦ 采用与上面同样的操作将剩余的容量再创建一个逻辑分区，其分区号应为 5。

⑧ 使用 w 命令存盘退出，将分区信息写入磁盘，至此分区结束。

```
命令(输入 m 获取帮助): w
The partition table has been altered!

Calling ioctl() to re-read partition table.
正在同步磁盘。
```

⑨ 再次使用 fdisk 命令查看 sdb 磁盘，显示磁盘信息如下：

```
 磁盘 /dev/sdb: 21.5 GB, 21474836480 字节，41943040 个扇区
Units = 扇区 of 1 * 512 = 512 bytes
扇区大小(逻辑/物理): 512 字节 / 512 字节
I/O 大小(最小/最佳): 512 字节 / 512 字节
磁盘标签类型: dos
磁盘标识符: 0x6c4d330e

   设备 Boot      Start       End      Blocks    Id    System
/dev/sdb1         2048       3000        476+    83    Linux
/dev/sdb2         4096   41943039    20969472     5    Extended
/dev/sdb5         6144   41943039    20968448    83    Linux
```

fdisk 命令存在一定的限制，目前只能划分小于 2 TB 的磁盘，对于超过 2 TB 的硬盘可以采用卷管理和 parted 命令进行分区。

（2）mkfs 格式化命令

在分区完成后，根据需要对各个分区进行格式化，即在分区上创建指定文件系统。

命令格式：

```
mkfs  [选项] 设备
```

主要选项：

设备：预备检查的硬盘 partition，例如，/dev/sda1。

-V：详细显示模式。

-t：给定文件系统的类型，Linux 的预设值为 ext2。

-c：在创建文件系统前，检查该 partition 是否有坏道。

-l bad_blocks_file：将有坏道的 block 资料加到 bad_blocks_file 里面。

block：给定 block 的大小。

-L：建立 lable。

mkfs 命令可以根据-t 参数设置格式化时文件系统的类型，同时在/sbin 目录中包含一些格式化为特定格式的命令，mkfs.ext3 与 mke2fs 为格式化成 ext3 文件系统，mkfs.reiserfs 为格式化成 reiserfs 文件系统，mkfs.vfat 格式化成 fat32 文件系统，mkfs.msdos 为格式化成 fat16 文件系统。CentOS 中还提供 mkfs.xfs 命令将设备格式化为 xfs 文件系统，如果系统中没有安装该命令，可以通过 yum 安装 xfsprogs 包。

示例 12：将/dev/sdb1 格式化成 ext4 格式文件系统。

```
[root@localhost ~]# mkfs -t ext4 /dev/sdb1
mke2fs 1.42.9 (28-Dec-2013)

文件系统小得无法记录日志
文件系统标签=
OS type: Linux
块大小=1024 (log=0)
分块大小=1024 (log=0)
Stride=0 blocks, Stripe width=0 blocks
64 inodes, 476 blocks
23 blocks (4.83%) reserved for the super user
第一个数据块=1
Maximum filesystem blocks=524288
1 block group
8192 blocks per group, 8192 fragments per group
64 inodes per group

Allocating group tables: 完成
正在写入 inode 表: 完成
Writing superblocks and filesystem accounting information: 完成
```

示例 13：将/dev/sdb5 格式化成 xfs 格式文件系统。

```
[root@localhost ~]# mkfs.xfs /dev/sdb5
meta-data=/dev/sdb5              isize=512        agcount=4, agsize=1310528 blks
         =                       sectsz=512       attr=2, projid32bit=1
         =                       crc=1            finobt=0, sparse=0
data     =                       bsize=4096       blocks=5242112, imaxpct=25
         =                       sunit=0          swidth=0 blks
naming   =version 2              bsize=4096       ascii-ci=0 ftype=1
log      =internal log           bsize=4096       blocks=2560, version=2
         =                       sectsz=512       sunit=0 blks, lazy-count=1
realtime =none                   extsz=4096       blocks=0, rtextents=0
```

（3）fsck（file system check）磁盘检查

由于掉电等异常导致文件系统出现问题，可以利用 fsck 命令进行检查。

```
fsck [-t 文件系统] [-ACay] 设备名称
```

常用选项：

-t：给定文件系统类型，如果在/etc/fstab 文件中已定义或核心支持的文件系统则不需要。

-A：对/etc/fstab 文件中所有列出来的分区做检查。

-C：显示完整的检查进度。

-V：详细显示模式。

-a：如果检查有错则自动修复。

-r：如果检查有错则交互方式进行修复。

示例 14：强制检测 /dev/hdc1 分区。

```
[root@localhost ~]# fsck -C -f -t ext4 /dev/sdb1
fsck，来自 util-linux 2.23.2
e2fsck 1.42.9 (28-Dec-2013)
第 1 步：检查 inode,块,和大小
第 2 步：检查目录结构
第 3 步：检查目录连接性
第 4 步：检查引用技术
第 5 步：检查簇概要信息
/dev/sdb1: 11/64 files (0.0% non-contiguous), 30/476 blocks
```

视 频

磁盘挂载与卸载命令

3. 磁盘挂载与卸载命令

新添加的硬盘在分区和格式化之后，并不会立即出现在文件系统中，必须通过挂载的方式将新产生的分区挂载到原有文件系统中的某个目录才可以使用。Linux 中没有类似 Windows 的盘符的概念，所有的磁盘分区都被组织到文件系统的目录树中，如图 4.1 所示。

挂载点是 Linux 上的一个目录，存储设备挂载至此目录后，对该存储设备任何操作就相当于对该目录操作。Linux 系统默认的挂载点目录为/mnt 或者/media，前者用于临时挂载，后者用于挂载移动存储设备。实际应用过程中挂载点可以不限于这两个目录。建议自己创建，不要利用系统已存在的其他目录。Linux 的磁盘挂载使用 mount 命令。

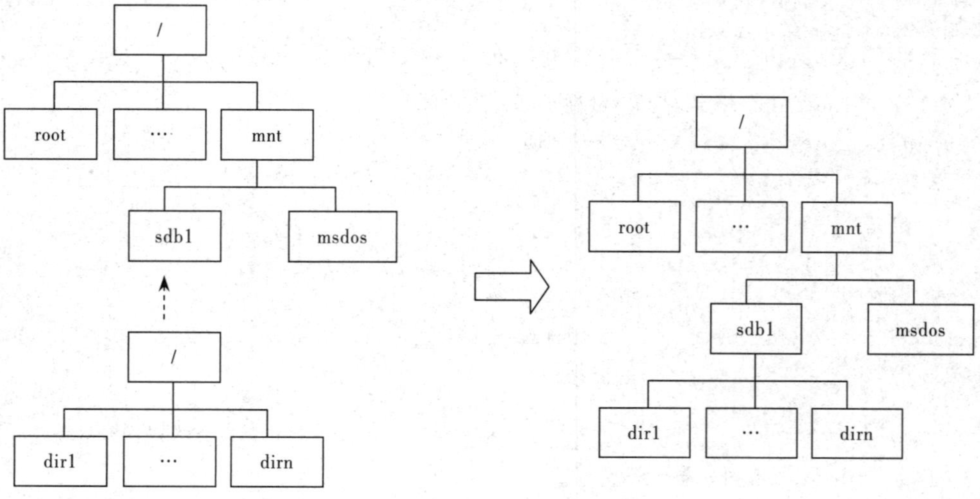

图 4.1　Linux 文件系统挂载示意图

（1）挂载命令 mount

命令格式：

```
mount [-t 文件系统] [-L 卷标名] [-o 选项] [-n] 设备文件 挂载点
```

-t：指定文件系统类型。

-L：指定卷标。

-o：指定选项。

设备文件：需要挂载的设备。

挂载点：挂载设备需要挂载的目录。

示例 15：显示所有挂载点信息。

```
[root@localhost ~]# mount
sysfs on /sys type sysfs (rw,nosuid,nodev,noexec,relatime,seclabel)
proc on /proc type proc (rw,nosuid,nodev,noexec,relatime)
devtmpfs on /dev type devtmpfs (rw,nosuid,seclabel,size=919464k,nr_inodes
=229866,mode=755)
securityfs on /sys/kernel/security type securityfs (rw,nosuid,nodev,noexec,
relatime)
tmpfs on /dev/shm type tmpfs (rw,nosuid,nodev,seclabel)
devpts on /dev/pts type devpts (rw,nosuid,noexec,relatime,seclabel,gid=5,
mode=620,ptmxmode=000)
tmpfs on /run type tmpfs (rw,nosuid,nodev,seclabel,mode=755)
tmpfs on /sys/fs/cgroup type tmpfs (ro,nosuid,nodev,noexec,seclabel,mode
=755)
cgroup on /sys/fs/cgroup/systemd type cgroup (rw,nosuid,nodev,noexec,
relatime,seclabel,xattr,release_agent=/usr/lib/systemd/systemd-cgroups-agen
t,name=systemd)
pstore on /sys/fs/pstore type pstore (rw,nosuid,nodev,noexec,relatime)
cgroup on /sys/fs/cgroup/cpuset type cgroup (rw,nosuid,nodev,noexec,
relatime,seclabel,cpuset)
cgroup on /sys/fs/cgroup/freezer type cgroup (rw,nosuid,nodev,noexec,
relatime,seclabel,freezer)
cgroup on /sys/fs/cgroup/cpu,cpuacct type cgroup (rw,nosuid,nodev,noexec,
relatime,seclabel,cpuacct,cpu)
cgroup on /sys/fs/cgroup/perf_event type cgroup (rw,nosuid,nodev,noexec,
relatime,seclabel,perf_event)
cgroup on /sys/fs/cgroup/hugetlb type cgroup (rw,nosuid,nodev,noexec,
relatime,seclabel,hugetlb)
cgroup on /sys/fs/cgroup/net_cls,net_prio type cgroup (rw,nosuid,nodev,
noexec,relatime,seclabel,net_prio,net_cls)
cgroup on /sys/fs/cgroup/blkio type cgroup (rw,nosuid,nodev,noexec,
relatime,seclabel,blkio)
cgroup on /sys/fs/cgroup/pids type cgroup (rw,nosuid,nodev,noexec,relatime,
seclabel,pids)
cgroup on /sys/fs/cgroup/devices type cgroup (rw,nosuid,nodev,noexec,
relatime,seclabel,devices)
cgroup on /sys/fs/cgroup/memory type cgroup (rw,nosuid,nodev,noexec,
relatime,seclabel,memory)
configfs on /sys/kernel/config type configfs (rw,relatime)
```

```
    /dev/mapper/centos-root on / type xfs (rw,relatime,seclabel,attr2,inode64,
noquota)
    selinuxfs on /sys/fs/selinux type selinuxfs (rw,relatime)
    systemd-1 on /proc/sys/fs/binfmt_misc type autofs (rw,relatime,fd=27,
pgrp=1,timeout=0,minproto=5,maxproto=5,direct,pipe_ino=13779)
    debugfs on /sys/kernel/debug type debugfs (rw,relatime)
    hugetlbfs on /dev/hugepages type hugetlbfs (rw,relatime,seclabel)
    mqueue on /dev/mqueue type mqueue (rw,relatime,seclabel)
    /dev/sda1 on /boot type xfs (rw,relatime,seclabel,attr2,inode64,noquota)
    tmpfs on /run/user/0 type tmpfs (rw,nosuid,nodev,relatime,seclabel,size
=186304k,mode=700)
```

当 mount 命令不带任何参数时显示所有挂载点的信息。

示例 16：将上面创建的两个分区分别挂载到 mnt 的两个目录上。

```
[root@localhost ~]# mkdir /mnt/ext4disk
[root@localhost ~]# mkdir /mnt/xfsdisk
[root@localhost ~]# mount /dev/sdb1 /mnt/ext4disk/
[root@localhost ~]# mount /dev/sdb5 /mnt/xfsdisk/
[root@localhost ~]# df
文件系统                  1K-块       已用     可用    已用% 挂载点
devtmpfs                  919464         0  919464    0% /dev
tmpfs                     931500         0  931500    0% /dev/shm
tmpfs                     931500      9784  921716    2% /run
tmpfs                     931500         0  931500    0% /sys/fs/cgroup
/dev/mapper/centos-root 28289540   1294556 26994984 5% /
/dev/sda1                1038336    153772   884564 15%/boot
tmpfs                     186304         0   186304 0% /run/user/0
/dev/sdb1                    463        17      414 4% /mnt/ext4disk
/dev/sdb5               20958208     32992 20925216 1% /mnt/xfsdisk
```

（2）卸载命令 umount

卸载挂载设备就是将设备从挂载点上卸载，并还原原有的目录，卸载使用 umount 命令。在 Linux 中，光驱设备在挂载之后，如果要弹出光盘则必须先用 umount 命令卸载之后才能打开，否则无法弹出光盘。

命令格式：

```
umount  设备文件名/挂载点
```

示例 17：umount 命令应用。

```
[root@localhost ~]# umount /dev/sdb1
[root@localhost ~]# umount /mnt/xfsdisk/
[root@localhost ~]# df
文件系统                  1K-块      已用          可用  已用%     挂载点
devtmpfs                  919464        0        919464  0%      /dev
tmpfs                     931500        0        931500  0%      /dev/shm
tmpfs                     931500     9784        921716  2%      /run
tmpfs                     931500        0        931500  0%      /sys/fs/cgroup
/dev/mapper/centos-root 28289540 1294556      26994984  5%      /
/dev/sda1                1038336   153772        884564  15%     /boot
tmpfs                     186304        0        186304  0%      /run/user/0
```

4. LVM卷管理

视 频

逻辑卷的使用

LVM是Linux环境中对磁盘分区进行管理的一种机制，是建立在硬盘和分区之上、文件系统之下的一个逻辑层，可提高磁盘分区管理的灵活性。Red Hat、CentOS等多种Linux系统默认安装的分区格式就是LVM逻辑卷的格式。需要注意的是，/boot分区不能基于LVM创建，必须独立出来。

（1）逻辑卷的相关概念

LVM是Linux在物理存储设备（硬盘和分区）上建立的一个抽象层，可以动态管理分区，可以提高磁盘分区管理的灵活性。LVM常用的概念有物理卷、逻辑卷和卷组等。

① 物理卷（Physical Volume，PV）：通常指包含了LVM管理参数的磁盘、磁盘分区或从逻辑上与磁盘分区具有同样功能的设备（如RAID），是LVM的基本存储逻辑块。

② 卷组（Volume Group，VG）：由物理卷组成，可在卷组上创建一个或多个"LVM分区"（逻辑卷），LVM卷组由一个或多个物理卷组成。

③ 逻辑卷（Logical volume，LV）：类似于非LVM系统中的硬盘分区，在逻辑卷之上可以创建文件系统（如/home或者/usr等）。

（2）逻辑卷的常用命令

① pvdisplay：查看组成LVM卷的物理卷。

② pvcreate：创建物理卷。（可以在硬盘上或其中某个分区上创建）

③ vgcreate：创建卷组。例如，vgcreate myvolumn /dev/sdd1 /dev/sdc2。其中，sdd1和sdc2都为物理卷。

④ vgextend：在卷组里添加一个新的物理卷。例如，vgextend myvolumn /dev/sdd3。

⑤ lvdisplay：查看逻辑卷。

⑥ lvcreate：创建一个逻辑卷，例如，lvcreate -l 50 myvolumn -n mylogical 创建一个/dev/myvolumn/mylogical的新设备，可以用于挂载：mkfs -j /dev/myvolume/mylogical，mount -t ext3 /dev/myvolumn/mylogical /mnt/mynewdisk。-l 50表示大小为50个PE（Pinysical Exteut，物理块），每个PE大小可能为4.0 MB，而-L指定LV的size，-n指定LV的名字。

⑦ lvextend：扩展逻辑卷，如果有多余的PE，可以扩展逻辑卷的大小。例如，lvextend -L 800M /dev/myvolumn/mylogical。

5. 磁盘配额

视 频

磁盘配额的使用

随着用户的不断增加，对存储空间的需求也不断增加。为了有效提高存储利用率同时保证用户能够根据需求利用存储空间，系统管理员可以限制用户在某个硬盘分区使用的存储空间和可创建文件的数量，从而减少空间浪费的情况。磁盘配额在网络存储、文件服务器以及邮件服务器等应用中控制存储较为常见。

在Linux系统中，不同的文件系统上使用的磁盘配额工具和方法有所不同。xfs文件系统的管理工具是xfs_quota；ext3/4文件系统通过quota工具进行管理，xfs文件系统不仅可以针对分区进行配额管理，还可以对目录进行配额限制，但ext3/4文件系统不能对目录进行配额限制。磁盘配额只对普通用户有效，root用户不受相应限制。

（1）磁盘配额相关概念

① 磁盘配额可以限制的范围。使用磁盘配额进行限制，可以限制磁盘空间的容量，磁盘

中文件的数量。在 Linux 中每一个文件都通过相应的 inode 进行标识，因此，文件数量的限制通过对 inode 的数量限制实现。

② 限制的种类。限制分为两类：最低限制和最高限制。其中最低限制也称软限制（soft），指最低限制容量，超过此限制会警告，超出内容会保留到宽限时间到期。最高限制也称硬限制（hard），此限制不能被超过。所谓宽限时间是指当用户使用的空间超过了最低限制但还没到达最高限制时，在这个宽限时间到期前必须将超额的数据降低到最低限制以下（默认为 7 天），当宽限时间到期，系统将自动清除超出的数据。

③ 磁盘配额针对的对象。磁盘配额可以针对用户（usrquota）、组群 grpquota 和单一目录（prjqouta）进行设置，但是组群和单一目录不能同时存在。

④ /etc/fstab 文件。quota 功能在系统启动挂载时才生效，因此，直接用 mount 命令不能生效，必须通过修改/etc/fstab 文件进行 quota 功能的开启。在需要启用配额的分区上加入 usrquota 和 grpquota，重启系统挂载分区。

（2）磁盘配额常用命令

对于 xfs 文件系统，使用 xfs_quota 命令进行配额操作，该命令形式与一般的 Linux 命令稍显复杂，在选项后用引号引起的部分为操作指令，因此，很多相关操作都集成在 xfs_quota 这一条目录中。

xfs_quota 命令格式：

```
xfs_quota 选项 '命令' [挂载点]
```

常用选项：

-x：专家模式，使用此参数后，才能使用-c 的指令。

-c：命令参数，后接以下常用指令：

print 用于列出目前主机内的文件系统参数等数据；

report 用于列出目前的 quota 项目，有 ugr(user/group/project)及 bi 等数据；

state 说明目前支持 quota 的文件系统的信息；

limit 指定限定的项目，可以针对 user 和 group 限制；

bsoft|bhard block 磁盘容量的 hard 与 soft 值；

isoft|ihard inode 文件数量的 hard 与 soft 值；

-u：只显示用户的配额。

-g：只显示用户组的配额。

-p：项目的配额。

视 频

项目实施-逻辑卷管理

4.2 项目实施

4.2.1 逻辑卷的管理

项目要求：新建两块虚拟硬盘，在其上创建逻辑卷，并测试逻辑卷的弹性调整。

1. 为硬盘分区并修改硬盘分区类型

如果已经进行分区的设备，其分区类型需要进行修改，使用 fdisk 的 t 命令，将其分区类型转换为 8e，也就是 LVM 类型。也可以直接在初次分区时将其指定为 LVM 格式。

```
[root@localhost ~]# fdisk /dev/sdc
Command (m for help): t
Selected partition 1
Hex code (type L to list codes): 8e
Changed system type of partition 1 to 8e (Linux LVM)
Command (m for help): w
The partition table has been altered!
Calling ioctl() to re-read partition table.
Syncing disks.
```

2. 创建物理卷

```
[root@localhost ~]# pvcreate  /dev/sdc1
  Physical volume "/dev/sdc1" successfully created
[root@localhost ~]# pvcreate  /dev/sdd1
  Physical volume "/dev/sdd1" successfully created
```

3. 显示物理卷

```
[root@localhost ~]# pvdisplay /dev/sdc1
  "/dev/sdc1" is a new physical volume of "2.21 GB"
  --- NEW Physical volume ---
  PV Name               /dev/sdc1
  VG Name
  PV Size               2.21 GB
  Allocatable           NO
  PE Size (KByte)       0
  Total PE              0
  Free PE               0
  Allocated PE          0
  PV UUID               6H7hhs-P9kL-fvtj-6i86-ULUg-KVp2-YsB0dV
```

4. 建立卷组

```
[root@localhost ~]# vgcreate  DataVol /dev/sdc1 /dev/sdd1
  Volume group "DataVol" successfully created
[root@localhost ~]# vgdisplay   DataVol
  --- Volume group ---
  VG Name                  DataVol
  System ID
  Format                   lvm2
  Metadata Areas           2
  Metadata Sequence No     1
  VG Access             read/write
  VG Status             resizable
  MAX LV                   0
  Cur LV                   0
  Open LV                  0
  Max PV                   0
  Cur PV                   2
  Act PV                   2
  VG Size                  4.21 GB
```

```
  PE Size               4.00 MB
  Total PE              1077
  Alloc PE / Size       0 / 0
  Free  PE / Size       1077 / 4.21 GB
  VG UUID               2MtC19-zD21-k0Ry-l0pd-NPb8-381U-MOSU5k
```

5. **建立逻辑卷**

```
[root@localhost ~]# lvcreate  -L500M -n DBVol DataVol
  Logical volume "DBVol" created
```

6. **格式化逻辑卷**

```
[root@localhost ~]# mkfs -t ext3 /dev/DataVol/DBVol
mke2fs 1.39 (29-May-2006)
Filesystem label=
OS type: Linux
Block size=1024 (log=0)
Fragment size=1024 (log=0)
128016 inodes, 512000 blocks
25600 blocks (5.00%) reserved for the super user
First data block=1
Maximum filesystem blocks=67633152
63 block groups
8192 blocks per group, 8192 fragments per group
2032 inodes per group
Superblock backups stored on blocks:
       8193, 24577, 40961, 57345, 73729, 204801, 221185, 401409

Writing inode tables: done
Creating journal (8192 blocks): done
Writing superblocks and filesystem accounting information: done

This filesystem will be automatically checked every 28 mounts or
180 days, whichever comes first.  Use tune2fs -c or -i to override.
```

7. **挂载逻辑卷**

```
[root@localhost ~]# mkdir /dbvol
[root@localhost ~]# mount /dev/DataVol/DBVol /dbvol
[root@localhost ~]# df -h
文件系统             容量     已用   可用       已用%  挂载点
/dev/mapper/VolGroup00-LogVol00
                     6.7G     2.7G   3.7G       43%    /
/dev/sda1            99M      12M    82M        13%    /boot
tmpfs                252M     0      252M       0%     /dev/shm
/dev/sdb1            2.8G     69M    2.6G       3%     /usrquota
VSDoc                79G      69G    9.3G       89%    /media/sf_VSDoc
/dev/mapper/DataVol-DBVol
                     485M     11M    449M       3%     /dbvol
```

8. **扩充逻辑卷**

可以将未使用的空间分配给已经创建好的分区，实现逻辑卷的扩展。

① 检查逻辑卷处于哪一个卷组。

```
[root@localhost ~]# lvdisplay|grep DBVol
  LV Name                /dev/DataVol/DBVol
[root@localhost ~]# lvdisplay  DataVol/DBVol
  --- Logical volume ---
  LV Name                    /dev/DataVol/DBVol
  VG Name                    DataVol
  LV UUID                    ZBGhpn-Ed0H-m6rL-ljoW-uhOo-nyA2-Q6SmQJ
  LV Write Access            read/write
  LV Status                  available
  # open                     1
  LV Size                    500.00 MB
  Current LE                 125
  Segments                   1
  Allocation                 inherit
  Read ahead sectors         auto
  - currently set to         256
  Block device               253:2
```

② 检查卷组 Data 是否还有剩余空间。

```
[root@localhost ~]# lvextend -v -L 1G DataVol/DBVol
    Finding volume group DataVol
    Archiving volume group "DataVol" metadata (seqno 2).
  Extending logical volume DBVol to 1.00 GB
    Found volume group "DataVol"
    Found volume group "DataVol"
    Loading DataVol-DBVol table (253:2)
    Suspending DataVol-DBVol (253:2) with device flush
    Found volume group "DataVol"
    Resuming DataVol-DBVol (253:2)
    Creating volume group backup "/etc/lvm/backup/DataVol" (seqno 3).
  Logical volume DBVol successfully resized
```

③ 检查逻辑卷状态，注意查看与容量有关的 LV Size 和 Current LE 数量情况。

```
[root@localhost ~]# lvdisplay  DataVol/DBVol
  --- Logical volume ---
  LV Name                    /dev/DataVol/DBVol
  VG Name                    DataVol
  LV UUID                    ZBGhpn-Ed0H-m6rL-ljoW-uhOo-nyA2-Q6SmQJ
  LV Write Access            read/write
  LV Status                  available
  # open                     1
  LV Size                    1.00 GB
  Current LE                 256
  Segments                   1
  Allocation                 inherit
  Read ahead sectors         auto
  - currently set to         256
  Block device               253:2
```

4.2.2 磁盘配额管理

视 频

项目实施-磁盘配额

要求：为指定分区分配磁盘限额，为test1和test2设置限制。其中test1存储为软限制100 KB，硬限制500 KB；文件数量为软限制5，硬限制10。test2存储为软限制1 MB，硬限制5 MB；文件数量为软限制15，硬限制20。创建完成后进行测试。

（1）查询与安装xfsprogs

CentOS系统默认已经安装了该命令，如果没有安装可以通过rpm或yum命令进行安装。

```
[root@localhost ~]# rpm -q xfsprogs
xfsprogs-4.5.0-22.el7.x86_64
[root@localhost ~]# yum -y install xfsprogs
```

（2）创建目录，并将分区挂载到此目录

```
[root@localhost ~]# mkdir /mnt/xfsdisk
[root@localhost ~]# mount /dev/sdb5 /mnt/xfsdisk
```

（3）在/etc/fstab文件中添加自动挂载磁盘配额信息

```
/dev/sdb5 /mnt/xfsdisk xfs defaults,usrquota,grpquota 0 0
```

设置完成后需重启系统，使其生效。

（4）添加两个新用户

```
[root@localhost ~]# useradd test1
[root@localhost ~]# useradd test2
[root@localhost ~]# passwd test1
[root@localhost ~]# passwd test2
```

（5）根据要求为test1和test2设置限制。

```
[root@localhost ~]# xfs_quota -x -c 'limit -u bsoft=100k bhard=500k isoft=5
ihard=10 test1' /mnt/xfsdisk/
[root@localhost ~]# xfs_quota -x -c 'limit -u bsoft=1M bhard=5M isoft=15
ihard=20 test2' /mnt/xfsdisk/
```

（6）查看全部限制信息

```
[root@localhost ~]# xfs_quota -x -c 'report -ubih' /mnt/xfsdisk/
User quota on /mnt/xfsdisk (/dev/sdb5)
                    Blocks                              Inodes
User ID  Used  Soft  Hard Warn/Grace     Used   Soft   Hard Warn/Grace
---------------------------------------------------------------------
root   0      0     0  00    [------]     3      0      0   00 [------]
test1  0   100K  500K  00    [------]     0      5     10   00 [------]
test2  0     1M    5M  00    [------]     0     15     20   00 [------]
```

（7）切换至test1用户，测试限制

```
[root@localhost ~]# su test1
[test1@localhost root]$ cd /mnt/xfsdisk/
[test1@localhost xfsdisk]$ touch test
[test1@localhost xfsdisk]$ ls
test
[test1@localhost xfsdisk]$ rm test
[test1@localhost xfsdisk]$ dd if=/dev/zero of=test1.txt bs=50k count=5
记录了 5+0 的读入
```

```
记录了 5+0 的写出
256000 字节(256 kB)已复制，0.000799823 秒，320 MB/秒
[test1@localhost xfsdisk]$ ls
test1.txt
[test1@localhost xfsdisk]$ ll
总用量 252
-rw-rw-r--. 1 test1 test1 256000 2月   1 02:24 test1.txt
[test1@localhost xfsdisk]$ dd if=/dev/zero of=test2.txt bs=60k count=5
dd: 写入"test2.txt" 出错: 超出磁盘限额
记录了 5+0 的读入
记录了 4+0 的写出
245760 字节(246 kB)已复制，0.000878171 秒，280 MB/秒
[test1@localhost xfsdisk]$ ll
总用量 492
-rw-rw-r--. 1 test1 test1 256000 2月   1 02:24 test1.txt
-rw-rw-r--. 1 test1 test1 245760 2月   1 02:24 test2.txt
[test1@localhost xfsdisk]$ dd if=/dev/zero of=test2.txt bs=500k count=5
dd: 写入"test2.txt" 出错: 超出磁盘限额
记录了 1+0 的读入
记录了 0+0 的写出
0 字节(0 B)已复制，0.000906768 秒，0.0 kB/秒
[test1@localhost xfsdisk]$ ll
总用量 252
-rw-rw-r--. 1 test1 test1 256000 2月   1 02:24 test1.txt
-rw-rw-r--. 1 test1 test1      0 2月   1 02:25 test2.txt
[test1@localhost xfsdisk]$ touch test{3..10}.txt
[test1@localhost xfsdisk]$ ll
总用量 252
-rw-rw-r--. 1 test1 test1      0 2月   1 02:29 test10.txt
-rw-rw-r--. 1 test1 test1 256000 2月   1 02:24 test1.txt
-rw-rw-r--. 1 test1 test1      0 2月   1 02:25 test2.txt
-rw-rw-r--. 1 test1 test1      0 2月   1 02:29 test3.txt
-rw-rw-r--. 1 test1 test1      0 2月   1 02:29 test4.txt
-rw-rw-r--. 1 test1 test1      0 2月   1 02:29 test5.txt
-rw-rw-r--. 1 test1 test1      0 2月   1 02:29 test6.txt
-rw-rw-r--. 1 test1 test1      0 2月   1 02:29 test7.txt
-rw-rw-r--. 1 test1 test1      0 2月   1 02:29 test8.txt
-rw-rw-r--. 1 test1 test1      0 2月   1 02:29 test9.txt
[test1@localhost xfsdisk]$ touch test11.txt
touch: 无法创建"test11.txt": 超出磁盘限额
[test1@localhost xfsdisk]$
```

（8）在 root 用户中查看限制信息

```
[root@localhost ~]# xfs_quota -x -c 'report -ubih' /mnt/xfsdisk/
User quota on /mnt/xfsdisk (/dev/sdb5)
                        Blocks                         Inodes
User ID    Used   Soft   Hard Warn/Grace    Used   Soft   Hard Warn/Grace
----------------------------------------------------------------
root          0      0      0  00 [------]     3      0      0  00 [------]
test1      252K   100K   500K  00 [6 days]    10      5     10  00 [6 days]
```

```
test2        0     1M     5M  00 [------]      0     15      20  00 [------]
```

4.3 技术拓展

视频

磁盘阵列

Linux 系统对磁盘存储的管理不只以上介绍的基本技术，还有磁盘阵列技术。

磁盘阵列是一种使用多个价格低廉的磁盘组合成一个容量较大的磁盘组的技术，通过这项技术可以提高磁盘的利用率以及数据的安全性。磁盘阵列有 RAID0、RAID1 和 RAID5 等模式。磁盘阵列产品一般通过硬件实现，在 Linux 下可以通过软件方式实现磁盘阵列。

RAID0 将最少两个硬盘合并成一个逻辑盘使用，数据读/写时对各硬盘同时操作，不同硬盘写入不同数据，速度快。

RAID1 就是同时对两个硬盘进行读/写（同样的数据），强调数据的安全性。

RAID5 将多个（最少三个）硬盘合并成一个逻辑盘使用，数据读/写时会建立奇偶校验信息，并且奇偶校验信息和相对应的数据分别存储于不同的磁盘上。当 RAID5 的一个磁盘数据发生损坏后，利用剩下的数据和相应的奇偶校验信息去恢复被损坏的数据，相当于 RAID0 和 RAID1 的综合。

RAID10 就是 RAID1+RAID0，比较适合速度要求高，又要完全容错的情况。最少需要四块硬盘（注意：做 RAID10 时要先作 RAID1，再把数个 RAID1 做成 RAID0，这样比先做 RAID0、再做 RAID1 有更高的可靠性）。

通过两块硬盘实现 RAID0，操作步骤如下：

（1）添加两块虚拟磁盘，并将其分区和格式化

为 sdc 创建一个单独分区，分区号为 1，使用 t 命令并输入十六进制分区类型 fd，将其转换为磁盘阵列类型，完成后使用 w 命令保存分区设置。

```
[root@localhost ~]# fdisk  /dev/sdc
Command (m for help): t
Selected partition 1
Hex code (type L to list codes): fd
Changed system type of partition 1 to fd (Linux raid autodetect)
Command (m for help): w
The partition table has been altered!
Calling ioctl() to re-read partition table.
Syncing disks.
```

对另一块硬盘（/dev/sdd）重复以上操作。

（2）创建和使用 RAID

① 创建 RAID：

```
[root@localhost  ~]#  mdadm  --create  -v  /dev/md0  -l0  --raid-devices=2
/dev/sdc1 /dev/sdd1
mdadm: chunk size defaults to 64K
mdadm: array /dev/md0 started.
```

② 检查 RAID 状态：

```
[root@localhost ~]# fdisk -l /dev/md0
Disk /dev/md0: 4523 MB, 4523687936 bytes
```

```
2 heads, 4 sectors/track, 1104416 cylinders
Units = cylinders of 8 * 512 = 4096 bytes
Disk /dev/md0 doesn't contain a valid partition table
```

③ 设置系统启动自动激活 RAID：

```
echo DEVICE /dev/sdc1 /dev/sdd1/>/etc/mdadm.conf
```

④ 在 RAID 上创建文件系统：

```
[root@localhost ~]# mkfs -t ext3  /dev/md0
mke2fs 1.39 (29-May-2006)
Filesystem label=
OS type: Linux
Block size=4096 (log=2)
Fragment size=4096 (log=2)
552704 inodes, 1104416 blocks
55220 blocks (5.00%) reserved for the super user
First data block=0
Maximum filesystem blocks=1132462080
34 block groups
32768 blocks per group, 32768 fragments per group
16256 inodes per group
Superblock backups stored on blocks:
       32768, 98304, 163840, 229376, 294912, 819200, 884736
Writing inode tables: done
Creating journal (32768 blocks): done
Writing superblocks and filesystem accounting information: done

This filesystem will be automatically checked every 30 mounts or
180 days, whichever comes first.  Use tune2fs -c or -i to override.
```

⑤ 挂载磁盘阵列：

```
[root@localhost ~]# mkdir /raid
[root@localhost ~]# mount /dev/md0 /raid
[root@localhost ~]# df -h
文件系统              容量      已用      可用   已用% 挂载点
/dev/mapper/VolGroup00-LogVol00
                      6.7G      2.7G      3.7G  43%   /
/dev/sda1              99M       12M       82M  13%   /boot
tmpfs                 252M         0      252M   0%   /dev/shm
/dev/sdb1             2.8G       69M      2.6G   3%   /usrquota
VSDoc                  79G       69G      9.2G  89%   /media/sf_VSDoc
/dev/md0              4.2G      137M      3.9G   4%   /raid
```

删除上一实验中建立的 RAID，方法如下：

① 从挂载点卸载 RAID。

```
[root@localhost ~]# umount /dev/md0
```

② 移除配置文件/etc/mdadm.conf。

```
[root@localhost ~]# (rm/etc/mdadm.conf -f)
```

③ 将 RAID 成员硬盘移出 RAID。

```
[root@localhost ~]# mdadm -f /dev/md0 /dev/sdc1
[root@localhost ~]# mdadm -f /dev/md0 /dev/sdd1
```

④ 停止 RAID。

```
[root@localhost ~]# mdadm -S /dev/md0
mdadm: stopped /dev/md0
```

⑤ 清除各硬盘上的 RAID 信息。

```
[root@localhost ~]# mdadm --zero-superblock /dev/sdc1
[root@localhost ~]# mdadm --zero-superblock /dev/sdd1
```

小　结

本项目对 Linux 的存储管理进行了介绍，首先简单介绍了 Linux 的存储管理的概念，接着详细介绍了磁盘管理的相关命令，包括磁盘查询、磁盘分区、格式化，以及挂载到系统中的过程，最后介绍了如何在桌面图形界面方式下进行移动存储设备的管理和在命令行方式下实现磁盘配额管理。

练　习

1. 使用 du 命令统计 student 用户目录所占磁盘空间的使用情况，以字节为单位显示，并递归显示 student 用户目录及其子目录各文件所占磁盘空间的私用情况，要求以 1 024 B（块）为单位显示。

2. 使用 df 命令列出各文件系统的磁盘空间使用情况。

3. 为系统添加新硬盘，分成两个分区并分别挂载至两个不同的目录下。

项目5

网络管理

将计算机连接到网络中是使用网络资源的基础。以 Linux 系统作为网络服务器操作系统，将其连接到网络中是保证其网络服务正常工作的前提，Linux 系统网络管理内容主要包括网络参数配置、主机配置、DNS 配置等。

5.1 技 术 准 备

一台计算机的网络参数主要包含网络设备名称、网络设备 IP 地址等信息。在 Linux 系统中网络参数的配置可以通过命令和配置文件两种方式进行配置，在一些 Linux 发行版中也提供不同形式的图形界面。

5.1.1 网络配置

视 频

图形界面配置网络

1. 图形界面配置网络

CentOS 提供图形界面对网络进行配置，选择桌面左上角“应用程序”→“系统工具”→“设置”命令（见图 5.1），可弹出“设置”窗口，如图 5.2 所示。

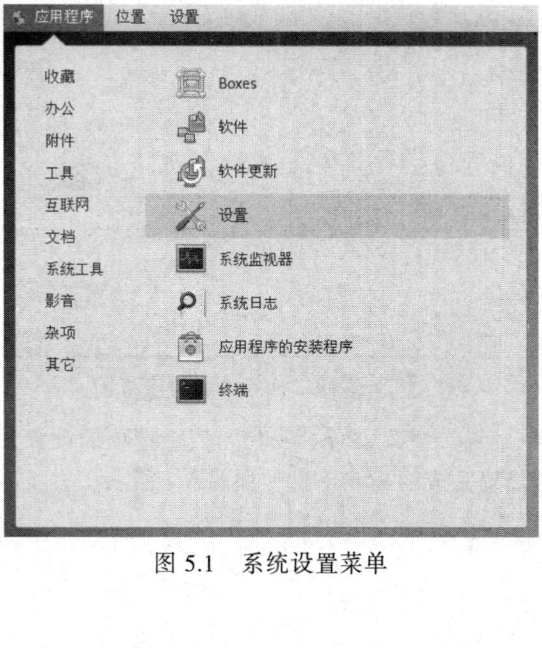

图 5.1 系统设置菜单

在“设置”窗口左侧列表中选中“网络”项，在右侧会出现有线网络和 VPN 的信息。单击后面的“+”号可以添加网络连接，也可以单击以后网络连接后面的设置按钮进入网络参数设置界面。

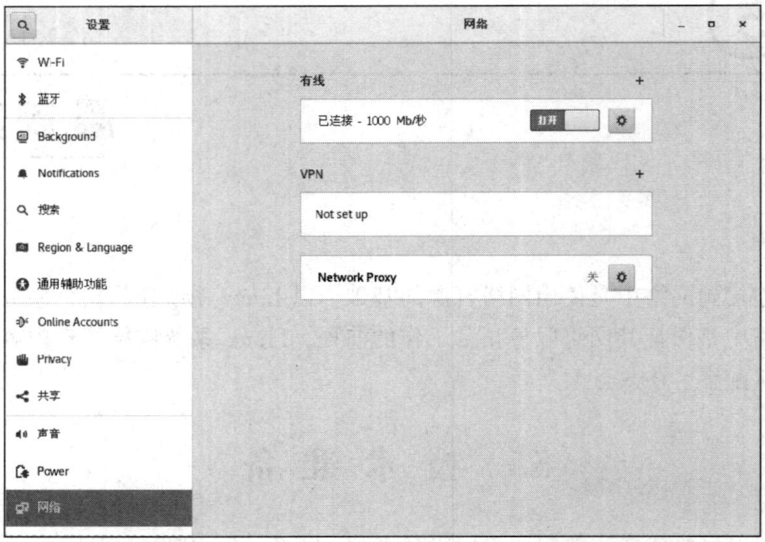

图 5.2 “设置”窗口

在“有线”网络参数设置界面中，可单击“IPv4”选项卡进行网络参数的设置，包括静态 IP 地址或自动获取 IP 地址，DNS 地址以及路由设置，如图 5.3 所示。

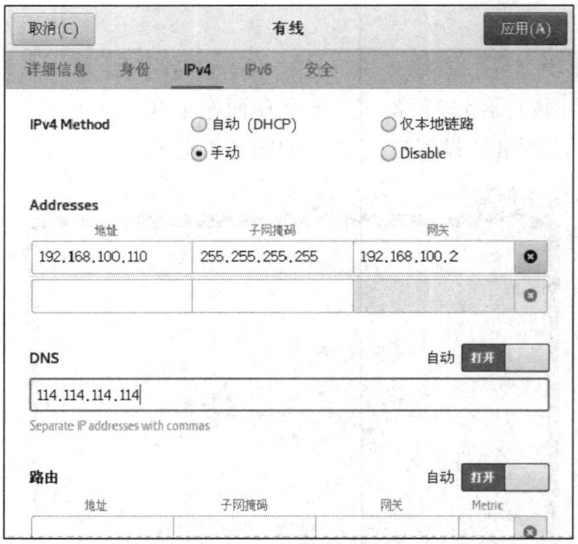

图 5.3 “有线”网络参数设置界面

除了常用的 IPv4 参数设置，还有 IPv6、身份与安全选项的设置，设置完成后，在“详细信息”选项卡中可以看到设置完成的最终信息，如图 5.4 所示。

图 5.4　详细信息

视　频

网络配置与诊断命令

2. 网络配置与诊断命令

Linux 系统中网络管理命令分为两类：一类用于配置网络信息，使网络能够运行通畅；另一类是诊断命令，用于排查网络中发生的各种问题。

（1）ip 命令

ip 命令用于替代原 ifconfig 命令，该命令用于查看和配置网络设备，CentOS 已经不再使用 ifconfig 命令，ip addr 命令可提供更多设置功能。

命令格式：

```
ip [选项] OBJECT {COMMAND|help}
```

主要选项：

-V：显示命令的版本信息。

-s：输出更详细的信息。

-f：强制使用指定的协议族。

-4：指定使用的网络层协议是 IPv4 协议。

-6：指定使用的网络层协议是 IPv6 协议。

-r：显示主机时，不使用 IP 地址，而使用主机的域名。

ip 命令中包含一项“OBJECT”，这个对象类似于子命令，用于执行不同的操作，常用对象的意义：

link：网络设备。

address：设备上的协议（IPv4 或 IPv6）地址。

addrlabel：协议地址选择的标签配置。

route：路由表条目。

rule：路由策略数据库中的规则。

ip 命令通过选项参数和对象的组合可以实现很多不同的应用。

示例 1：查看当前网络配置信息。

```
[root@localhost ~]# ip link
1: lo: <LOOPBACK,UP,LOWER_UP> mtu 65536 qdisc noqueue state UNKNOWN mode DEFAULT group default qlen 1000
    link/loopback 00:00:00:00:00:00 brd 00:00:00:00:00:00
2: ens33: <BROADCAST,MULTICAST,UP,LOWER_UP> mtu 1500 qdisc pfifo_fast state UP mode DEFAULT group default qlen 1000
    link/ether 00:0c:29:b2:12:77 brd ff:ff:ff:ff:ff:ff
[root@localhost ~]# ip addr
1: lo: <LOOPBACK,UP,LOWER_UP> mtu 65536 qdisc noqueue state UNKNOWN group default qlen 1000
    link/loopback 00:00:00:00:00:00 brd 00:00:00:00:00:00
    inet 127.0.0.1/8 scope host lo
       valid_lft forever preferred_lft forever
    inet6 ::1/128 scope host
       valid_lft forever preferred_lft forever
2: ens33: <BROADCAST,MULTICAST,UP,LOWER_UP> mtu 1500 qdisc pfifo_fast state UP group default qlen 1000
    link/ether 00:0c:29:b2:12:77 brd ff:ff:ff:ff:ff:ff
    inet 192.168.100.100/24 brd 192.168.100.255 scope global noprefixroute ens33
       valid_lft forever preferred_lft forever
    inet6 fe80::9d77:9925:6b3b:509c/64 scope link noprefixroute
       valid_lft forever preferred_lft forever
```

ip 命令中 address 与 link 对象相似，都可以显示当前网络连接的相关信息，从系统显示信息可以看到网络连接名称（lo、ens33 等）及相关参数信息，address 对象可以显示 IP 地址信息。该命令还可以添加 show 选项，如 ip link show 或 ip link list（此处的 link 可以替换为 address），同时也可以指点具体网络名称，显示指定网络信息。

示例 2：查看指定网络设备信息。

```
[root@localhost ~]# ip address show ens33
2: ens33: <BROADCAST,MULTICAST,UP,LOWER_UP> mtu 1500 qdisc pfifo_fast state UP group default qlen 1000
    link/ether 00:0c:29:b2:12:77 brd ff:ff:ff:ff:ff:ff
    inet 192.168.100.100/24 brd 192.168.100.255 scope global noprefixroute ens33
       valid_lft forever preferred_lft forever
    inet6 fe80::9d77:9925:6b3b:509c/64 scope link noprefixroute
       valid_lft forever preferred_lft forever
```

ens33 为网络设备名称，inet 192.168.100.100/24 为 IPv4 的 IP 地址。

示例 3：显示网络连接的详细信息。

```
[root@localhost ~]# ip -s link list
1: lo: <LOOPBACK,UP,LOWER_UP> mtu 65536 qdisc noqueue state UNKNOWN mode DEFAULT group default qlen 1000
    link/loopback 00:00:00:00:00:00 brd 00:00:00:00:00:00
    RX: bytes  packets  errors  dropped overrun mcast
    76512      880      0       0       0       0
```

```
    TX: bytes  packets  errors  dropped carrier collsns
    76512      880      0       0       0       0
  2: ens33: <BROADCAST,MULTICAST,UP,LOWER_UP> mtu 1500 qdisc pfifo_fast state
UP mode DEFAULT group default qlen 1000
    link/ether 00:0c:29:b2:12:77 brd ff:ff:ff:ff:ff:ff
    RX: bytes  packets  errors  dropped overrun mcast
    389095     4658     0       0       0       0
    TX: bytes  packets  errors  dropped carrier collsns
    303668     2592     0       0       0       0
```

示例 4：设置网络设备的启用和停止。

```
[root@localhost ~]# ip link set ens33 down
[root@localhost ~]# ip link set ens33 up
```

示例 5：为指定网络设备配置 IP 地址。

```
[root@localhost ~]# ip addr add 192.168.100.130/24 dev ens33
```

对于已经设定 IP 地址的网络设备，可以通过 ip addr 的其他操作删除地址信息。如以下命令可以删除 IP 信息:

```
[root@localhost ~]# ip addr del 192.168.100.130/24 dev ens33
```

如果需要清空指定网卡的所有 IP 地址，可以使用以下命令：

```
[root@localhost ~]# ip addr flush dev ens33
```

示例 6：指定网络设备的别名。

```
  [root@localhost ~]# ip addr add 192.168.10.10/24 dev ens33 lable ens33: 1
  [root@localhost ~]# ip a show ens33
  2: ens33: <BROADCAST,MULTICAST,UP,LOWER_UP> mtu 1500 qdisc pfifo_fast state
UP group default qlen 1000
    link/ether 00:0c:29:b2:12:77 brd ff:ff:ff:ff:ff:ff
    inet 192.168.100.100/24 brd 192.168.100.255 scope global noprefixroute
ens33
      valid_lft forever preferred_lft forever
    inet 192.168.10.10/24 scope global ens33:1
      valid_lft forever preferred_lft forever
    inet6 fe80::9d77:9925:6b3b:509c/64 scope link noprefixroute
      valid_lft forever preferred_lft forever
```

对网卡设置别名的目的是为了给同一网络设备绑定多个 IP 地址，多个地址在后续服务器配置时会得到相应使用。

ip 命令除了设置网卡相关信息，还可以设置路由等信息。ip route show 或 ip route list 用于显示路由信息，ip route add 为添加路由记录，添加网关则使用 ip route add default。

示例 7：查看添加路由。

```
  [root@localhost ~]# ip route list
  192.168.10.0/24 dev ens33 proto kernel scope link src 192.168.10.10
  192.168.100.0/24 dev ens33 proto kernel scope link src 192.168.100.100 metric
100
  [root@localhost ~]# ip route add 192.168.100.100 via 192.168.100.1
  [root@localhost ~]# ip route show
  192.168.10.0/24 dev ens33 proto kernel scope link src 192.168.10.10
```

```
192.168.100.0/24 dev ens33 proto kernel scope link src 192.168.100.100 metric 100
192.168.100.100 via 192.168.100.1 dev ens33
```

ip route del [default]命令用于删除路由或网关，ip route flush 命令用于清空路由表。

采用 ip 命令或 ifconfig 命令配置网络信息后，如果系统重启，配置信息将失效；如果需要长期有效，需要修改相关配置文件。

（2）ping 命令

ping 命令是最常用的一条网络诊断命令，用于测试网络的连通性。ping 命令通过发送 ICMP ECHO_REQUEST 数据包到网络主机，并显示响应情况，这样就可以根据它输出的信息来确定目标主机是否可访问。如果目标主机通过防火墙设置了禁止 ping 或者在内核参数中禁止 ping，就不能通过 ping 确定该主机是否还处于开启状态。

命令格式：

```
ping [选项] [主机名或 IP 地址]
```

主要选项：

-d：使用 Socket 的 SO_DEBUG 功能。

-f：极限检测，大量且快速地送网络封包给一台机器，看它的回应。

-n：只输出数值。

-q：不显示任何传送封包的信息，只显示最后的结果。

-r：忽略普通的 Routing Table，直接将数据包送到远端主机上，通常是查看本机的网络接口是否有问题。

-R：记录路由过程。

-v：详细显示指令的执行过程。

-c：数目：在发送指定数目的包后停止。

-i：秒数：设置间隔几秒送一个网络封包给一台机器，预设值是一秒送一次。

-I：网络界面：使用指定的网络界面送出数据包。

-l：前置载入：设置在送出要求信息之前，先行发出的数据包。

-p：范本样式：设置填满数据包的范本样式。

-s：指定发送的数据字节数，预设值是 56，加上 8 字节的 ICMP 头，一共是 64 ICMP 数据字节。

-t：存活数值，设置存活数值 TTL 的大小。

示例 8：ping 指定 IP 主机。

```
[root@localhost ~]# ping 192.168.100.2
PING 192.168.100.2 (192.168.100.2) 56(84) bytes of data.
64 bytes from 192.168.100.2: icmp_seq=1 ttl=128 time=8.74 ms
64 bytes from 192.168.100.2: icmp_seq=2 ttl=128 time=0.238 ms
64 bytes from 192.168.100.2: icmp_seq=3 ttl=128 time=0.501 ms
^C
--- 192.168.100.2 ping statistics ---
3 packets transmitted, 3 received, 0% packet loss, time 2016ms
rtt min/avg/max/mdev=0.238/3.161/8.746/3.950 ms
```

示例 9：指定 ping 的次数。

```
[root@localhost ~]# ping -c 3 192.168.100.2
PING 192.168.100.2 (192.168.100.2) 56(84) bytes of data.
64 bytes from 192.168.100.2: icmp_seq=1 ttl=128 time=0.178 ms
64 bytes from 192.168.100.2: icmp_seq=2 ttl=128 time=0.521 ms
64 bytes from 192.168.100.2: icmp_seq=3 ttl=128 time=0.447 ms

--- 192.168.100.2 ping statistics ---
3 packets transmitted, 3 received, 0% packet loss, time 2015ms
rtt min/avg/max/mdev=0.178/0.382/0.521/0.147 ms
```

（3）ss 命令与 netstat 命令

CentOS 查看网络连接状态相关信息、TCP 信息，接口状态、masquerace 连接、多播成员等信息时，可以使用 ss 命令和 netstat 命令。CentOS 默认为 ss 命令，netstat 命令不是默认安装，可以通过安装 net-tools 获得该命令。ss 命令主要用于显示处于活跃状态的套接字信息，结果与 netstat 基本一致，但 ss 命令速度更快，尤其在大量服务器连接时，ss 响应速度会非常快，因此，目前系统运维过程中更倾向于使用 ss 命令。

ss 命令格式：

```
ss [选项] [过滤器]
```

常用选项：

-n：不解析服务名称，以数字方式显示端口。

-a：显示所有的套接字。

-l：显示处于监听状态的套接字。

-p：显示使用套接字的进程信息。

-4：只显示 IPv4 的套接字。

-6：只显示 IPv6 的套接字。

-t：只显示 TCP 套接字（常用）。

-u：只显示 UDP 套接字。

示例 10：显示所有已建立的连接。

```
[root@localhost ~]# ss
Netid  State   Recv-Q  Send-Q  Local  Address:Port    Peer  Address:Port
u_str  ESTAB   0       0              * 20166                   * 20167
u_str  ESTAB   0       0              * 20905                   * 20906
u_str  ESTAB   0       0              * 16711                   * 16712
u_str  ESTAB   0       0              * 17875                   * 17876
……
tcp    ESTAB   0       0        192.168.100.100:ssh   192.168.100.1:50050
tcp    ESTAB   0      84        192.168.100.100:ssh   192.168.100.1:50046
```

示例 11：显示监听端口信息。

```
[root@localhost ~]# ss -l
State      Recv-Q Send-Q Local Address:Port          Peer Address:Port
LISTEN     0      128      *:ssh                     *:*
LISTEN     0      100      127.0.0.1:smtp            *:*
LISTEN     0      128      [::]:ssh                  [::]:*
```

```
LISTEN      0      100       [::1]:smtp                [::]:*
```

示例 12：显示拥有套接字的进程。

```
[root@localhost ~]# ss -lnp |grep 323
Udp UNCONN  0 0   127.0.0.1:323 *:*    users:(("chronyd",pid=683,fd=5))
Udp UNCONN  0 0   [::1]:323 [::]:*    users:(("chronyd",pid=683,fd=6))
```

示例 13：解析数字地址。

```
[root@localhost ~]# ss -r
Netid  State  Recv-Q  Send-Q         Local Address:Port  Peer Address:Port
u_str  ESTAB  0        0                            * 20166            * 20167
u_str  ESTAB  0        0                            * 20905            * 20906
u_str  ESTAB  0        0                            * 16711            * 16712
u_str  ESTAB  0        0  /run/systemd/journal/stdout 14648            * 14647
u_str  ESTAB  0        0  /run/systemd/journal/stdout 20165            * 20166
u_str  ESTAB  0        0                             * 16712           * 16711
u_str  ESTAB  0        0  /run/dbus/system_bus_socket 21166            * 21165
tcp    ESTAB  0        0  localhost.localdomain:ssh 192.168.100.1:50050
tcp    ESTAB  0      116  localhost.localdomain:ssh  192.168.100.1:50046
```

示例 14：解析 IPv4 或 IPv6 套接字。

```
[root@localhost ~]# ss -l4
Netid  State    Recv-Q Send-Q    Local Address:Port    Peer Address:Port
udp    UNCONN        0     0        127.0.0.1:323                   *:*
tcp    LISTEN        0   128           *:ssh                        *:*
tcp    LISTEN        0   100        127.0.0.1:smtp                  *:*
[root@localhost ~]# ss -l6
Netid  State   Recv-Q  Send-Q    Local Address:Port   Peer Address:Port
raw    UNCONN       0       0       [::]:ipv6-icmp                [::]:*
udp    UNCONN       0       0       [::1]:323                     [::]:*
tcp    LISTEN       0     128       [::]:ssh                      [::]:*
tcp    LISTEN       0     100       [::1]:smtp                    [::]:*
```

示例 15：显示 TCP 或 UPD。

```
[root@localhost ~]# ss -tl
State     Recv-Q Send-Q        Local Address:Port         Peer Address:Port
LISTEN       0     128           *:ssh                            *:*
LISTEN       0     100           127.0.0.1:smtp                   *:*
LISTEN       0     128           [::]:ssh                        [::]:*
LISTEN       0     100           [::1]:smtp                      [::]:*
[root@localhost ~]# ss -ul
State    Recv-Q Send-Q          Local Address:Port         Peer Address:Port
UNCONN      0     0              127.0.0.1:323                    *:*
UNCONN      0     0              [::1]:323                       [::]:*
```

netstate 命令主要选项：

-a：显示所有选项，默认不显示 LISTEN 相关。

-t：仅显示 TCP 相关选项。

-u：仅显示 UDP 相关选项。

-n：拒绝显示别名，能显示数字的全部转化成数字。

-l：仅列出有在 LISTEN（监听）的服务状态。

-p：显示建立相关链接的程序名。

-r：显示路由信息，路由表。

-e：显示扩展信息，例如 uid 等。

-s：按各个协议进行统计。

-c：每隔一个固定时间，执行该 netstat 命令。

示例 16：显示路由表。

```
[root@localhost ~]# netstat -r
Kernel IP routing table
Destination    Gateway        Genmask         Flags  MSS Window  irtt Iface
192.168.1.0    *              255.255.255.0   U        0      0     0 eth0
```

示例 17：查询所有端口。

```
[root@localhost ~]# netstat -a
Active Internet connections (servers and established)
Proto Recv-Q Send-Q Local Address              Foreign Address      State
tcp        0      0 localhost.localdomain:2208 *:*                  LISTEN
tcp        0      0 *:935                       *:*                 LISTEN
tcp        0      0 *:sunrpc                    *:*                 LISTEN
…
Active UNIX domain sockets (servers and established)
Proto RefCnt Flags     Type     State      I-Node Path
unix 2 [ ACC ] STREAM  LISTENING  18951 tmp/scim-panel-socket:0-root
unix 2 [ ACC ] STREAM  LISTENING  11008 @ISCSIADM_ABSTRACT_NAMESPACE
unix 2 [ ACC ] STREAM  LISTENING  15702 @/tmp/fam-root-
unix 2 [ ACC ] STREAM  LISTENING  18869  /tmp/scim-socket-frontend-root
```

示例 18：查询所有 TCP 端口。

```
[root@localhost ~]# netstat -at
Active Internet connections (servers and established)
Proto Recv-Q Send-Q Local Address              Foreign Address      State
tcp        0      0    localhost.localdomain:2208  *:*               LISTEN
tcp        0      0    *:935                        *:*              LISTEN
tcp        0      0    *:sunrpc                     *:*              LISTEN
```

示例 19：查询所有 UDP 端口。

```
[root@localhost ~]# netstat -au
Active Internet connections (servers and established)
Proto Recv-Q Send-Q Local Address              Foreign Address     State
udp        0      0     *:929                    *:*
udp        0      0     *:932                    *:*
udp        0      0     192.168.122.1:domain     *:*
udp        0      0     *:bootps                 *:*
```

示例 20：只显示监听端口。

```
[root@localhost ~]# netstat -l
Active Internet connections (only servers)
Proto Recv-Q Send-Q Local Address              Foreign Address     State
tcp        0      0 localhost.localdomain:2208   *:*               LISTEN
```

```
tcp        0      0 *:935                       *:*                       LISTEN
tcp        0      0 *:sunrpc                    *:*                       LISTEN
```

示例 21：按协议显示相关协议信息。

```
[root@localhost ~]# netstat -s
Ip:
    20604 total packets received
    60 with invalid addresses
    0  forwarded
    0  incoming packets discarded
    3704 incoming packets delivered
    3626 requests sent out
    7 dropped because of missing route
Icmp:
    42 ICMP messages received
    0 input ICMP message failed.
    ICMP input histogram:
        destination unreachable: 29
        echo requests: 8
        echo replies: 5
    42 ICMP messages sent
    0 ICMP messages failed
    ICMP output histogram:
        destination unreachable: 29
        echo request: 5
        echo replies: 8
IcmpMsg:
        InType0: 5
        InType3: 29
        InType8: 8
        OutType0: 8
        OutType3: 29
        OutType8: 5
Tcp:
    122 active connections openings
    2 passive connection openings
    120 failed connection attempts
    0 connection resets received
    0 connections established
    3440 segments received
    3445 segments send out
    2 segments retransmited
    0 bad segments received.
    120 resets sent
Udp:
    64 packets received
    1 packets to unknown port received.
    0 packet receive errors
    134 packets sent
TcpExt:
```

```
    2 TCP sockets finished time wait in fast timer
    1083 delayed acks sent
    Quick ack mode was activated 2 times
    343 packets header predicted
    112 acknowledgments not containing data received
    1414 predicted acknowledgments
    2 congestion windows recovered after partial ack
    0 TCP data loss events
    2 other TCP timeouts
    2 DSACKs sent for old packets
    2 DSACKs received
IpExt:
    InMcastPkts: 59
    OutMcastPkts: 69
    InBcastPkts: 154
```

示例 22：查询网络接口。

```
[root@localhost ~]# netstat -i
Kernel Interface table
Iface   MTU   Met  RX-OK RX-ERR RX-DRP RX-OVR  TX-OK TX-ERR TX-DRP TX-OVR Flg
eth0    1500 0      490    0      0      0      124    0      0      0 BMRU
lo     16436 0     3484    0      0      0     3484    0      0      0 LRU
```

示例 23：查询程序运行的端口

```
[root@localhost ~]# netstat -ap | grep cups
tcp      0     0 localhost.localdomain:ipp    *:*      LISTEN  3107/cupsd
udp      0     0 *:ipp                        *:*              3107/cupsd
unix     2    [ACC]    STREAM    LISTENING    10404  3107/cupsd
/var/run/cups/cups.sock
unix     2    [ACC]    STREAM    LISTENING    18512  5287/eggcups
/tmp/orbit-root/linc-14a7-0-2adb1449bb643
unix  3      [ ]       STREAM    CONNECTED    18550  5287/eggcups
unix  3      [ ]       STREAM    CONNECTED    18517  5287/eggcups
unix  3      [ ]       STREAM    CONNECTED    18515  5287/eggcups
/tmp/orbit-root/linc-14a7-0-2adb1449bb643
unix  3      [ ]       STREAM    CONNECTED    18510  5287/eggcups
unix  3      [ ]       STREAM    CONNECTED    18106  5287/eggcups
unix  3      [ ]       STREAM    CONNECTED    18101  5287/eggcups
```

（4）hostname 命令

hostname 命令用于设置和查看主机名。

命令格式：

```
hostname [主机名]
```

示例 24：设置并显示主机名。

```
[root@localhost ~]# hostname test
[root@localhost ~]# su
[root@test ~]# hostname
test
```

（5）route 命令

route 命令用于查看路由表，或增加和删除路由条目。

命令格式：

```
route  [add|del] [-net|-host] target [netmask Nm] [gw Gw] [[dev] If]
```

主要选项：

add| del：添加或删除一条路由规则。

-net|-host：目的地址是一个网络或一台主机。

target：目的网络或主机。

netmask：目的地址的网络掩码。

gw：路由数据包通过的网关。

dev：为路由指定的网络接口。

示例 25：显示当前路由。

```
[root@localhost ~]# route
Kernel IP routing table
Destination    Gateway        Genmask        Flags Metric Ref   Use Iface
192.168.1.0    *              255.255.255.0  U       0      0     0  eth0
10.10.10.0     192.168.1.1    255.255.0.0     UG      0      0     0  eth0
default        192.168.1.240  0.0.0.0         UG      0      0     0  eth0
```

在输出信息中通常第四行表示主机所在网络的地址，如 192.168.1.0，最后一行为默认网关 192.168.1.240。其中，Flags 为路由标志，标记当前网络结点的状态。

Flags 标志说明：

U：Up 表示此路由当前为启动状态；

H：Host，表示此网关为一主机；

G：Gateway，表示此网关为一路由器；

R：Reinstate Route，使用动态路由重新初始化的路由；

D：Dynamically，此路由是动态性地写入；

M：Modified，此路由是由路由守护程序或导向器动态修改；

!：表示此路由当前为关闭状态。

示例 26：添加一条到达 244.0.0.0 的路由。

```
[root@localhost ~]# route add -net 224.0.0.0 netmask 240.0.0.0 dev eth0
[root@localhost ~]# route
Kernel IP routing table
Destination     Gateway        Genmask          Flags Metric Ref    Use Iface
192.168.120.0    *             255.255.255.0     U     0      0      0  eth0
192.168.0.0     192.168.1.1    255.255.0.0       UG    0      0      0  eth0
10.0.0.0        192.168.1.1    255.0.0.0         UG    0      0      0  eth0
224.0.0.0       *              240.0.0.0         U     0      0      0  eth0
default         192.168.1.240  0.0.0.0           UG    0      0      0  eth0
```

示例 27：屏蔽一条路由。

```
[root@localhost ~]# route add -net 224.0.0.0 netmask 240.0.0.0 reject
[root@localhost ~]# route
Kernel IP routing table
```

```
Destination     Gateway         Genmask         Flags Metric Ref    Use Iface
192.168.120.0   *               255.255.255.0   U     0      0        0 eth0
192.168.0.0     192.168.120.1   255.255.0.0     UG    0      0        0 eth0
10.0.0.0        192.168.120.1   255.0.0.0       UG    0      0        0 eth0
224.0.0.0       -               240.0.0.0       !     0      -        0 -
224.0.0.0       *               240.0.0.0       U     0      0        0 eth0
default         192.168.120.240 0.0.0.0         UG    0      0        0 eth0
```

示例 28：删除路由记录。

```
[root@localhost ~]# route
Kernel IP routing table
Destination     Gateway         Genmask         Flags Metric Ref    Use Iface
192.168.120.0   *               255.255.255.0   U     0      0        0 eth0
192.168.0.0     192.168.120.1   255.255.0.0     UG    0      0        0 eth0
10.0.0.0        192.168.120.1   255.0.0.0       UG    0      0        0 eth0
224.0.0.0       -               240.0.0.0       !     0      -        0 -
224.0.0.0       *               240.0.0.0       U     0      0        0 eth0
default         192.168.120.240 0.0.0.0         UG    0      0        0 eth0
[root@localhost ~]# route del -net 224.0.0.0 netmask 240.0.0.0
[root@localhost ~]# route
Kernel IP routing table
Destination     Gateway         Genmask         Flags Metric Ref    Use Iface
192.168.120.0   *               255.255.255.0   U     0      0        0 eth0
192.168.0.0     192.168.120.1   255.255.0.0     UG    0      0        0 eth0
10.0.0.0        192.168.120.1   255.0.0.0       UG    0      0        0 eth0
224.0.0.0       -               240.0.0.0       !     0      -        0 -
default         192.168.120.240 0.0.0.0         UG    0      0        0 eth0
[root@localhost ~]# route del -net 224.0.0.0 netmask 240.0.0.0 reject
[root@localhost ~]# route
Kernel IP routing table
Destination     Gateway         Genmask         Flags Metric Ref    Use Iface
192.168.120.0   *               255.255.255.0   U     0      0        0 eth0
192.168.0.0     192.168.120.1   255.255.0.0     UG    0      0        0 eth0
10.0.0.0        192.168.120.1   255.0.0.0       UG    0      0        0 eth0
default         192.168.120.240 0.0.0.0         UG    0      0        0 eth0
```

示例 29：添加默认网关。

```
[root@localhost ~]# route add default gw 192.168.1.240
[root@localhost ~]# route
Kernel IP routing table
Destination     Gateway         Genmask         Flags Metric Ref    Use Iface
192.168.120.0   *               255.255.255.0   U     0      0        0 eth0
192.168.0.0     192.168.1.1     255.255.0.0     UG    0      0        0 eth0
10.0.0.0        192.168.1.1     255.0.0.0       UG    0      0        0 eth0
```

示例 30：删除默认网关。

```
[root@localhost ~]# route del default gw 192.168.1.240
[root@localhost ~]# route
Kernel IP routing table
Destination     Gateway         Genmask         Flags Metric Ref    Use Iface
192.168.120.0   *               255.255.255.0   U     0      0      0   0 eth0
```

```
192.168.0.0      192.168.120.1   255.255.0.0     UG    0     0     0 eth0
10.0.0.0        192.168.120.1   255.0.0.0       UG    0     0     0 eth0
default          192.168.120.240 0.0.0.0         UG    0     0     0 eth0
```

视 频

网络配置文件

3. 网络配置文件

Linux 网络配置的信息需要写入相关配置文件才会持续有效，采用 ip、route 等命令配置的信息往往是临时的，不具有持久性，随着系统的重启，或网络服务的重启会失效。因此，若需要持久地保持配置信息的有效效果，必须通过修改相关配置文件来达到。

（1）/etc/sysconfig/network-scripts/ifcfg-xxxx 文件

该文件用于配置网卡的相关配置，不同发行版或不同版本的 CentOS，该文件名称会有所不同，如 CentOS 6 的文件名为 ifcfg-eth0，CentOS 7 的文件名可能是 ens 开头的文件。

```
[root@localhost ~]# cat /etc/sysconfig/network-scripts/ifcfg-ens33
TYPE=Ethernet
PROXY_METHOD=none
BROWSER_ONLY=no
BOOTPROTO=static
DEFROUTE=yes
IPV4_FAILURE_FATAL=no
IPV6INIT=yes
IPV6_AUTOCONF=yes
IPV6_DEFROUTE=yes
IPV6_FAILURE_FATAL=no
IPV6_ADDR_GEN_MODE=stable-privacy
NAME=ens33
UUID=b4f035e0-e51e-4d0e-8c09-500728a8f567
DEVICE=ens33
ONBOOT=yes
IPADDR=192.168.100.100
NETMASK=255.255.255.0
GATEWAY=192.168.100.2
DNS1=114.114.114.114
```

其中，DEVICE 表示设备名称，此处等号后面的具体设备名称必须为文件名（ifcfg-ens33）的设备名称。

BOOTPROTO 表示启动该网络接口时使用哪种方式：none（引导时不使用协议），static（静态分配，手动设置 IP 时用），dhcp（DHCP 协议，自动设置 IP 时用），bootp（bootp 协议）。

GATEWAY 代表默认网关，如果在多网卡状态下，即有多个配置文件（ifcfg-ens33、ifcfg-ens34）不能重复设置，只需在其中一个文件中设置网关即可。

HWADDR 为网卡的 MAC 地址。

IPADDR 为 IP 地址。

NETMASK 为子网掩码。

DNS 为 DNS 地址信息。

ONBOOT 为设置开机启动选项。

（2）/etc/resolv.conf 文件

```
nameserver 192.168.1.1
```

```
nameserver 8.8.8.8
```

此文件用于设置 DNS 服务器 IP（域名解析服务器）。第一行为主 DNS 服务器地址，第二行为辅 DNS 服务器地址。

（3）/etc/hostname

此文件用于存放主机名，默认为 localhost。

```
[root@localhost ~]# cat /etc/hostname
localhost.localdomain
```

将新的主机名添加到该文件后，重启系统后，新主机名将会生效。

（4）/etc/hosts 文件

```
127.0.0.1   hostname  localhost.domain.domain  localhost
```

此文件可以记录计算机的 IP 对应的主机名称或主机的别名。

5.1.2 DHCP 服务

在网络规模很小的情况下，可以为每台主机设置静态 IP 地址，但随着网络规模的扩大，设置大量的静态 IP 地址会带来较大的工作量和维护难度，因此在主机数量较多时采用动态分配 IP 地址的方法更为有效。DHCP（Dynamic Host Configuration Protocal，动态主机配置协议）服务就是用于自动配置主机的 IP 地址、子网掩码、网关及 DNS 等 TCP/IP 信息。

1. DHCP 服务的工作原理

DHCP 网络服务的结构中包括服务器和客户机。DHCP 的工作过程是一台客户机申请 IP 信息和服务器响应并返回信息的过程，其工作原理如图 5.5 所示。

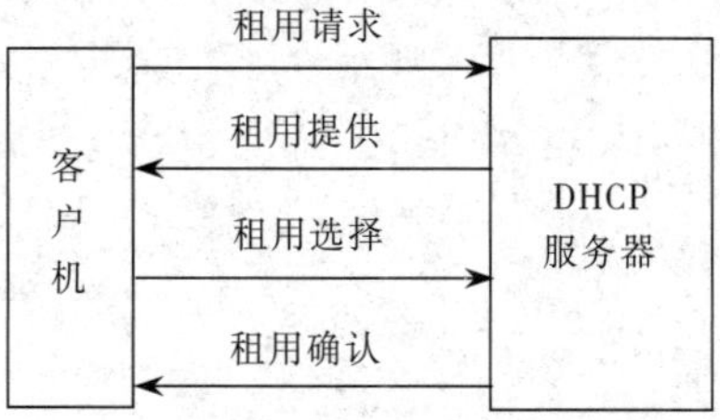

图 5.5　DHCP 工作原理

DHCP 客户机首次登录网络，没有任何 IP 信息设置，客户机会以广播的方式发送请求数据包；DHCP 服务器接收到请求后，从可用的地址中选择 IP 地址发送给客户机，如果网络中存在多台 DHCP 服务器，多台服务器都可能会收到请求包并返回 IP 地址，此时客户端会选择最先收到的 IP 地址，并向服务器发送数据确认选择哪一台服务器提供的 IP 地址，同时查询网络上是否有主机已经使用该 IP 地址，如果已经被占用，则客户机放弃该 IP 地址，并再次发出请求；在将地址分配给客户端后，DHCP 服务器会发送一个 DHCP ACK 消息，以确认 IP 租约正式生效，结束完整的 DHCP 工作过程。

视频

DHCP 服务的安装与配置

2. 安装 DHCP 服务器

CentOS 较早的版本会默认安装 DHCP 服务，在 CentOS 7 中并没有将其设置为默认安装状态。通过 rpm 命令查询可以看到 DHCP 服务并没有安装。

```
[root@localhost ~]# rpm -qa |grep dhcp
dhcp-libs-4.2.5-82.el7.centos.x86_64
```

```
dhcp-common-4.2.5-82.el7.centos.x86_64
```

在配置好 yum 源后，通过 yum 命令安装 DHCP 服务。

```
[root@localhost ~]# yum -y install dhcp*
已加载插件: fastestmirror
Loading mirror speeds from cached hostfile
软件包 12:dhcp-common-4.2.5-82.el7.centos.x86_64 已安装并且是最新版本
软件包 12:dhcp-libs-4.2.5-82.el7.centos.x86_64 已安装并且是最新版本
正在解决依赖关系
--> 正在检查事务
---> 软件包 dhcp.x86_64.12.4.2.5-82.el7.centos 将被 安装
--> 解决依赖关系完成
依赖关系解决
===============================================================================
 Package       架构             版本                       源            大小
===============================================================================
正在安装:
 dhcp          x86_64     12:4.2.5-82.el7.centos      Centos         515 k
事务概要
===============================================================================
安装  1 软件包
总下载量: 515 k
安装大小: 1.4 M
Downloading packages:
Running transaction check
Running transaction test
Transaction test succeeded
Running transaction
  正在安装  : 12:dhcp-4.2.5-82.el7.centos.x86_64                        1/1
  验证中    : 12:dhcp-4.2.5-82.el7.centos.x86_64                        1/1
已安装:
  dhcp.x86_64 12:4.2.5-82.el7.centos
完毕!
```

3. DHCP 服务配置

DHCP 服务器搭建的基本步骤如下：

（1）在配置文件 dhcpd.conf 中设定 IP 作用域

```
[root@localhost ~]# cp /usr/share/doc/dhcp-4.2.5/dhcpd.conf.example /etc/dhcp/dhcpd.conf
cp: 是否覆盖"/etc/dhcp/dhcpd.conf"? y
```

配置文件模板主要内容如下：

```
ddns-update-style interim:     #配置 DHCP-DNS 交互更新模式
ignore client-updates:         #忽略客户端更新
#此处以上为全局配置
subnet 192.168.0.0 netmask 255.255.255.0 {
#subnet 为子网 IP 地址网段
# --- default gateway
      option routers                  192.168.0.1;
      option subnet-mask              255.255.255.0;
```

```
        option nis-domain              "domain.org";
        option domain-name             "domain.org"; #默认域名服务器名称
        option domain-name-servers     192.168.1.1;  #默认域名服务器 IP 地址

        option time-offset             -18000;       # 东部标准时间
#       option ntp-servers             192.168.1.1;
#       option netbios-name-servers    192.168.1.1;
# --- Selects point-to-point node (default is hybrid). Don't change this
unless
# -- you understand Netbios very well
#       option netbios-node-type 2;
        range dynamic-bootp 192.168.0.128 192.168.0.254; #可分配的 IP 地址区间
        default-lease-time 21600; #默认租约时间（单位：秒）
        max-lease-time 43200;#最大租约时间（单位：秒）
        # we want the nameserver to appear at a fixed address
        #以下为地址绑定设置内容
        host ns {#绑定主机的主机名
                next-server marvin.redhat.com;
                hardware ethernet 12:34:56:78:AB:CD; #被绑定主机 MAC 地址
                fixed-address 207.175.42.254;        #绑定的主机 IP 地址
        }
}
```

（2）建立租约数据库文件

运行 DHCP 服务需要租约数据库文件（dhcp.leases）用于存储已经使用的 IP 地址信息。一般情况下通过 RPM 方式安装 DHCP，该文件已经存储在/var/lib/dhcp 目录中。

（3）启动 dhcpd 服务

查询 DHCP 服务运行状态：

```
[root@localhost ~]# systemctl status dhcpd.service
dhcpd.service - DHCPv4 Server Daemon
   Loaded: loaded (/usr/lib/systemd/system/dhcpd.service; disabled; vendor
preset: disabled)
   Active: inactive (dead)
     Docs: man:dhcpd(8)
           man:dhcpd.conf(5)
```

模板中默认的 IP 地址段与系统实际设置的 IP 地址如果不在一个地址段，会出现以上状态报错，在启动该服务的时候也会报以上错误，另一个引起上述错误的原因是系统防火墙阻挡了该服务的启动，可以通过在防火墙中添加信任服务或关闭防火墙解决问题。使用 start 参数启动该服务，使用 stop 参数停止服务，具体格式如下：

启动服务：

```
[root@localhost ~]# systemctl start dhcpd.service
```

停止服务：

```
[root@localhost ~]# systemctl stop dhcpd.service
```

重启服务：

```
[root@localhost ~]# systemctl restart dhcpd.service
```

5.2 项目实施

视频

DHCP 项目实施

设置网络基本参数，使虚拟机能够访问互联网（虚拟网络建议设置为桥接模式，便于访问外网）。

某公司有 150 台计算机，采用 192.168.100.0/24 网段给技术部使用，路由器 IP 地址为 192.168.100.100，DNS 服务器 IP 地址为 192.168.100.100，DHCP 服务器为 192.168.100.101，客户端地址范围为 192.168.100.120 ~ 192.168.100.200，子网掩码为 255.255.255.0，总工程师的计算机使用的固定 IP 地址为 192.168.100.130，部门经理的计算机使用的固定 IP 地址为 192.168.100.136。

5.2.1 配置网络参数

1. 配置网络 IP 地址

```
[root@localhost ~]# ip addr 192.168.100.10/24 dev ens33
```

采用命令配置只能临时有效，如果需要长期有效，可修改配置文件，主要修改项目参照以下内容。

```
[root@localhost ~]# cat /etc/sysconfig/network-scripts/ifcfg-ens33
BOOTPROTO=static
DEFROUTE=yes
ONBOOT=yes
IPADDR=192.168.100.100
NETMASK=255.255.255.0
GATEWAY=192.168.100.2
```

2. 修改 DNS 客户端文件并添加 DNS 服务器地址

```
[root@localhost ~]# vi /etc/resolv.conf
```

在该文件中添加以下内容：

```
search localdomain
nameserver 192.168.100.100
nameserver 114.114.114.114
```

3. 重启网络服务

```
[root@localhost ~]# systemctl restart network.service
```

5.2.2 DHCP 服务配置

根据该公司网络地址分配情况修改配置文件 dhcpd.conf 配置全局和局部配置信息，在局部配置信息中声明 192.168.100.0/24 网段，并设置 IP 地址池 192.168.100.120 ~ 192.168.100.200 用于分配给客户端，最后是两个固定 IP 地址的绑定设置。

```
ddns-update-style interim:
ignore client-updates:
#此处以上为全局配置
#subnet 为子网 IP 地址网段
subnet 192.168.100.0 netmask 255.255.255.0 {
#默认网关
```

```
        option routers                  192.168.100.10;
        option subnet-mask              255.255.255.0;

        #默认域名服务器名称
        option domain-name              "hongyi.net";
        #默认域名服务器 IP 地址
        option domain-name-servers             192.168.100.11;
        #IP 地址池
        range dynamic-bootp 192.168.100.120 192.168.0.200;
        #IP 地址绑定设置
        host admin {#绑定主机的主机名
               hardware ethernet 00:FF:E9:C7:2A:1F; #被绑定主机 MAC 地址
               fixed-address 192.168.100.30;        #绑定的主机 IP 地址
        }
        host manager {#绑定主机的主机名
               hardware ethernet 20:68:9D:1C:18:3F; #被绑定主机 MAC 地址
               fixed-address 192.168.100.36;        #绑定的主机 IP 地址
        }

}
```

配置完成后，重启 DHCP 服务。

```
[root@localhost ~]# sytemctl restart dhcpd
```

租约数据库文件/var/lib/dhcpd/dhcpd.leases 用于存储客户机获得 IP 地址信息后的相关数据。该文件默认内容如下：

```
[root@localhost ~]# cat /var/lib/dhcpd/dhcpd.leases
# The format of this file is documented in the dhcpd.leases(5) manual page.
# This lease file was written by isc-dhcp-4.2.5

server-duid "\000\001\000\001'\303\273\253\000\014)\262\022w";
```

获得客户端申请后，服务为其分配地址信息，以及租约期限，实例如下：

```
[root@localhost ~]# cat /var/lib/dhcpd/dhcpd.leases
# The format of this file is documented in the dhcpd.leases(5) manual page.
# This lease file was written by isc-dhcp-4.2.5

server-duid "\000\001\000\001'\303\273\253\000\014)\262\022w";

lease 192.168.100.130 {
  starts 6 2021/02/20 12:49:49;
  ends 6 2021/02/20 12:59:49;
  cltt 6 2021/02/20 12:49:49;
  binding state active;
  next binding state free;
  rewind binding state free;
  hardware ethernet 00:0c:29:62:a0:e2;
  uid "\001\000\014)b\240\342";
  client-hostname "box";
}
```

除了直接通过租约文件查看 IP 地址信息，还可以通过查看日志，获得 IP 地址信息，这种方法也适合在客户端查看。

```
[root@localhost ~]# cat /var/log/messages| tail
Feb 20 21:48:21 localhost dhcpd: ns2.example.org: host unknown.
Feb 20 21:48:21 localhost dhcpd: DHCPACK on 192.168.100.130 to 00:0c:29:62:a0:e2 (box) via ens33
Feb 20 21:48:21 localhost dhcpd: DHCPOFFER on 192.168.100.120 to 00:0c:29:62:a0:e2 (box) via ens33
Feb 20 21:50:26 localhost dhclient[2037]: DHCPREQUEST on ens33 to 192.168.100.254 port 67 (xid=0xb8e1149)
Feb 20 21:50:26 localhost dhclient[2037]: DHCPACK from 192.168.100.254 (xid=0xb8e1149)
Feb 20 21:50:26 localhost dhcpd: DHCPREQUEST for 192.168.100.129 from 00:0c:29:b2:12:77 via ens33
Feb 20 21:50:26 localhost dhcpd: ns1.example.org: host unknown.
Feb 20 21:50:27 localhost dhcpd: ns2.example.org: host unknown.
Feb 20 21:50:27 localhost dhcpd: DHCPACK on 192.168.100.129 to 00:0c:29:b2:12:77 via ens33
Feb 20 21:50:28 localhost dhclient[2037]: bound to 192.168.100.129 -- renewal in 690 seconds.
```

DHCP 服务一旦作为系统提供的网络服务，一般会以系统自动加载的方式启动 DHCP 服务，使用 chkconfig 命令将 DHCP 服务加载系统启动服务。

```
[root@localhost ~]# chkconfig --level 35 dhcpd
```

5.3 技 术 拓 展

利用 VMware 可以设置多个网卡。执行 VMware“虚拟机”菜单的“设置”项，在“虚拟机设置”对话框中单击“添加”按钮，在弹出的“添加硬件向导”对话框的“硬件类型”列表中选择“网络适配器”后，单击“完成”按钮，如图 5.6 所示。

图 5.6　添加网络适配器

重启系统，登录系统后，查看网络设备，可以看到多了一个新的网络设备名称 ens37。

```
[root@bogon ~]# ip a
1: lo: <LOOPBACK,UP,LOWER_UP> mtu 65536 qdisc noqueue state UNKNOWN group default qlen 1000
    link/loopback 00:00:00:00:00:00 brd 00:00:00:00:00:00
    inet 127.0.0.1/8 scope host lo
       valid_lft forever preferred_lft forever
    inet6 ::1/128 scope host
       valid_lft forever preferred_lft forever
2: ens33: <BROADCAST,MULTICAST,UP,LOWER_UP> mtu 1500 qdisc pfifo_fast state UP group default qlen 1000
    link/ether 00:0c:29:b2:12:77 brd ff:ff:ff:ff:ff:ff
    inet 192.168.100.100/24 brd 192.168.100.255 scope global noprefixroute ens33
       valid_lft forever preferred_lft forever
    inet6 fe80::9d77:9925:6b3b:509c/64 scope link noprefixroute
       valid_lft forever preferred_lft forever
3: ens37: <BROADCAST,MULTICAST,UP,LOWER_UP> mtu 1500 qdisc pfifo_fast state UP group default qlen 1000
    link/ether 00:0c:29:b2:12:81 brd ff:ff:ff:ff:ff:ff
    inet 192.168.100.131/24 brd 192.168.100.255 scope global noprefixroute dynamic ens37
       valid_lft 1601sec preferred_lft 1601sec
    inet6 fe80::e753:752f:bacd:619a/64 scope link noprefixroute
       valid_lft forever preferred_lft forever
```

小　　结

本项目介绍了 Linux 系统的网络管理及在网络中使用 DHCP 的具体方法，主要包括 IP 地址设置和 DNS 配置。通过一个项目实例详细介绍了如何在图形界面方式配置网络参数和在命令行方式下配置网络参数及 DHCP 服务器的安装及配置。

DHCP 是网络中最常见、最基本的应用，读者可以在 Linux 系统中架设一台 DHCP 服务器，为局域网中的主机提供动态 IP 地址服务。

练　　习

1. 利用虚拟机的桥接模式，将虚拟机连入局域网，根据局域网的 IP 地址设置虚拟机 IP 地址，并通过访问外网进行测试。要求通过命令和修改配置文件两种方式分别实现。

2. 搭建 DHCP 服务，为子网 A 内的客户机提供 DHCP 服务。具体参数如下：

（1）IP 地址段：192.168.1.11.100 ~ 192.168.11.200。

（2）子网掩码：255.255.255.0。

（3）网关地址：192.168.1.254。

（4）域名服务器：192.168.0.1。

（5）子网所属域的名称：hongyi.net。

（6）默认租约有效期：1 天。

（7）最大租约有效期：3 天。

（8）对 192.168.1.50 进行地址绑定。

请写出详细方案，并上机实现。

项目6

DNS 配置与管理

企业网络不断发展过程中会有越来越多的服务和应用建立起来，原有的采用主机 IP 地址访问服务与应用的方式势必带来很大的限制，因此，需要为企业构建自己的域名解析服务，实现对更多服务与应用的方便访问。

6.1 技术准备

6.1.1 DNS 服务的工作原理

DNS（Domain Name System）是域名系统的简称，也称域名解析，是互联网中最重要的服务之一。DNS 服务提供域名与 IP 地址之间的相互转换，方便用户记忆和管理主机信息。

1. DNS 的工作原理

在因特网上，DNS 服务由数量众多的服务器共同完成，这些服务器按照层次分布，每个服务器只负责部分区域。按照位置和功能可以将所有 DNS 服务器分为四类：根域名服务器、顶级域名服务器、权限域名服务器、本地域名服务器。

① 根域名服务器：在整个域名服务的顶层，存储着所有的顶级域名服务器的域名和 IP 地址。其他域名服务器可以从根域名服务器上获得相关解析。

② 顶级域名服务器：负责管理在该顶级域名服务器注册的二级域名。

③ 权限域名服务器：负责一个区的域名服务器。

④ 本地域名服务器：严格意义上讲不属于域名服务器的层次结构，但是它对域名系统非常重要。当一个主机发出 DNS 查询请求时，这个查询请求报文就发送给本地域名服务器。

客户端向 DNS 查询有两种方式：递归查询和迭代查询。

① 递归查询：客户端主机首先向本地域名服务器请求查询，如果本地域名服务器没有所查询域名的 IP 地址，本地域名服务器将以 DNS 客户的身份向根域名服务器发出查询请求，如果找到则返回查询 IP 地址，否则返回错误。

② 迭代查询：客户端主机首先向本地域名服务器请求查询，如果本地域名服务器没有所查询域名的 IP 地址，本地域名服务器将以 DNS 客户的身份向根域名服务器发出查询请求，根域名服务器将给出所要查询的 IP 地址或向本地服务器返回到哪个域名服务器查询的信息，本地服务器进行后续查询，这个过程还会在接下来顶级域名服务器的查询过程中有重复的可能。

在 Internet 上主机域名结构为：主机名.三级域名.二级域名.顶级域名。

2. DNS 相关概念

（1）正向解析与反向解析

在 DNS 系统中有正向解析和反向解析两种解析方式。正向解析是指域名到 IP 地址的解析过程；反向解析是从 IP 地址到域名的解析过程。反向解析的作用为服务器的身份验证。

（2）资源记录

DNS 服务器的信息数据通常按照分类进行存储。在 DNS 解析的过程中，服务器通过查询它们的区（又称 DNS 数据库文件或简单数据库文件）实现解析客户端的 DNS 请求。区中包含组成相关 DNS 域资源信息的资源记录（RR）。以下是区文件中常用的记录。

① SOA 资源记录：每个区在区的开始处都包含了一个起始授权记录（Start of Authority Record，SOA）。SOA 定义了域的全局参数，进行整个域的管理设置。一个区域文件只允许存在唯一的 SOA 记录。

② NS 资源记录：名称服务器（NS）资源记录表示该区的授权服务器，它们表示 SOA 资源记录中指定的该区的主服务器和辅助服务器，也表示任何授权区的服务器。每个区在区根处至少包含一个 NS 记录。

③ A 资源记录：地址（A）资源记录把 FQDN 映射到 IP 地址，因而解析器能查询 FQDN 对应的 IP 地址。

④ PTR 资源记录：相对于 A 资源记录，指针（PTR）记录把 IP 地址映射到 FQDN。

⑤ CNAME 资源记录：规范名字（CNAME）资源记录创建特定 FQDN 的别名。用户可以使用 CNAME 记录来隐藏用户网络的实现细节，使连接的客户机无法知道。

⑥ MX 资源记录：邮件交换（MX）资源记录为 DNS 域名指定邮件交换服务器。邮件交换服务器是为 DNS 域名处理或转发邮件的主机。处理邮件指把邮件投递到目的地或转交另一不同类型的邮件传送者。转发邮件指把邮件发送到最终目的服务器，用简单邮件传输协议（SMTP）把邮件发送给离最终目的地最近的邮件交换服务器，或使邮件经过一定时间的排队。

（3）区文件

在 DNS 服务器中用于包含区资源记录的文件，多数情况下为文本文件。选择 DNS 服务器为授权服务器，管理该区域。

6.1.2 DNS 配置文件

1. BIND 简介

BIND 是一款开源的 DNS 服务器软件，由美国加州大学 Berkeley 分校开发和维护，全名为 Berkeley Internet Name Domain，是目前世界上使用最广泛的 DNS 服务器软件。BIND 主要有四个版本：BIND4、BIND8、BIND9 和 BIND10（已更名为 Bundy），其中 BIND 9 的普及度更高。

2. DNS 服务的安装

① bind*.rpm：该包为 DNS 服务的主程序包。服务器端必须安装该软件包，后面的数字为版本号。

② bind-utils*.rpm：该包为客户端工具，默认安装，用于搜索域名指令。

③ 其他包为以上两个包所需要的依赖包，在使用 yum 安装的时候，会先行安装。

示例 1：安装 bind 包和 bind 工具包。

```
[root@localhost ~]# yum -y install bind bind-utils
已加载插件: fastestmirror
Loading mirror speeds from cached hostfile
Centos                                                   | 3.6 kB    00:00
正在解决依赖关系
--> 正在检查事务
---> 软件包 bind.x86_64.32.9.11.4-26.P2.el7 将被 安装
--> 正在处理依赖关系 bind-libs-lite(x86-64)=32:9.11.4-26.P2.el7，它被软件包
32:bind-9.11.4-26.P2.el7.x86_64 需要
 ……
已安装:
  bind.x86_64 32:9.11.4-26.P2.el7

作为依赖被安装:
  GeoIP.x86_64 0:1.5.0-14.el7          audit-libs-python.x86_64 0:2.8.5-4.
  bind-license.noarch 32:9.11.4-26.P2.el7  checkpolicy.x86_64 0:2.5-8.el7
  libsemanage-python.x86_64 0:2.5-14.el7   policycoreutils-python.x86_64
0:2.5
  setools-libs.x86_64 0:3.3.8-4.el7

完毕!
```

示例 2：查询已安装的 bind 包。

```
[root@localhost ~]# rpm -qa |grep bind
bind-libs-9.11.4-26.P2.el7.x86_64
bind-9.11.4-26.P2.el7.x86_64
bind-license-9.11.4-26.P2.el7.noarch
bind-libs-lite-9.11.4-26.P2.el7.x86_64
bind-utils-9.11.4-26.P2.el7.x86_64
bind-export-libs-9.11.4-26.P2.el7.x86_64
```

3. BIND 配置步骤

一般情况下 DNS 服务器配置分为以下几步完成。

① 修改主配置文件 named.conf，设置 DNS 服务器能够管理的区域（Zone）以及该区域所对应的区域文件名和存放路径。

② 按照 named.conf 文件中指定的路径建立区域文件，该文件主要记录该区域内的资源记录。

③ 重启动 named 服务使用配置生效。

（1）主配置文件 named.conf

/etc/named.conf 为 BIND 的主配置文件，/etc/named.rfc1912.zones 是定义 zone 的文件，/var/named/named.ca 为根解析库，/var/named/named.localhost 为本地主机解析库。

named.conf 包含了 BIND 的基本配置，如 DNS 服务器的工作目录所在位置，所管理的区域以及区域文件路径等信息。

示例 3：named.conf 的主要内容及说明。

```
    options {
            listen-on port 53 { 127.0.0.1; };
            listen-on-v6 port 53 { ::1; };
            directory       "/var/named";
            dump-file       "/var/named/data/cache_dump.db";
            statistics-file "/var/named/data/named_stats.txt";
            memstatistics-file "/var/named/data/named_mem_stats.txt";
            recursing-file  "/var/named/data/named.recursing";
            secroots-file   "/var/named/data/named.secroots";
            allow-query     { localhost; };

            /*
             - If you are building an AUTHORITATIVE DNS server, do NOT enable
recursion.
             - If you are building a RECURSIVE (caching) DNS server, you need to
enable
               recursion.
             - If your recursive DNS server has a public IP address, you MUST enable
access
               control to limit queries to your legitimate users. Failing to do
so will
               cause your server to become part of large scale DNS amplification
               attacks. Implementing BCP38 within your network would greatly
               reduce such attack surface
            */
            recursion yes;

            dnssec-enable yes;
            dnssec-validation yes;

            /* Path to ISC DLV key */
            bindkeys-file "/etc/named.root.key";

            managed-keys-directory "/var/named/dynamic";

            pid-file "/run/named/named.pid";
            session-keyfile "/run/named/session.key";
    };

    logging {
            channel default_debug {
                    file "data/named.run";
                    severity dynamic;
            };
    };

    zone "." IN {
            type hint;
            file "named.ca";
```

```
};

include "/etc/named.rfc1912.zones";
include "/etc/named.root.key";
```

options 中包含一个 directory 字段，用于定义服务器的工作目录，该目录存放区域数据文件，配置文件中所有相对路径的路径名都基于此目录。如果没有指定目录，默认为 BIND 启动的目录。

以 zone 开头定义的部分为区域，如 zone "test.com."表示名为 test.com 的区域，在添加一个区域以及相关资源记录后，DNS 服务器就能够解析相应区域的 DNS 信息。在区域定义中，有 type 和 file 两个字段。

① type 字段：用于指定区域类型，常见类型为 master 和 slave。master 为主 DNS 服务器，包含区域数据文件，并对此区域提供管理数据；slave 为辅助 DNS 服务器，有主 DNS 服务器的区域数据文件的副本，并从主 DNS 服务器同步所有区域数据。

② file 字段：其后的字符用于指定该区域的区域文件名称。

zone 定义的区域主要有正向解析区域（如 zone "test.com."）和反向解析区域（如 zone "0.166.192.in-addr.arpa"）。在模板文件中往往还包含根域解析等内容。

（2）正向解析区域文件

在安装了 bind 配置文件模板后，正向解析文件模板为/var/named/named.localhost，可以在该文件基础上进行修改和添加相关信息，实现正向解析。

示例 4：显示正向解析文件模板。

```
[root@localhost ~]# cat /var/named/named.localhost
$TTL 1D
@       IN SOA  @ rname.invalid. (
                                    0       ; serial
                                    1D      ; refresh
                                    1H      ; retry
                                    1W      ; expire
                                    3H )    ; minimum
        NS      @
        A       127.0.0.1
        AAAA    ::1
```

① 区域文件用于为 DNS 解析提供资源记录，这些数据其中包括多种记录类型（如 SOA、NS、A）。

② $TTL 用于指定这个域的保留时间。

③ SOA 表示授权域的起始，@是该域的替代符，IN 资源记录为授权机构记录。

示例 5：添加 SOA 授权信息。

```
$TTL    86400
@        IN SOA  dns.example.com.  root.localhost (
                            42              ; serial (d. adams)
                            3H              ; refresh
                            15M             ; retry
                            1W              ; expiry
```

```
                          1D )          ; minimum
```

（3）NS 记录

NS 记录用于指定一个区域 DNS 服务器。

示例 6：添加 DNS 服务器的一个 NS 记录。

```
@               IN NS          dns.example.com.
```

（4）资源记录 A

A 表示资源记录，用于将指定的主机名称解析为它们对应的 IP 地址。

示例 7：添加资源记录（主机名与 IP 地址之间的对应关系）。

```
dns                IN A           192.166.1.10
www                IN A           192.166.1.11
```

（5）反向解析区域文件

可以使用/var/named/named.loopback 作为反向解析文件提供借鉴。

示例 8：显示反向解析文件模板。

```
[root@localhost ~]# cat /var/named/named.loopback
$TTL 1D
@       IN SOA  @ rname.invalid. (
                                    0       ; serial
                                    1D      ; refresh
                                    1H      ; retry
                                    1W      ; expire
                                    3H )    ; minimum
        NS      @
        A       127.0.0.1
        AAAA    ::1
        PTR     localhost.
```

（6）PTR 记录

PTR 记录为 IP 地址与主机名之间的对应关系，前面的数字为 IP 地址的最后一位。

示例 9：设置 PTR 记录。

IP 地址：×.×.×.11，与主机名为 www 的主机之间的对应。

```
11      IN      PTR     www.
```

视频

DNS 服务配置项目实施

6.2 项目实施

企业信息化建设过程中，构建 DNS 服务器并创建自己的企业域名管理，完成以下任务：

① 根据企业实际业务需求设计规划企业域名体系。

② 安装并配置域名服务，完成后测试域名服务。

6.2.1 企业域名服务规划

根据一般商业企业的业务分析，其运行需要的基本信息化系统可划分为办公自动化系统、企业网站系统、客户管理系统和电子商务网站系统，根据以上业务类型，为企业创建自己的相关域名管理，具体如表 6.1 所示。

表 6.1 企业域名规划

系统名称	域名	主机 IP 地址
企业网站	www.hongyi.net	192.168.100.100
企业办公自动化系统	oa.hongyi.net	192.168.100.100
企业客户管理系统	crm.hongyi.net	192.168.100.110
企业电子商务网站	sale.hongyi.net	192.168.100.110

6.2.2 修改配置文件配置 DNS 服务

修改方法如下：

① 修改主配置文件 named.conf。用 vi 编辑器编辑“/etc/named.conf”文件，修改监听地址和允许查询地址，将 127.0.0.1 与 localhost 改为 any，或具体的 IP 地址信息。

```
listen-on port 53 { any; };
……
allow-query     { any; };
```

在文件/etc/named.rfc1912.zones 中添加正向解析区域（hongyi.net）和反向解析区域（100.168.192.in-addr.arpa.）信息。定义正向解析文件名称为 hongyi.zone，反向解析文件为 192.168.100.zone。

```
zone "hongyi.net" IN {
       type master;
       file "hongyi.zone";
};
zone "100.168.192.in-addr.arpa." IN {
       type master;
       file "192.168.100.zone";
};
```

② 根据模板文件创建 hongyi.zone 的区域文件并编辑该文件，在文件中配置相关信息。

```
[root@localhost ~]# cp /var/named/named.localhost /var/named/hongyi.zone
[root@localhost ~]# vi /var/named/hongyi.zone
@       IN SOA   hongyi.net. root.hongyi.net. (
                                 0        ; serial
                                 1D       ; refresh
                                 1H       ; retry
                                 1W       ; expire
                                 3H )     ; minimum
        NS       ns.hongyi.net.
ns      A        192.168.100.100
www     A        192.168.100.100
oa      A        192.168.100.100
crm     A        192.168.100.110
sale    A        192.168.100.110
```

③ 根据模板文件创建 192.168.100.zone 的区域文件并编辑该文件，在文件中配置相关信息。

```
[root@localhost ~]# cp /var/named/named.loopback /var/named/192.168.100.zone
[root@localhost ~]# vi /var/named/192.168.100.zone
$TTL 1D
@       IN SOA  @ hongyi.net. (
                                        0       ; serial
                                        1D      ; refresh
                                        1H      ; retry
                                        1W      ; expire
                                        3H )    ; minimum
        NS      @
        A       192.168.100.100
        AAAA    ::1
        PTR     hongyi.net
100     PTR     www.hongyi.net
100     PTR     oa.hongyi.net
110     PTR     crm.hongyi.net
110     PTR     sale.hongyi.net
```

视频

DNS 服务测试命令

6.3 技术拓展

6.3.1 DNS 服务测试命令

可以通过多种方式测试 DNS 配置是否成功。一般有两种途径检测 DNS 配置和运行过程中存在的问题：一是在配置过程中可以通过相关命令检查配置文件是否正确；二是配置完成后针对域名和地址进行测试与解析。

① named-checkconf 命令：用于检查主配置文件（named.conf）语法的正确性。

示例 10：检查主配置文件语法的正确性。

```
[root@localhost ~]# named-checkconf /etc/named.conf
```

② named-checkzone 命令：用于检查区域文件语法的正确性。

```
[root@localhost ~]# named-checkzone hongyi.net /var/named/hongyi.zone
zone hongyi.net/IN: loaded serial 0
OK
[root@localhost ~]# named-checkzone 100.168.192.in-addr.arpa /var/named/192.168
zone 100.168.192.in-addr.arpa/IN: loaded serial 0
OK
```

③ named 命令：bind 系统的检测工具之一，常用参数“-g”用于将服务在后台运行并强制所有日志输出到终端，通过该命令可以查看运行日志。

示例 11：查看实时日志。

```
[root@localhost ~]# named -g
23-Feb-2021 13:33:12.059 starting BIND 9.11.4-P2-RedHat-9.11.4-26.P2.el7
(Extended Support Version) <id:7107deb>
23-Feb-2021 13:33:12.059 running on Linux x86_64 3.10.0-1160.el7.x86_64 #1
SMP Mon Oct 19 16:18:59 UTC 2020
23-Feb-2021 13:33:12.059 built with '--build=x86_64-redhat-linux-gnu'
'--host=x86_64-redhat-linux-gnu' '--program-prefix=' '--disable-dependency-tracking'
```

```
'--prefix=/usr' '--exec-prefix=/usr' '--bindir=/usr/bin' '--sbindir=/usr/sbin'
'--sysconfdir=/etc' '--datadir=/usr/share' '--includedir=/usr/include'
'--libdir=/usr/lib64' '--libexecdir=/usr/libexec' '--sharedstatedir=/var/lib'
'--mandir=/usr/share/man' '--infodir=/usr/share/info' '--with-python=/usr/
bin/python' '--with-libtool' '--localstatedir=/var' '--enable-threads'
'--enable-ipv6' '--enable-filter-aaaa' '--enable-rrl' '--with-pic' '-disable
-static' '--includedir=/usr/include/bind9' '--with-geoip' '--with-libidn'
'--enable-openssl-hash' '--enable-native-pkcs11' '--with-pkcs11=/usr/lib64/
pkcs11/libsofthsm2.so' '--with-dlopen=yes' '--with-dlz-ldap=yes' '--with-dlz-
postgres=yes' '--with-dlz-mysql=yes' '--with-dlz-filesystem=yes' '--with-dlz
-bdb=yes' '--with-gssapi=yes' '--disable-isc-spnego' '--with-lmdb=no' '--with-
atf=yes' '--enable-fixed-rrset' '--with-tuning=large' '--with-docbook-xsl=/
usr/share/sgml/docbook/xsl-stylesheets' '--enable-full-report' 'build_alias
=x86_64-redhat-linux-gnu' 'host_alias=x86_64-redhat-linux-gnu' 'CFLAGS= -O2 -g
-pipe -Wall -Wp,-D_FORTIFY_SOURCE=2 -fexceptions -fstack-protector-strong
--param=ssp-buffer-size=4 -grecord-gcc-switches -m64 -mtune=generic' 'LDFLAGS
=-Wl,-z,relro ' 'CPPFLAGS= -DDIG_SIGCHASE'
    23-Feb-2021 13:33:12.059 running as: named -g
    23-Feb-2021 13:33:12.059 compiled by GCC 4.8.5 20150623 (Red Hat 4.8.5-44)
    23-Feb-2021 13:33:12.059 compiled with OpenSSL version: OpenSSL 1.0.2k  26
Jan 2017
    23-Feb-2021 13:33:12.059 linked to OpenSSL version: OpenSSL 1.0.2k-fips  26
Jan 2017
    23-Feb-2021 13:33:12.059 compiled with libxml2 version: 2.9.1
    23-Feb-2021 13:33:12.059 linked to libxml2 version: 20901
    23-Feb-2021 13:33:12.059 compiled with zlib version: 1.2.7
    23-Feb-2021 13:33:12.059 linked to zlib version: 1.2.7
    23-Feb-2021 13:33:12.059 threads support is enabled
    23-Feb-2021 13:33:12.059 ----------------------------------------------------
    23-Feb-2021 13:33:12.059 BIND 9 is maintained by Internet Systems Consortium,
    23-Feb-2021 13:33:12.059 Inc. (ISC), a non-profit 501(c)(3) public-benefit
    23-Feb-2021 13:33:12.059 corporation.  Support and training for BIND 9 are
    23-Feb-2021 13:33:12.059 available at https://www.isc.org/support
    23-Feb-2021 13:33:12.059 ----------------------------------------------------
    23-Feb-2021 13:33:12.060 adjusted limit on open files from 4096 to 1048576
    23-Feb-2021 13:33:12.060 found 1 CPU, using 1 worker thread
    23-Feb-2021 13:33:12.060 using 1 UDP listener per interface
    23-Feb-2021 13:33:12.062 using up to 21000 sockets
    23-Feb-2021 13:33:12.070 loading configuration from '/etc/named.conf'
    23-Feb-2021 13:33:12.071 reading built-in trust anchors from file
'/etc/named.root.key'
    23-Feb-2021 13:33:12.072 initializing GeoIP Country (IPv4) (type 1) DB
    23-Feb-2021 13:33:12.072 GEO-106FREE 20180327 Build 1 Copyright (c) 2018
MaxMind Inc All Rights Reserved
    23-Feb-2021 13:33:12.072 initializing GeoIP Country (IPv6) (type 12) DB
    23-Feb-2021 13:33:12.073 GEO-106FREE 20180605 Build 1 Copyright (c) 2018
MaxMind Inc All Rights Reserved
    23-Feb-2021 13:33:12.073 GeoIP City (IPv4) (type 2) DB not available
    23-Feb-2021 13:33:12.073 GeoIP City (IPv4) (type 6) DB not available
```

```
23-Feb-2021 13:33:12.073 GeoIP City (IPv6) (type 30) DB not available
23-Feb-2021 13:33:12.073 GeoIP City (IPv6) (type 31) DB not available
23-Feb-2021 13:33:12.073 GeoIP Region (type 3) DB not available
23-Feb-2021 13:33:12.073 GeoIP Region (type 7) DB not available
23-Feb-2021 13:33:12.073 GeoIP ISP (type 4) DB not available
23-Feb-2021 13:33:12.073 GeoIP Org (type 5) DB not available
23-Feb-2021 13:33:12.073 GeoIP AS (type 9) DB not available
23-Feb-2021 13:33:12.073 GeoIP Domain (type 11) DB not available
23-Feb-2021 13:33:12.073 GeoIP NetSpeed (type 10) DB not available
23-Feb-2021 13:33:12.073 using default UDP/IPv4 port range: [32768, 60999]
23-Feb-2021 13:33:12.073 using default UDP/IPv6 port range: [32768, 60999]
23-Feb-2021 13:33:12.075 listening on IPv4 interface lo, 127.0.0.1#53
23-Feb-2021 13:33:12.077 binding TCP socket: address in use
23-Feb-2021 13:33:12.077 listening on IPv4 interface ens33, 192.168.
100.100#53
23-Feb-2021 13:33:12.077 binding TCP socket: address in use
```

④ nslookup 命令：用于查询域名服务器中的记录，可以查找到 DNS 记录的生存时间等信息，该命令常常以交互的方式进行查询，也有非交互模式。

示例 12：查询域名。

```
[root@localhost ~]# nslookup oa.hongyi.net
Server:         192.168.100.100
Address:        192.168.100.100#53

Name:   oa.hongyi.net
Address: 192.168.100.100
```

⑤ dig 命令：比 nslookup 的功能更加强大且使用简单，可以查询单一或多个域名服务器。

示例 13：查询域名服务信息。

```
[root@localhost ~]# dig crm.hongyi.net

; <<>> DiG 9.11.4-P2-RedHat-9.11.4-26.P2.el7 <<>> crm.hongyi.net
;; global options: +cmd
;; Got answer:
;; ->>HEADER<<- opcode: QUERY, status: NOERROR, id: 3202
;; flags: qr aa rd ra; QUERY: 1, ANSWER: 1, AUTHORITY: 1, ADDITIONAL: 2

;; OPT PSEUDOSECTION:
; EDNS: version: 0, flags:; udp: 4096
;; QUESTION SECTION:
;crm.hongyi.net.                    IN      A

;; ANSWER SECTION:
crm.hongyi.net.        10800   IN      A       192.168.100.110

;; AUTHORITY SECTION:
hongyi.net.            10800   IN      NS      ns.hongyi.net.

;; ADDITIONAL SECTION:
```

```
ns.hongyi.net.          10800   IN      A       192.168.100.100

;; Query time: 0 msec
;; SERVER: 192.168.100.100#53(192.168.100.100)
;; WHEN: 二 2月 23 13:17:53 CST 2021
;; MSG SIZE  rcvd: 92
```

示例 14：查看反向解析。

```
[root@localhost ~]# dig -x 192.168.100.100

; <<>> DiG 9.11.4-P2-RedHat-9.11.4-26.P2.el7 <<>> -x 192.168.100.100
;; global options: +cmd
;; Got answer:
;; ->>HEADER<<- opcode: QUERY, status: SERVFAIL, id: 17941
;; flags: qr rd ra; QUERY: 1, ANSWER: 0, AUTHORITY: 0, ADDITIONAL: 1

;; OPT PSEUDOSECTION:
; EDNS: version: 0, flags:; udp: 4096
;; QUESTION SECTION:
;100.100.168.192.in-addr.arpa.  IN      PTR

;; Query time: 0 msec
;; SERVER: 192.168.100.100#53(192.168.100.100)
;; WHEN: 二 2月 23 13:37:06 CST 2021
;; MSG SIZE  rcvd: 57
```

⑥ host 命令：可以查询域名和 IP 地址对应关系，以及 mx 记录等信息。

```
[root@localhost ~]# host www.hongyi.net
www.hongyi.net has address 192.168.100.100
[root@localhost ~]# host 192.168.100.100
100.100.166.192.in-addr.arpa domain name pointer www.hongyi.net.
```

6.3.2 DNS 辅助服务器和 DNS 缓存服务器

1. DNS 辅助服务器

DNS 辅助服务器的主要用途是在 DNS 主服务器出现故障或由于负载过大导致无法响应客户机请求时提供 DNS 服务，辅助服务器的区域数据从主服务器备份。一般情况下，主 DNS 服务器与辅助 DNS 服务器配置在不同子网区间，如果到一个子网的连接中断或服务器发生故障，客户机依然可以查询另一个子网上的 DNS 服务器。如果某个区域在远程有大量客户机，用户就可以在远程添加该区域的辅助服务器，并把远程的客户机配置成先查询这些服务器，这样就能防止远程客户机通过慢速链路通信来进行 DNS 查询。

DNS 辅助服务器配置过程与 DNS 主服务器基本一致，在主配置文件需要在类型中将其设置为 slave。

```
zone "test.com" IN {
        type slave;
        master { 192.166.1.100; };
        file "slave.test.com.zone";
};
```

```
zone "1.166.192.in-addr.arpa" IN {
        type slave;
        master { 192.166.1.100; };
        file "slave.test.com.local";
};
```

在客户端配置文件“/etc/resolv.conf”中添加辅助 DNS 服务器地址信息后才可以利用 DNS 辅助服务器。

2. DNS 缓存服务器

DNS 缓存服务器通过缓存 DNS 数据信息提高 DNS 访问速度，DNS 缓存服务器对任何域都不提供权威解析的域名服务器，只完成查询，并记住这些查询以备后续使用。搭建 DNS 缓存服务器时，参照通常的 DNS 服务器配置方法而不配置域即可。根据需要可以设置缓存大小和递归查询方式，实例如下：

```
option {
        directory "/var/named";
        pid-file "/var/run/named/named.pid";
        dump-file "/var/named/named.dump_db"
        datasize  800M;
        recursion  yes;

        zone "." IN {
           type hint;
           file "named.ca";
};
```

配置文件中主要项目的意义如下：

① dump-file：缓存存放文件。

② datasize：设置缓存大小。

③ recursion：允许递归查询。

小　结

域名系统是 Internet 的基础应用之一，本项目详细介绍了安装配置 DNS 服务器的过程，包括设置 DNS 主配置文件 named.conf，设置正向解析和反向解析区文件的方法等。最后，通过一个项目实例，介绍了通过图形界面及修改配置文件配置 DNS 服务的方法。

如果在局域网中设置一台 DNS 服务器，则可在局域网内使用自定义的域名，而不用到域名管理机构去申请 Internet 中的域名。如果域名需要在 Internet 中使用，则必须到域名管理机构申请。

练　习

1. 企业采用多个区域管理各部门网络，技术部属于 tech.org 域，市场部属于 mart.org 域，其他人员属于 freedom.org 域。技术部门共有 100 人，所采用的 IP 地址为 192.166.1.1 ~

192.166.1.100。市场部门共有 50 人，所采用 IP 地址为 192.166.2.1 ~ 192.166.2.50。其他人员 50 人，所采用 IP 地址为 192.166.3.1 ~ 192.166.3.50。现采用一台 RHEL5 主机搭建 DNS 服务器，其 IP 地址为 192.166.1.254，要求这台 DNS 服务器可以完成内网所有区域的正/反向解析，并且所有员工均可以访问外网地址。请写出详细解决方案，并上机实现。

2. 为某学校搭建 DNS 服务，域名及 IP 地址分配如表 6.2 所示。

表 6.2　域名与 IP 地址分配

用　途	域　名	IP 地 址
学校网站	www.yucai.com	192.168.1.20
FTP 服务器	ftp.yucai.com	192.168.1.20
邮件服务器	mail.yucai.com	192.168.1.20
教务处网站	jw.yucai.com	192.168.1.20

要求这台 DNS 服务器可以完成内网所有区域的正/反向解析，并且所有员工均可以访问外网地址。请写出详细解决方案，并上机实现。

项目7

网络共享服务配置与管理

在企业信息化建设过程有大量的文件在网络中传递，不同的部门都有大量的文件需要提供给其他企业用户，因此要建立一个文件共享系统，实现文件资源的有效共享。共享过程中，不同的用户拥有不同的上传下载权限，保证共享资源的安全。企业提供一台拥有较大容量存储设备的专用服务器用以实现该共享功能。

建立一台专用的FTP服务器是提供该项共享要求的一个解决方案，在该共享系统中为每个部门的每一个用户建立一个FTP账户，根据用户所在部门设置相应权限，用户拥有对自己文件夹的读/写权限，拥有对本部门文件夹的读取权限，对其他用户及部门的文件夹拥有读取权限。出于安全考虑不允许匿名用户的访问。

7.1 技术准备

在Linux系统中提供资源共享的方式有Samba服务、FTP服务和NFS网络文件系统，都可以提供不同程度和用途的共享。

7.1.1 Samba服务

1. 服务简介

Samba服务可以实现Linux与Windows之间资源共享，这些资源包括文件资源和打印服务，甚至可以和Windows中的域控制器结合使用，实现强大的域管理功能。Samba服务基于SMB协议，SMB提供目录和打印机共享以及认证、权限设置。Samba服务由nmbd和smbd两个进程组成。nmbd用于NetBIOS名解析以及浏览服务，smbd用于管理Samba服务器上的共享目录、打印机等。

2. Samba服务器的安全模式

Samba服务器提供share、user、server、domain和ads五种安全模式，用于不同级别的安全需求。

（1）share模式

share模式下，从客户端登录Samba服务器时不需要输入用户名和密码就能够浏览共享资源，可以提供开放式的资源共享，但安全性较差。

（2）user 模式

这是服务器默认的安全模式，此模式下从客户端登录 Samba 服务器时需要账号和密码，在经过服务器验证后才可以访问共享资源。

（3）server 模式

此模式下需要一台 Samba 服务器用于身份验证，客户端提交用户名和密码后，数据会在此 Samba 服务器上进行验证。

（4）domain 模式

Samba 服务可以与 Windows 的域控制配合使用，此时用户身份的验证由 Windows 的域控制器实现。

（5）ads 模式

在以上 domain 模式下，如果 Samba 服务器使用了 ads 安全级别加入到 Windows 域环境中，Samba 服务器也可以承担域控制器的角色。

视频

安装 Samba 服务

3. Samba 服务的安装

与 Samba 服务相关的程序包主要有以下几个：

① samba-common-4.xxxxxx.rpm 包：samba 服务器的配置文件语法检验程序 testparm。

② samba-client-4.xxxxxx.rpm 包：客户端软件，提供通过 Linux 主机访问 Samba 共享资源。

③ samba-4.xxxxxx.rpm 包：服务器端主程序包。

示例 1：安装 Samba 主程序包。

```
[root@localhost ~]# yum -y install samba samba-common samba-client
已加载插件: fastestmirror
Loading mirror speeds from cached hostfile
……
Downloading packages:
--------------------------------------------------------------------------------
总计                                           6.4 MB/s | 1.1 MB  00:00
Running transaction check
Running transaction test
Transaction test succeeded
Running transaction
  正在安装    : libarchive-3.1.2-14.el7_7.x86_64                        1/3
  正在安装    : libsmbclient-4.10.16-5.el7.x86_64                       2/3
  正在安装    : samba-client-4.10.16-5.el7.x86_64                       3/3
  验证中      : samba-client-4.10.16-5.el7.x86_64                       1/3
  验证中      : libsmbclient-4.10.16-5.el7.x86_64                       2/3
  验证中      : libarchive-3.1.2-14.el7_7.x86_64                        3/3

已安装:
  samba-client.x86_64 0:4.10.16-5.el7

作为依赖被安装:
  libarchive.x86_64 0:3.1.2-14.el7_7 libsmbclient.x86_64 0:4.10.16-5.el7

完毕!
```

安装完成后，可以通过 rpm 命令查询已经安装的 RPM 包，查询结果如下：

```
[root@localhost ~]# rpm -qa |grep samba
samba-common-4.10.16-5.el7.noarch
samba-client-libs-4.10.16-5.el7.x86_64
samba-libs-4.10.16-5.el7.x86_64
samba-4.10.16-5.el7.x86_64
samba-common-libs-4.10.16-5.el7.x86_64
samba-common-tools-4.10.16-5.el7.x86_64
samba-client-4.10.16-5.el7.x86_64
```

4. Samba 服务的启动与停止

Samba 服务名称为 smb，启动该服务后，可以使用 status 查看服务的状态。

```
[root@localhost ~]# systemctl start smb
[root@localhost ~]# systemctl status smb
  smb.service - Samba SMB Daemon
  Loaded: loaded (/usr/lib/systemd/system/smb.service; disabled; vendor
preset: disabled)
  Active: active (running) since 二 2021-02-23 14:15:29 CST; 3s ago
    Docs: man:smbd(8)
          man:samba(7)
          man:smb.conf(5)
 Main PID: 1746 (smbd)
   Status: "smbd: ready to serve connections..."
   CGroup: /system.slice/smb.service
           ├─1746 /usr/sbin/smbd --foreground --no-process-group
           ├─1748 /usr/sbin/smbd --foreground --no-process-group
           ├─1749 /usr/sbin/smbd --foreground --no-process-group
           └─1750 /usr/sbin/smbd --foreground --no-process-group


2 月 23 14:15:29 localhost.localdomain systemd[1]: Starting Samba SMB
Daemon...
2 月 23 14:15:29 localhost.localdomain smbd[1746]: [2021/02/23
14:15:29.687835, 0] ../../lib/util/become_daemon.c:136(daemon_ready)
2 月 23 14:15:29 localhost.localdomain systemd[1]: Started Samba SMB Daemon.
2 月 23 14:15:29 localhost.localdomain smbd[1746]:  daemon_ready: daemon
'smbd' finished starting up and ready to serve connections
]
```

停止服务：

```
[root@localhost ~]# systemctl stop smb
```

5. 配置 Samba 服务

一般按照以下流程配置 Samba 共享服务：创建共享目录，并设置相应权限，编辑修改配置文件“/etc/samba/smb.conf”，设置共享目录及共享模式等，保存配置文件后重启服务。配置文件中“#”表示注释，“;”为配置模板。

Samba 配置文件 smb.conf 分多个区段，[global]为全局配置，针对所有共享资源有效；[homes]为特殊共享目录，表示用户主目录；[printers]表示共享打印机。除此之外，用户还可以根据需求自定义共享配置区段实现不同权限的共享。

（1）Samba 配置文件主要区段

① [global]区段：

```
    workgroup = mygroup     #Samba 服务加入的工作组或域的名称
    server string = Samba Server Version %v #Samba 服务的注释 %v 表示服务的版本
    security = user         #安全模式，默认为 user 模式
    passdb backend = tdbsam  #设置用户密码数据安全管理，有三种方式：smbpasswd、tdbsam、
ldapsam
    #smbpasswd 方式由 Samba 服务负责管理与验证
    #tdbsam 方式由一个数据库文件存储用户信息
    #ldapsam 方式采用 LDAP 的账户管理方式验证用户
```

② [homes]区段：

```
    comment = Home Directories
    browseable = no
    writable = yes
    ; valid users = %S
    ; valid users = MYDOMAIN\%S
```

③ [printers]区段：

```
    comment = All Printers          #注释信息
    path = /var/spool/samba
    browseable = no                 #是否可以读取
    guest ok = no                   #是否允许 Guest 账户访问，yes 表示允许，no 表示不允许
    writable = No                   #是否可以写，默认不可写
    printable = yes                 #是否可以打印，默认可以打印
```

④ 自定义区段，该区段名可以自定义。

```
    [public]
    comment = Public Stuff          #注释信息
    path = /home/samba              #共享路径
    public = yes                    #设置是否允许匿名访问
    writable = yes                  #设置是否允许对共享目录拥有写权限
    printable = no                  #
    write list = +staff             #允许写入的用户
    browseable = yes                #设置是否允许其他用户对共享目录进行浏览
    ; admin users=sum               #设置共享管理员
    ; valid users=sum,joe           #设置允许访问共享目录的用户列表，多个用户用“,”隔开
当需加入用户组群时用“@组群名”方式
    ; invalid users=jean            #设置禁止访问共享目录的用户列表，方式同上
```

（2）Samba 服务密码文件

在启用 Samba 服务器的共享资源后，从客户端访问共享资源时需要提交用户名和密码进行身份验证。Samba 服务将用户名和密码存放在/etc/samba/smbpasswd 中。Samba 账户建立在 Linux 同名账户上。使用 smbpasswd 命令添加 Samba 用户，命令格式如下：

```
    smbpasswd  [选项] 用户名
```

常用选项：

-a：向 smbpasswd 文件中添加用户。

-c：指定 samba 的配置文件。

-x：从 smbpasswd 文件中删除用户。

-d：在 smbpasswd 文件中禁用指定的用户。

-e：在 smbpasswd 文件中激活指定的用户。

-n：将指定的用户的密码置空。

示例 2：创建 Samba 账户。

① 创建 Linux 用户 smbuser01。

```
[root@localhost Server]# useradd  smbuser01
[root@localhost Server]# passwd  smbuser01
```

② 使用 smbpasswd 命令添加 smbuser01 用户到 Samba 账号。

```
[root@localhost Server]# smbpasswd -a smbuser01
New SMB password:
Retype new SMB password:
Added user smbuser01
```

7.1.2　FTP 服务

FTP 是文件传输协议（File Transfer Protocol）的简称。Linux 下实现 FTP 服务的软件很多，早期 Linux 中常见的是 Wu-ftpd 和 Proftp 等，目前多数 Linux 系统中默认安装的是 Vsftpd。

1. FTP 账户种类

登录访问 FTP 服务器时需要经过验证，登录方式有三种。

（1）匿名账号（Anonymous）

FTP 中进行匿名访问是 FTP 服务中常用的一种方式，这类用户是指在 FTP 服务器中没有指定账户，但是其仍然可以进行匿名访问某些公开的资源。

（2）本地账号

本地账号也称真实（Real）账号，即该账号首先是 FTP 服务器上的用户账号，以该账号登录的用户其默认目录就是该用户的工作目录。默认情况下，Vsftpd 服务器会把创建的所有账户都归属为本地用户，但是该用户在登录后可以更改到其他目录，存在一定的安全隐患。

（3）虚拟账号

虚拟账号只用于文件传输服务，只能够访问自己的主目录，而不得访问主目录以外的文件。服务器通过这种方式来保障 FTP 服务上其他文件的安全性。在 Vsftpd 软件中虚拟账号也叫 Guest 用户。

视频

Vsftp 安装与服务的配置

2. FTP 工作原理

FTP 工作时启动两个通道：控制通道和数据通道。控制通道负责传输 FTP 指令，数据通道则负责传输数据。

在 FTP 协议中，控制连接均是由客户端发起的，而数据连接有两种模式：PORT 模式（主动模式）和 PASV（被动模式）。

3. Vsftp 安装与服务配置

（1）Vsftp 服务的安装、启动与停止

① Vsftp 的安装：

```
[root@localhost ~]# yum -y install vsftpd
已加载插件：fastestmirror
```

```
Loading mirror speeds from cached hostfile
正在解决依赖关系
--> 正在检查事务
---> 软件包 vsftpd.x86_64.0.3.0.2-28.el7 将被 安装
--> 解决依赖关系完成

依赖关系解决

================================================================================
 Package          架构             版本                    源              大小
================================================================================
正在安装:
 vsftpd           x86_64           3.0.2-28.el7            Centos          172 k

事务概要
================================================================================
安装  1 软件包

总下载量: 172 k
安装大小: 353 k
Downloading packages:
Running transaction check
Running transaction test
Transaction test succeeded
Running transaction
  正在安装    : vsftpd-3.0.2-28.el7.x86_64                                  1/1
  验证中      : vsftpd-3.0.2-28.el7.x86_64                                  1/1

已安装:
  vsftpd.x86_64 0:3.0.2-28.el7

完毕!
```

② Vsftp 的启动、重启与停止:

```
[root@localhost ~]# systemctl start vsftpd
[root@localhost ~]# systemctl restart vsftpd
[root@localhost ~]# systemctl stop vsftpd
```

状态查看:

```
[root@localhost ~]# systemctl status vsftpd
vsftpd.service - Vsftpd ftp daemon
   Loaded:  loaded  (/usr/lib/systemd/system/vsftpd.service;  disabled;
vendor preset: disabled)
   Active: active (running) since 三 2021-02-24 16:34:48 CST; 2min 45s ago
  Process: 2651 ExecStart=/usr/sbin/vsftpd /etc/vsftpd/vsftpd.conf (code
=exited, status=0/SUCCESS)
 Main PID: 2652 (vsftpd)
   CGroup: /system.slice/vsftpd.service
           └─2652 /usr/sbin/vsftpd /etc/vsftpd/vsftpd.conf

 2 月  24 16:34:48 localhost.localdomain systemd[1]: Starting Vsftpd ftp
daemo...
```

```
2 月 24 16:34:48 localhost.localdomain systemd[1]: Started Vsftpd ftp daemon.
Hint: Some lines were ellipsized, use -l to show in full.
```

Vsftp 默认提供开放式服务，可以通过浏览器访问 FTP 共享资源，访问方式如图 7.1 所示。

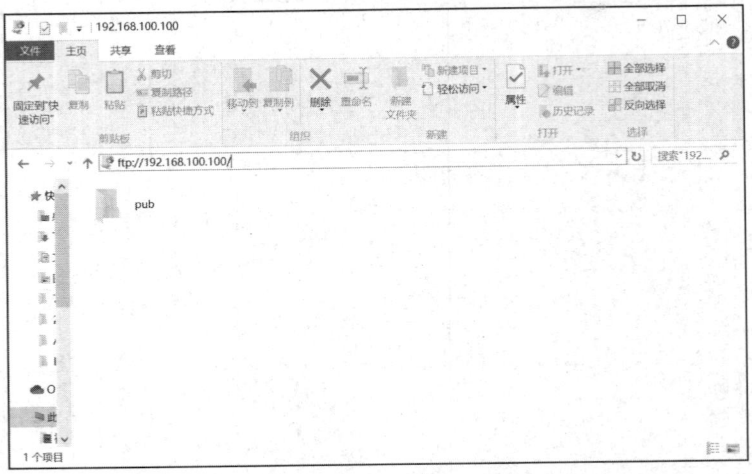

图 7.1　通过浏览器访问 FTP 共享资源

（2）Vsftp 服务配置

vsftpd.conf 文件说明：

```
anonymous_enable=YES         #是否允许 anonymous 登录 FTP 服务器，默认允许
local_enable=YES             #是否允许本地用户登录 FTP 服务器，默认允许
write_enable=YES             #是否允许用户具有在 FTP 服务器文件中执行写的权限，默认允许
local_umask=022              #设置本地用户的文件生成掩码为 022，默认是 077
#anon_upload_enable=YES      #是否允许匿名用户上传，默认不允许
#anon_mkdir_write_enable=YES          #是否允许匿名用户在 FTP 服务器中创建目录
dirmessage_enable=YES                 #设置当远程用户更改目录时是否提示信息
xferlog_enable=YES                    #启用上传和下载日志功能
connect_from_port_20=YES              #启用 FTP 数据端口的连接请求
#xferlog_file=/var/log/vsftpd.log     #设置日志文件的文件名和存储路径,这是默认的
xferlog_std_format=YES                #是否使用标准的 ftpd xferlog 日志文件格式
#idle_session_timeout=600             #设置空闲的用户会话中断时间,默认是 10 min
#data_connection_timeout=120          #设置数据连接超时时间,默认是 120 s
#ascii_upload_enable=YES              #是否允许使用 ASCII 格式来上传文件
#ascii_download_enable=YES            #是否允许使用 ASCII 格式来下载文件
#ftpd_banner=Welcome to blah FTP service. #在 FTP 服务器中设置欢迎登录的信息
#deny_email_enable=YES
#banned_email_file=/etc/vsftpd.banned_emails
# users to NOT chroot().
#chroot_list_enable=YES      #如果希望用户登录后不能切换到自己目录以外的其他目录,需
                             #要设置该项,如果设置 chroot_list_enable=YES,那么只
                             #允许/etc /vsftpd.chroot_list 中列出的用户具有该功
                             #能.如果希望所有的本地用户都执行者 chroot,可以增加一
                             #行:chroot_ local_user=YES
#chroot_list_file=/etc/vsftpd.chroot_list
#ls_recurse_enable=YES
pam_service_name=vsftpd       #设置 PAM 认证服务的配置文件名称，该文件存放在
```

```
/etc/pam.d/目录下
    userlist_enable=YES          #用户列表中的用户是否允许登录FTP服务器,默认不允许
    #enable for standalone mode
    listen=YES                   #使vsftpd 处于独立启动模式
    tcp_wrappers=YES             #使用tcp_wrqppers作为主机访问控制方式
```

（3）匿名用户和本地用户的使用

Vsftp 默认开放匿名用户，但匿名用户存在很大的安全问题，因此常用本地用户和匿名用户具有更好的安全性。通过关闭匿名用户，开放本地用户，并将用户限定在用户自己的目录使用资源。

① 修改配置文件，关闭匿名用户，限定用户在自己的目录。

```
    anonymous_enable=NO                             #不允许匿名用户登录
    local_enable=YES                                #允许本地用户登录
    chroot_local_user=YES                           #全部用户被限制在主目录
    chroot_list_enable=YES                          #启用例外用户名单
    chroot_list_file=/etc/vsftpd/chroot_list  #指定例外用户列表文件,列表中的用户不
被锁定在主目录
    allow_writeable_chroot=YES                      #允许写入
    listen=YES
```

② 创建用户：

```
    [root@localhost ~]# adduser ftpuser
    [root@localhost ~]# passwd ftpuser
```

并在列表文件中添加用户名称：

```
    [root@localhost ~]# vi /etc/vsftpd/chroot_list
    ftpuser
```

重启服务：

```
    [root@localhost ~]# systemctl restart vsftpd
```

③ 测试登录。在地址栏中输入登录地址并按【Enter】键后，会弹出‘登录身份”对话框，如图7.2所示，输入用户名和密码之后，登录为其自己的工作目录，如图7.3所示。

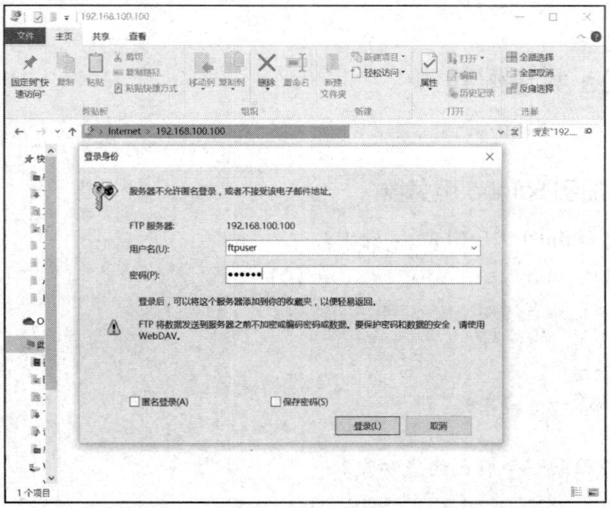

图 7.2　使用用户名和密码登录

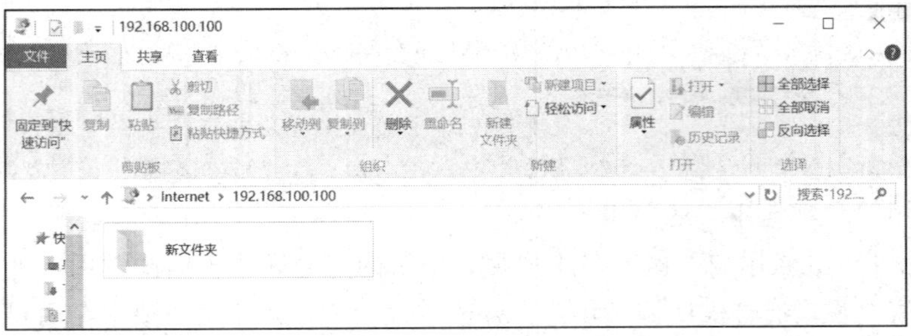

图 7.3　登录成功后在用户目录中创建目录

7.2　项 目 实 施

视 频

项目实施–Samba 服务配置

为了有效提高资源共享，减少存储浪费，为企业创建文件服务器和 FTP 服务器实现企业内部资源共享。

1. 简单 Samba 共享

创建共享目录“/home/sharedir”，提供以用户模式进行访问，并添加相关用户实现 Linux 和 Windows 之间的文件共享，创建两个用于访问共享资源的用户 smbuser01 和 smbuser02 并将其添加到 Samba 用户。

2. 创建隐藏共享

为管理员创建一个 Samba 账号 smbadm，为经理创建一个账号 smbman。两个账号都可以访问上面创建的 sharedir 目录。创建一个目录“/var/admdoc”用于管理员和经理存放重要文件，其他用户无法浏览。

3. 实现 FTP 服务

将“/var/html/www”目录设为网站管理员专用上传下载目录，创建“/var/sharedoc”目录用于存放共享文档，管理组群可以上传，上传速度为 1 024 kbit/s，其他用户只能下载，下载速度为 512 kbit/s。

7.2.1　简单 Samba 共享配置

配置方法如下：

1. 创建用户并添加到 Samba 服务器

① 创建两个用户 smbuser01 和 smbuser02。

```
[root@localhost ~]# useradd smbuser01
[root@localhost ~]# passwd smbuser01
更改用户 smbuser01 的密码 。
新的 密码:
无效的密码： 密码是一个回文
重新输入新的 密码:
passwd: 所有的身份验证令牌已经成功更新。
[root@localhost ~]# useradd smbuser02
[root@localhost ~]# passwd smbuser02
```

```
更改用户 smbuser02 的密码 。
新的 密码:
无效的密码:  密码是一个回文
重新输入新的 密码:
passwd: 所有的身份验证令牌已经成功更新。
```

② 将上一步创建的两个用户添加到 Samba 用户。

```
[root@localhost ~]# smbpasswd -a smbuser01
New SMB password:
Retype new SMB password:
Added user smbuser01.
[root@localhost ~]# smbpasswd -a smbuser02
New SMB password:
Retype new SMB password:
Added user smbuser02.
```

2. 创建共享目录并修改配置文件

① 创建共享目录，并在配置文件中添加共享。

```
[root@localhost ~]# mkdir /home/sharedir
```

② 将配置文件备份，并编辑配置文件。

```
[root@localhost ~]# cp /etc/samba/smb.conf /etc/samba/smb.conf.bak
[root@localhost ~]# vi /etc/samba/smb.conf
```

在配置文件中确认全局区段中安全模式为 user，在配置文件的最后添加共享区段 myshare。

```
[global]
        workgroup = SAMBA
        security = user
……
[myshare]
        comment = my-share
        path = /home/sharedir
        valid users = smbuser01
        writable = yes
        browseable = yes
        create mode = 0777
        directory mode = 0777
```

CentOS 默认状态下，防火墙和 SELinux 安全机制都是禁止 Samba 提供服务，因此需要添加相应的开发条件，为了简化操作，这里将防火墙和 SELinux 关闭，关闭后重启 Samba 服务。

```
[root@localhost ~]# systemctl stop firewalld
[root@localhost ~]# setenforce 0
[root@localhost ~]# systemctl restart smb
```

3. 测试和使用共享目录

重启服务后，可以在 Windows 中进行访问，一种方法是在文件窗口的地址栏里输入\\IP 地址信息，如图 7.4 所示，按【Enter】键，在弹出的“Windows 安全”对话框中，输入 Samba 用户的用户名和密码，如图 7.5 所示。单击“确定”按钮，即可登录，如图 7.6 所示。

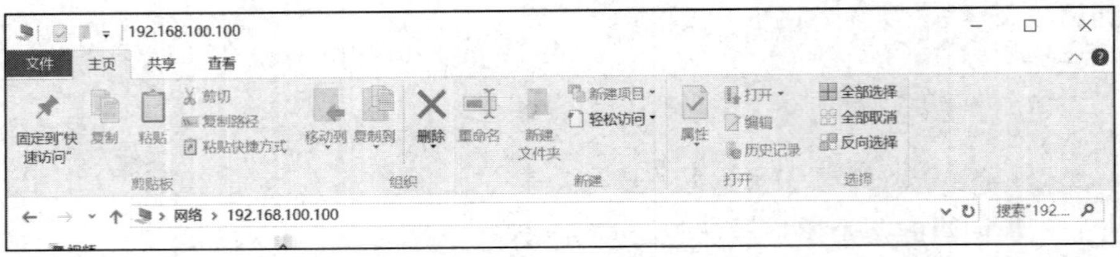

图 7.4　输入访问地址

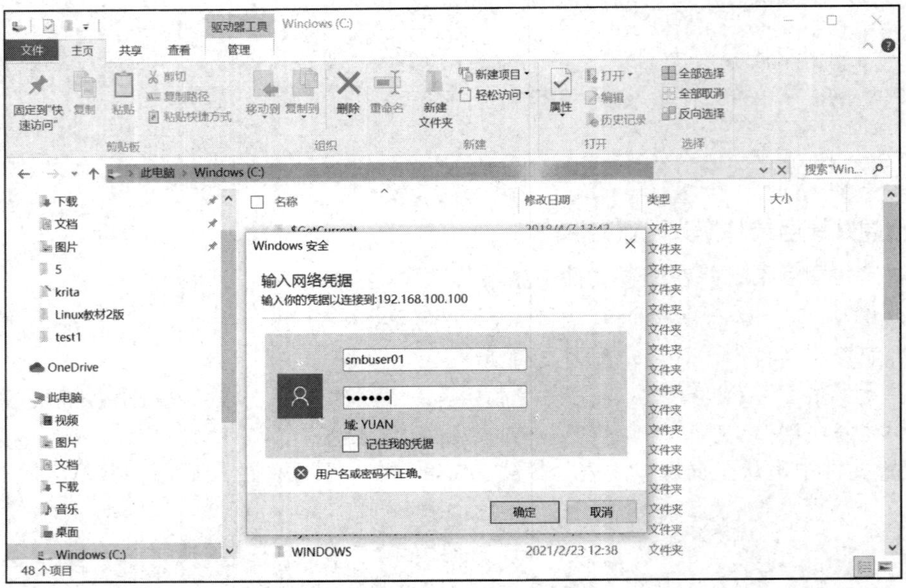

图 7.5　输入 Samba 用户登录信息

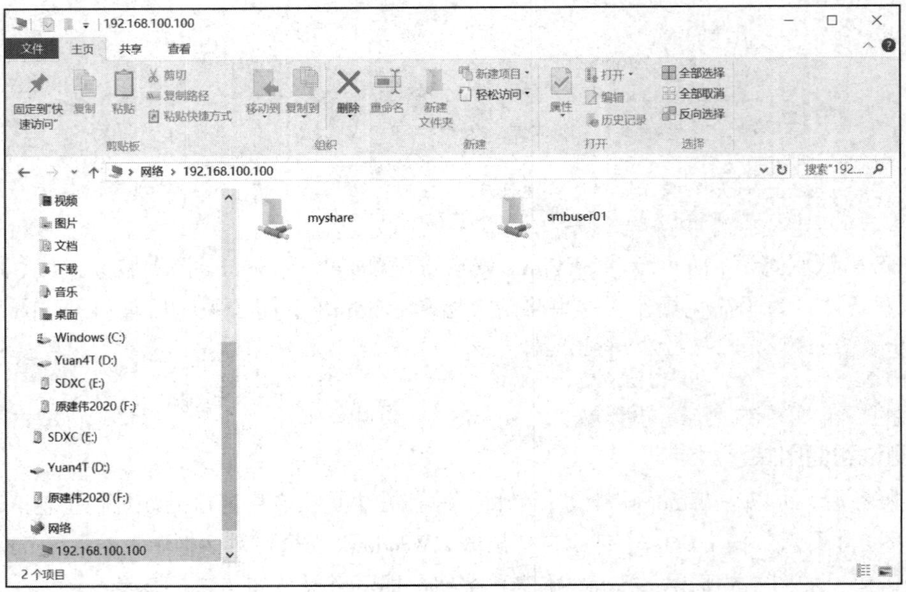

图 7.6　登录成功

另一种方式是添加网络驱动器，在“此电脑”窗口的工具栏中选择“映射网络驱动器”→“映射网络驱动器”，如图 7.7 所示，在弹出的“映射网络驱动器”对话框中选择驱动器名称，在“文件夹”文本框中输入\\IP，如图 7.8 所示。。

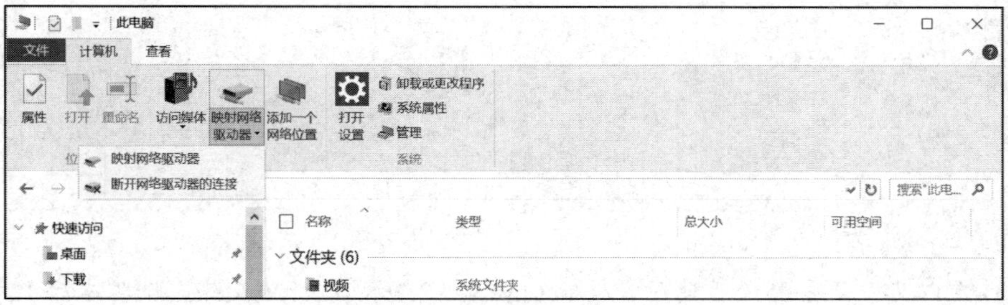

图 7.7 选择“映射网络驱动器”

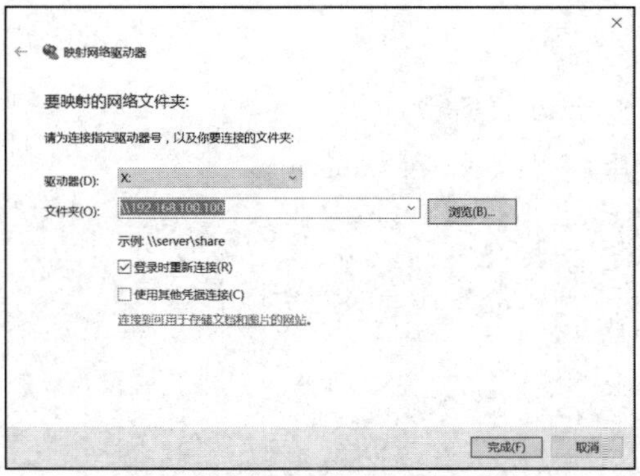

图 7.8 设置映射驱动器

打开共享目录后，在“此电脑”窗口中会保存映射完成的驱动器信息，此后每次可以直接双击该图标直接进入共享目录，如图 7.9 所示。

图 7.9 映射驱动器信息

Samba 服务提供的共享目录不仅可以在 Windows 中使用，也可以在 Linux 系统中使用，通过 smbclient 命令登录后即可使用该目录中的资源。

```
[root@localhost ~]# smbclient //192.168.100.100/myshare -U smbuser01
Enter SAMBA\smbuser01's password:
Try "help" to get a list of possible commands.
smb: \> ls
  .                                   D        0  Tue Feb 23 14:37:30 2021
  ..                                  D        0  Tue Feb 23 14:38:24 2021

                28289540 blocks of size 1024. 26909388 blocks available
smb: \> exit
```

注意：在以某一用户登录后使用命令 net use \\192.168.100.100 /del 删除共享后，才可以使用其他用户登录。

7.2.2 创建隐藏共享

1. 创建用户并添加到 Samba 服务器

① 使用命令创建两个用户 smbadm 和 smbman。

```
[root@localhost ~]# adduser smbadm
[root@localhost ~]# adduser smbman
[root@localhost ~]# passwd smbadm
更改用户 smbadm 的密码 。
新的 密码:
无效的密码： 密码是一个回文
重新输入新的 密码:
passwd：所有的身份验证令牌已经成功更新。
[root@localhost ~]# passwd smbman
更改用户 smbman 的密码 。
新的 密码:
无效的密码： 密码是一个回文
重新输入新的 密码:
passwd：所有的身份验证令牌已经成功更新。
```

② 使用 smbpasswd 命令将上面创建的两个用户添加至 Samba 用户。

```
[root@localhost ~]# smbpasswd -a smbadm
New SMB password:
Retype new SMB password:
Added user smbadm.
[root@localhost ~]# smbpasswd -a smbman
New SMB password:
Retype new SMB password:
Added user smbman.
```

2. 创建共享目录并修改配置文件

① 创建需要隐藏的目录。

在“/var”目录下创建目录 admdoc。

```
[root@localhost ~]# mkdir /var/admdoc
```

② 修改 smb.conf 文件，新建共享区段 admdoc，并在 sharedir 区段的 valid users 中添加 smbadm 和 smbman 用户。

```
[sharedir]
        path=/var/sharedir
        writeable=yes
        valid users=smbuser01, smbuser02,smbadm,smbman
[admdoc]
        path=/var/admdoc
        valid user=smbadm,smbman
        writable=yes
        browseable=no
```

重启 Samba 服务。

```
[root@localhost ~]# systemctl restart smb
```

3. 验证隐藏目录

① 使用 smbadm 用户和密码登录，如图 7.10 所示。

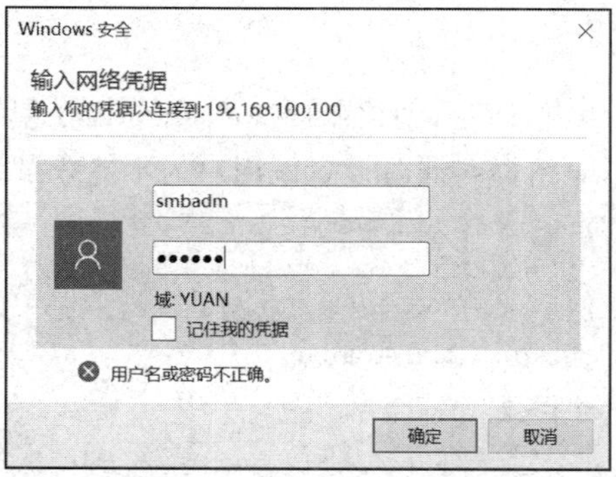

图 7.10　使用 smbadm 用户登录

② 打开共享后可以看到共享目录 sharedir 目录和 smbadm 用户自己的工作目录，如图 7.11 所示。其中，看不到 admdoc 目录，原因是配置文件中将其隐藏（browseable=no）无法进行浏览。但可以通过在地址栏中添加“\admdoc”进行访问，如图 7.12 所示。

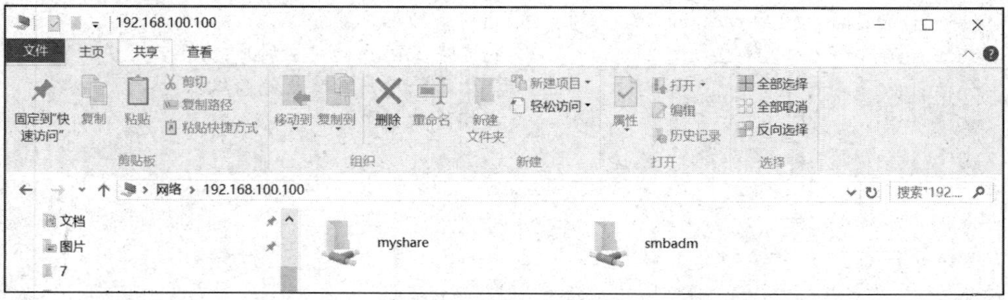

图 7.11　可以显示的共享目录

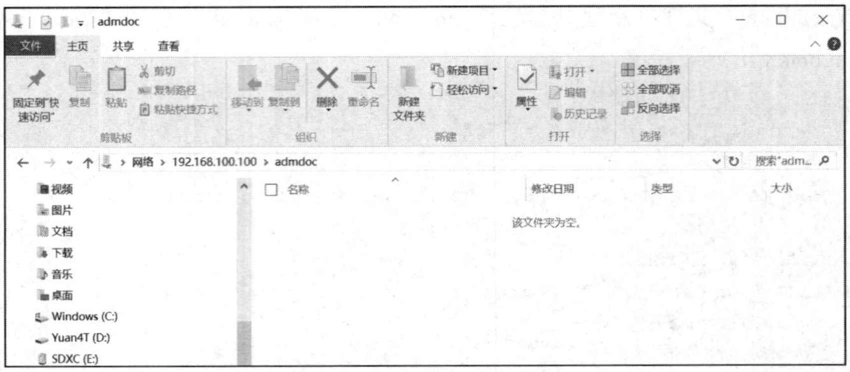

图 7.12　访问隐藏的目录

7.2.3　Vsftp 服务的配置

实现 FTP 服务，将“/var/web”目录设为网站管理员专用上传下载目录。管理组群可以上传文件。

视 频

项目实施–Vsftp 服务的配置

1. 创建网站管理员账户

① 创建一个 www 用户组群，然后创建账户 webadmin，在创建该用户时指定工作目录为“/var/web”，并将其添加到 www 组群，同时设置该用户为不能登录系统用户。

```
[root@localhost ~]# mkdir /var/web
[root@localhost ~]# groupadd ftp
[root@localhost ~]# useradd -d /var/web -s /sbin/nologin webadmin
[root@localhost ~]# passwd webadmin
```

② 创建虚拟用户配置文件目录：

```
[root@localhost ~]# mkdir /etc/vsftpd/vuser_conf
[root@localhost ~]# mkdir /etc/vsftpd/chroot_list
```

2. 修改配置文件

打开并编辑 Vsftp 服务配置文件，修改以下条目：

```
anonymous_enable=NO                 #是否允许匿名用户访问
local_enable=YES                    #允许本地用户访问
guest_enable=YES                    #启用虚拟用户功能
guest_username=webadmin             #指定虚拟用户的宿主用户
virtual_use_local_privs=YES         #提供虚拟用户修改文件的权限
chmod_enable=YES                    #提供修改权限
chroot_local_user=YES
pam_service_name=vsftpd
userlist_enable=YES
tcp_wrappers=YES
user_sub_token=$USER
hide_ids=YES
allow_writeable_chroot=YES
listen_ipv6=NO
```

3. 生成虚拟用户数据文件

① 如果没有安装数据文件支持包，则需要安装 db4-utils。

```
[root@localhost ~]# rpm -ivh db4-utils-4.3.29-10.el5.i386.rpm
```

② 添加虚拟用户，编辑“vi/home/virtual_users.txt”，在文件的第一行添加 webadmin 为虚拟用户名，第二行为密码。

```
[root@localhost ~]# vi /home/virtual_users.txt
webadmin
123456
```

③ 生成数据文件。

```
[root@localhost ~]# db_load -T -t hash -f /home/virtual_users.txt
/etc/vsftpd/virtual_users.db
```

④ 生成认证文件，编辑“/etc/pam.d/vsftpd”文件，添加相关认证数据。

```
[root@localhost ~]# vi /etc/pam.d/vsftpd
#%PAM-1.0
auth  required  pam_userdb.so  db=/etc/vsftpd/virtual_users
account  required  pam_userdb.so  db=/etc/vsftpd/virtual_users
session  required  pam_loginuid.so
```

⑤ 为 webadmin 虚拟用户创建配置文件。

```
[root@localhost ~]# vi /etc/vsftpd/vuser_conf/webadmin
local_root=/var/web
write_enable=YES
download_enable=YES
anon_world_readable_only=NO
anon_upload_enable=YES
anon_mkdir_write_enable=YES
anon_other_write_enable=YES
local_umask=022
listen_port=21
```

4. 修改虚拟用户目录权限

```
[root@localhost ~]# chown -R webadmin:www /var/web
[root@localhost ~]# chmod -R 775 /var/web
```

5. 重新启动 Vsftpd 服务

```
[root@localhost ~]# systemctl restart vsftpd
```

7.2.4 FTP 服务测试

1. 登录 FTP

```
[root@localhost ~]# ftp 192.168.100.100
Connected to 192.168.100.100 (192.168.100.100).
220 (vsFTPd 3.0.2)
Name (192.168.100.100:root): webadmin
331 Please specify the password.
Password:
230 Login successful.
Remote system type is UNIX.
```

```
Using binary mode to transfer files.
ftp>
```

2. 上传文件

① 使用!ls 命令列出本地文件。

```
ftp> !ls
anaconda-ks.cfg  Desktop  install.log  install.log.syslog  pic
```

② 使用 put 命令上传文件。

```
ftp> put install.log
local: install.log remote: install.log
227 Entering Passive Mode (192,168,1,106,219,27)
150 Ok to send data.
226 File receive OK.
36041 bytes sent in 0.039 seconds (9.1e+02 Kbytes/s)
```

③ 使用 dir 命令列出远程文件。

```
ftp> dir
227 Entering Passive Mode (192,168,1,106,232,168)
150 Here comes the directory listing.
-rw-r--r--    1 505      505         36041 Nov 12 09:19 install.log
226 Directory send OK.
```

3. 目录操作

① 使用 mkdir 命令在远程服务器创建目录。

```
ftp> mkdir temp
257 "/temp" created
```

② 使用 cd 命令切换目录。

```
ftp> cd temp
250 Directory successfully changed.
```

4. 退出 FTP

```
ftp> bye
221 Goodbye.
```

7.3 技术拓展

7.3.1 FTP 服务权限管理

1. 开放匿名上传

默认状态下，Vsftp 不开放匿名上传文件。有时候管理员在搭建一些应用时，需要开启匿名上传功能。

```
anonymous_enable=YES              #允许使用匿名登录
```

如果需要开放默认共享目录“/var/ftp/pub”的权限，需要修改如下参数：

```
anon_upload_enable=YES            #允许上传文件
anon_mkdir_write_enable=YES       #允许创建文件和目录
anon_other_write_enable=YES       #允许读写权限
```

2. 允许本地用户登录

Vsftp 支持本地用户登录，但需要开启相关参数：

```
local_enable=YES                    #开启本地用户登录
write_enable=YES                    #开启本地用户写权限
```

此时，客户可以进行增加、删除、修改及查询的操作，但是用户也可以进入其他目录进行浏览。这时需要开启 chrooot_loacl_user=YES，这样用户只能看到自己的目录，保护了目录的安全。

如果允许某些用户切换到 home 目录外的其他目录，可使用以下命令：

```
Chroot_list_enable=YES
Chroot_list_file=/etc/chroot_list
/etc/chroot_list 用于指定不能访问 home 目录外的用户
```

3. 加强 FTP 安全设置

为了防止因用户长时间空闲占用 FTP 带来的安全问题，可以通过设置用户会话空闲时间，如设置用户会话空闲超过 10 min 后中断会话。

```
idle_session_timeout=600
```

过长的空闲数据连接时间，也会为系统带来安全隐患，因此可以通过设置此连接时间减少安全隐患，例如下面的配置，将在数据连接空闲 2 min 后被中断。

```
data_connection_timeout=120
```

以下为设置客户端空闲时的自动中断和激活连接的时间，将使客户端空闲 1 min 后自动中断连接，并在中断 1 min 后自动激活连接。

```
accept_timeout=60
connect_timeout=60
```

为了控制用户传输文件的速度，可以通过设置最大传输速率进行限制。例如，下面的配置实现将使本地用户的最大传输速率为 50 KB / s，匿名用户的传输速率为 30 KB / s。

```
local_max_rate=50000
anon_max_rate=30000
```

7.3.2 NFS 服务与配置

视频

NFS 服务的安装与配置

1. NFS 简介

NFS（Network File System，网络文件系统）通过网络分享和使用文件系统，在文件传送或信息传送过程中依赖于 RPC 协议。

2. 安装 NFS

在 RHLE 中系统默认安装 NFS，用 rpm 命令查询可以看到已经安装的相关程序包。如果没有安装，可以安装相应程序包。nfs 安装参考如下命令。

```
[root@localhost ~]# yum -y install nfs-utils rpcbind
已加载插件：fastestmirror
Loading mirror speeds from cached hostfile
没有可用软件包 rpcbin。
正在解决依赖关系
--> 正在检查事务
......
已安装：
```

```
  nfs-utils.x86_64 1:1.3.0-0.68.el7

作为依赖被安装:
  gssproxy.x86_64 0:0.7.0-29.el7          keyutils.x86_64 0:1.5.8-3.el7
  libbasicobjects.x86_64 0:0.1.1-32.el7 libcollection.x86_64 0:0.7.0-32.el7
  libevent.x86_64 0:2.0.21-4.el7        libini_config.x86_64 0:1.3.1-32.el7
  libnfsidmap.x86_64 0:0.25-19.el7      libpath_utils.x86_64 0:0.2.1-32.el7
  libref_array.x86_64 0:0.1.5-32.el7      libtirpc.x86_64 0:0.2.4-0.16.el7
  libverto-tevent.x86_64 0:0.2.5-4.el7      quota.x86_64 1:4.01-19.el7
  quota-nls.noarch 1:4.01-19.el7          rpcbind.x86_64 0:0.2.0-49.el7
  tcp_wrappers.x86_64 0:7.6-77.el7

完毕!
```

NFS 服务有三个系统进程，启动 NFS 服务后，主要服务有：nfs-server.service，用于管理客户端登录服务器；rpcbind.service，用于管理 NFS 文件系统及权限验证。

```
[root@localhost ~]# systemctl status nfs
nfs-server.service - NFS server and services
   Loaded: loaded (/usr/lib/systemd/system/nfs-server.service; disabled; vendor preset: disabled)
   Active: inactive (dead)
[root@localhost ~]# systemctl status rpcbind
rpcbind.service - RPC bind service
   Loaded: loaded (/usr/lib/systemd/system/rpcbind.service; enabled; vendor preset: enabled)
   Active: inactive (dead)
[root@localhost ~]# systemctl start rpcbind
[root@localhost ~]# systemctl start nfs
```

3. NFS 服务配置

① 创建共享目录“/var/nfsshare”：

```
[root@localhost ~]# mkdir /var/nfsshare
```

② 编辑/etc/exports 文件，添加共享目录信息。

```
[root@localhost ~]# vi /etc/exports
/var/nfsshare 192.168.100.0/24 (rw,sync)
```

③ 重启 rpcbind 和 nfs 服务。

```
[root@localhost ~]# systemctl start rpcbind
[root@localhost ~]# systemctl start nfs
```

④ 使用 exportfs 命令显示当前 NFS 共享的文件系统列表。

```
[root@localhost ~]# exportfs
/var/nfsshare   192.168.100.0/24
```

⑤ 显示客户端信息和共享目录。

```
[root@localhost ~]# showmount -a
All mount points on localhost.localdomain:
```

⑥ 显示指定 NFS 服务器输出目录列表（也称共享目录列表）。

```
[root@localhost ~]# showmount -e 192.168.100.100
```

```
Export list for 192.168.100.100:
/var/nfsshare (everyone)
```

⑦ 挂载共享目录至“/mnt/nfsdir”。

```
[root@localhost ~]# mkdir /mnt/nfsdir
[root@localhost ~]# mount -t nfs 192.168.100.100:/var/nfsshare/ /mnt/
nfsdir/
```

⑧ 使用df命令查看挂载信息。

```
[root@localhost ~]# df -h
文件系统                          容量    已用   可用   已用% 挂载点
devtmpfs                          898M      0   898M    0% /dev
tmpfs                             910M      0   910M    0% /dev/shm
tmpfs                             910M   9.7M   901M    2% /run
tmpfs                             910M      0   910M    0% /sys/fs/cgroup
/dev/mapper/centos-root            27G   1.4G    26G    5% /
/dev/sdb5                          20G    33M    20G    1% /mnt/xfsdisk
/dev/sda1                        1014M   151M   864M   15% /boot
/dev/sr0                          4.4G   4.4G      0  100% /media/cdrom
tmpfs                             182M      0   182M    0% /run/user/0
192.168.100.100:/var/nfsshare      27G   1.4G    26G    5% /mnt/nfsdir
```

⑨ 复制文件至/mnt/nfsdir后，查看“/var/nfsshare”目录。

```
[root@localhost ~]# cp anaconda-ks.cfg /var/nfsshare/
[root@localhost ~]# ls /mnt/nfsdir/
anaconda-ks.cfg
```

小　结

随着计算机应用范围的扩大，在相同或者不同系统之间进行文件共享变成一个很重要的问题。本项目介绍了Linux网络共享服务配置与管理的相关知识。首先介绍了通过Samba服务的安装及配置实现不同系统之间文件共享的方法，然后介绍了Vsftp的安装及服务配置，最后通过一个项目实例演示了通过图形界面及修改配置文件两种方式配置Samba服务的方法及Vsftp服务的配置方法。

练　习

1. 在虚拟机中安装并启动Vsftp服务器，在该系统中添加用户user1和user2。

（1）安装Vsftp软件包。

（2）设置匿名账户具有上传、创建目录权限。

（3）利用“/etc/Vsftp/ftpusers”文件设置禁止本地user1用户登录FTP服务器。

（4）设置本地用户user2登录FTP服务器之后，在进入dir目录时显示提示信息“welcome to user's dir!”。

（5）设置将所有本地用户都锁定在“/home”目录中。

（6）设置只有在“/etc/Vsftp/fuser_list”文件中指定本地用户 user1 和 user2 可以访问 FTP 服务器，其他用户都不可以。

（7）设置基于主机的访问控制，实现如下功能：

① 拒绝 192.168.6.0/24 访问。

② 对域 hongyi.net 和 192.168.2.0/24 内的主机不做连接数和最大传输速率限制。

③ 对其他主机的访问限制每个 IP 的连接数为 2，最大传输速率为 500 KB/s。

2. 建立仅允许本地用户访问的 Vsftp 服务器，并完成以下任务。

（1）禁止匿名用户访问。

（2）建立 s1 和 s2 账号，并具有读/写权限。

（3）使用 chroot 命令将 s1 和 s2 账号限制在/home 目录中。

3. 为企业建立 FTP 服务器，要求如下：

（1）创建 shareusr 组群。

（2）创建 www（网站）、xs（销售）、xc（宣传）、cw（财务）、jl（经理）、qt（其他）六个用户，不允许登录 Linux 系统，并将刚才创建的六个用户加入到 shareusr 组群。

（3）www、xs、xc、cw 四个用户的主目录分别为“/home/html/www”“/home/html/xs”“/home/html/xc”“/home`1wpri”，只允许 cw 用户有可读/写的共享访问权限，其他用户不允许访问。

（4）创建一个“/usrpub”目录，允许 shareusr 组群用户向目录中写入，其他用户只能访问，但不可以写入。

项目8

WWW 配置与管理

在企业信息化建设过程中，企业网站的建设往往用于宣传企业，同时也能够为企业进一步发展电子商务打好基础，因此要搭建企业自己的 Web 服务器，企业及主要部门都要有自己独立的网站。在一台 Web 服务器上构建多个 Web 站点，并且拥有自己独立的域名，也就是在一台物理服务器上需要创建多个不同名称的站点，在外界看来是访问不同的站点，这样的服务器称为“虚拟主机”。本项目通过实现三个不同的站点进行讲解分析，要求已有搭建完成的 DNS 服务器，实现对相关域名的解析。目前已申请域名 www.hongyi.net（企业主站）、oa.hongyi.net（办公自动化系统）、crm.hongyi.net（客户管理系统）。

8.1 技术准备

8.1.1 WWW 服务

在众多的网络服务中，WWW（World Wide Web，万维网）服务是使用最普遍的一种网络服务。WWW 服务的标准由 W3C（万维网联盟）制定。通过 WWW 服务，用户可以通过交互的图形界面在互联网上进行特定内容的浏览与查询。

Web 服务的实现采用客户机/服务器模型。客户机运行 WWW 客户程序，即浏览器（IE、Firefox、Opera 等），提供良好、统一的用户界面。浏览器的作用是解释和显示 Web 页面，响应用户的输入请求，并通过 HTTP 协议将用户请求传递给 Web 服务器。Web 服务器一端运行服务器程序，其最基本的功能是侦听和响应客户端的 HTTP 请求，向客户端发出请求处理结果信息。

8.1.2 Apache 服务器

1. 概述

Apache 服务器最初是由 Illinois 大学 Urbana-Champaign 的国家高级计算程序中心开发，后经由 Apache 开源团体的成员不断发展和加强，成为互联网上使用最多的 Web 服务器软件。它有着良好的跨平台性、可扩展性和安全性，绝大多数 Linux 发行版上采用 Apache 作为默认 Web 服务器。它为用户提供了非常实用的功能，包括目录索引、目录别名、内容协商、可配置的 HTTP 错误报告、CGI 程序的 SetUID 执行、子进程资源管理、服务器端图像映射、重写 URL、URL 拼写检查，以及联机手册 man 等。图 8.1 所示为 Apache 的标识。

视 频

Apache 的安装与测试

2. Apache 服务器的安装

在 CentOS 下，如果在安装系统时没有选择服务器相关模式，Apache 不会被默认安装，因此需要手工安装。安装 Apache 可以通过 rpm 命令或 yum 命令查询和安装 Apache 服务软件，还可以下载最新的 Apache 源码进行编译安装。

图 8.1　Apache 的标识

首先可以使用 rpm 命令检查系统是否已经安装了 Apache 或查看已经安装了何种版本，如下为查到了相关版本，如果没有安装，则在执行查询命令后，不会输出任何信息。

```
[root@localhost ~]# rpm -q httpd
httpd-2.2.3-43.el5
```

Apache 的 RPM 安装包文件可以在安装光盘上找到，也可以在 Apache 网站上下载最新版本的 RPM 包进行安装。安装命令如下：

```
[root@localhost ~]# rpm -ivh /mnt/Server/httpd-2.2.3-31.el5.i388.rpm
```

使用 yum 安装如下操作：

```
[root@localhost ~]# yum -y install httpd
已加载插件: fastestmirror
Loading mirror speeds from cached hostfile
正在解决依赖关系
......
已安装:
  httpd.x86_64 0:2.4.6-95.el7.centos

作为依赖被安装:
  apr.x86_64 0:1.4.8-7.el7              apr-util.x86_64 0:1.5.2-6.el7
  httpd-tools.x86_64 0:2.4.6-95.el7.centos mailcap.noarch 0:2.1.41-2.el7

完毕!
```

Apache 服务器安装成功后，会生成相关的一系列目录与文件，同时会创建一个默认站点，可以通过此站点来测试。

3. Apache 服务器的启动与测试

Apache 服务器默认站点的主目录是“/var/www”，在该目录下还有一些重要的子目录。

① /var/www/html：默认的网站页面存放目录，保存真正向外发布的 Web 内容和文件等。

② /var/www/cgi-bin：存放可执行程序，包括 CGI 脚本、PERL 脚本等。

③ /var/www/manual：保存 HTML 版的帮助手册。

④ /var/www/error：存放错误提示文件。

⑤ /var/www/icons：存放服务器的图标文件。

⑥ /var/www/mrtg：流量监控器文件存放目录。

安装完成 Apache 服务器后默认并没有启动该服务，要使用它的服务功能，首先要启动 httpd 服务。

① 以下命令可以查看 Apache 服务的状态：

```
[root@localhost ~]# systemctl status httpd
httpd.service - The Apache HTTP Server
   Loaded: loaded (/usr/lib/systemd/system/httpd.service; disabled; vendor
```

```
preset: disabled)
      Active: inactive (dead)
        Docs: man:httpd(8)
              man:apachectl(8)
```

以上状态信息中 Active: inactive (dead)显示该服务还未启动。

② 启动 httpd 服务，并查询。

```
[root@localhost ~]# systemctl start httpd
[root@localhost ~]# systemctl status httpd
httpd.service - The Apache HTTP Server
   Loaded: loaded (/usr/lib/systemd/system/httpd.service; disabled; vendor
preset: disabled)
   Active: active (running) since 三 2021-02-24 23:57:22 CST; 3s ago
     Docs: man:httpd(8)
           man:apachectl(8)
 Main PID: 4211 (httpd)
   Status: "Processing requests..."
   CGroup: /system.slice/httpd.service
           ├─4211 /usr/sbin/httpd -DFOREGROUND
           ├─4212 /usr/sbin/httpd -DFOREGROUND
           ├─4213 /usr/sbin/httpd -DFOREGROUND
           ├─4214 /usr/sbin/httpd -DFOREGROUND
           ├─4215 /usr/sbin/httpd -DFOREGROUND
           └─4216 /usr/sbin/httpd -DFOREGROUND
```

启动服务后，在查看服务时可以看到有多个 httpd 的进程存在。

③ 如果在运行过程中由于修改了配置文件，则可以重新启动 httpd 服务。

```
[root@localhost ~]# systemctl restart httpd
```

④ 启动 Apache 服务器之后就可以在浏览器地址栏上输入本机 IP 地址（也可使用 127.0.0.1）进行测试，如果看到测试页则说明服务正常启动并运行，如图 8.2 所示。

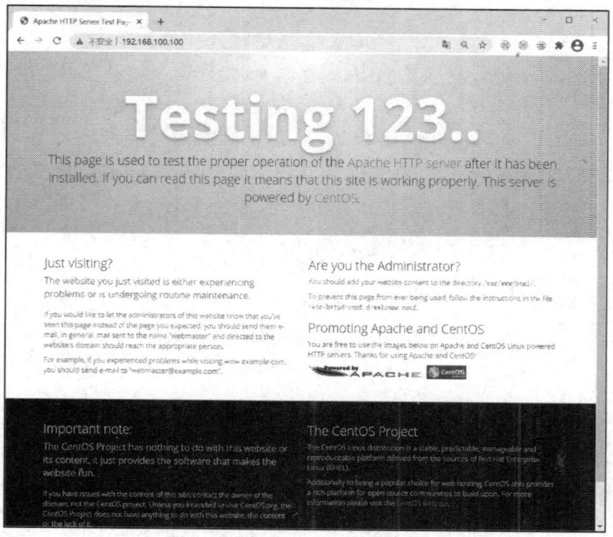

图 8.2　Apache 测试页

通过以上方式启动 Apache 只是暂时的，并不会随着系统的启动自动启动。对于 Web 服务来说一般都要随系统启动而启动，可以使用以下命令将其设置为自启动服务：

```
chkconfig httpd on#将 httpd 服务设置为自启动服务
```

通过 chkconfig --list httpd 可以查看到 httpd 服务已经在 Linux 的运行级别 2～5（0：系统停机状态，1：单用户工作状态，2：多用户状态，3：完全的多用户状态，4：系统未使用，保留，5：图形 GUI 模式，6：系统正常关闭并重启）中设置为启动，0 和 6 运行级别为关闭。

```
[root@localhost Server]# chkconfig httpd on
[root@localhost Server]# chkconfig --list httpd
httpd           0:关闭  1:关闭  2:启用  3:启用  4:启用  5:启用  6:关闭
```

CentOS 中的 systemctl 命令也具有与 chkconfig 命令相似的功能，可以设置服务为自启动，该命令实际上是创建了一个链接。

```
[root@localhost ~]# systemctl enable httpd
Created symlink from /etc/systemd/system/multi-user.target.wants/httpd.
service to /usr/lib/systemd/system/httpd.service.
```

4. Apache 的基本配置

Apache 服务器的配置最常用的方式是对配置文件的修改，从而实现定制服务。

（1）配置文件

Apache 的主配置文件为 httpd.conf（在/etc/httpd/conf/目录下），通过对该文件的相关条目修改可以实现对 Web 服务的特殊定制。httpd.conf 文件是一个纯文本文件，可以使用任何可以编辑纯文本的工具进行编辑。在 httpd.conf 文件中，与服务相关的条目很多，以下介绍主要条目。

```
ServerRoot "/etc/httpd"              #指定包含 httpd 服务器文件的目录
Timeout 300                          #响应超时量，单位为秒
KeepAlive On                         #允许用户建立永久连接
MaxKeepAliveRequests 100
KeepAliveTimeout 15
MinSpareServers 5                    #要保留的空闲服务器进程的最小值
MaxSpareServers 20                   #要保留的空闲服务器进程的最大值
StartServers 8                       #系统启动时的守护进程数
MaxClients 150        #所能提供服务的最大客户端编号，大于它的部分被放入请求队列
Port 80                              #定义服务器所使用的 TCP 的端口号
ServerAdmin root@weboa.com.cn #设置 Web 管理员的邮件地址
ServerName WebOA      #定义客户端从服务器读取数据时返回给客户端的主机名，其默认值
                      #是 localhost，第一次安装 Linux 时这里经常出错
DocumentRoot "/home/weboa/jakarta-tomcat/webapps/weboa"
                                     #设置所有 Apache 文档的根目录
DirectoryIndex index.html index.htm index.shtml index.cgi
                                     #设置多种成功访问主页的方式，目的是提高系统的容错性
Alias /icons/ "/home/httpd/icons/"  #定义虚拟主机目录与系统目录的对应关系
```

（2）虚拟主机

虚拟主机是一项在一台物理服务器上实现虚拟多台网络服务的技术，每一台虚拟主机都可以拥有独立的域名服务、WWW 服务、FTP 服务、电子邮件服务等。这些虚拟主机由于各自独立，因此可以由用户进行自行管理。Apache 服务器提供良好的虚拟主机服务，通过 Apache 可以在一台物理服务器上实现多个 Web 站点。

Apache 提供多种方式的虚拟主机服务，分别是基于端口的虚拟主机、基于 IP 地址的虚拟主机和基于名称的虚拟主机。

① 基于端口的虚拟主机：可以在一个 IP 地址的情况下设置多个端口，不同的端口指定不同的站点路径。WWW 服务默认的端口为 80，通常可以再添加一些监听端口，如 8080、8008 等，新添加的端口指向不同站点存放的位置。

② 基于 IP 地址的虚拟主机：Linux 主机可以设置多个 IP 地址，通过不同的 IP 地址指向不同的站点位置实现一台主机运行多个站点。

以上两种方式都存在一定的资源使用问题，例如，端口号数量有限，有些端口容易被其他程序占用，从而导致端口冲突。IP 地址数量也有限，随着网络规模的增大，对 IP 地址的需求量也会增加，因此基于 IP 地址的虚拟主机也受到一定限制。

③ 基于名称的虚拟主机：通过与域名解析结合实现基于名称的虚拟主机可以解决上面两种虚拟主机的问题。由于域名的设置与解析数量远远大于 IP 地址和端口号，因此不需要担心资源不足。虽然是同一 IP 地址，但可以通过 DNS 上设置不同的域名对应不同的站点实现大规模虚拟主机应用。

8.2 项目实施

视频

项目实施-Apache 服务配置

8.2.1 基于端口的虚拟主机配置 Apache 服务

添加两个端口，定义三个网站，对应三个不同端口，进行访问。具体站点目录设置与端口设置参考表 8.1。

表 8.1 虚拟主机参数设置

虚拟主机名	文档根目录	主机信息	端口
hongyi	/var/www/html/hongyi	默认虚拟主机	80
hongyiOA	/var/www/html/oa	默认虚拟主机	8080
hongyiCRM	/var/www/html/crm	默认虚拟主机	8008

配置 Apache 的操作步骤如下：

① 在配置 Apache 服务器前首先配置网络 IP 地址，配置方法参考项目 5。此处设置 IP 地址为 192.168.100.100 。

首先参照表 8.1 在“/var/www/html”目录中创建三个站点的目录，并在每一个目录下新建 HTML 文件“index.html”，在该文件中分别显示不同的信息。

```
[root@localhost ~]# mkdir /var/www/html/hongyi
[root@localhost ~]# mkdir /var/www/html/oa
[root@localhost ~]# mkdir /var/www/html/crm
```

编写站点首页文件如下：

```
[root@localhost ~]# vi /var/www/html/hongyi/index.html
<html>
<body>
Mainsite
```

```
</body>
</html>
[root@localhost ~]# vi /var/www/html/oa/index.html
<html>
<body>
OAnsite
</body>
</html>
[root@localhost ~]# vi /var/www/html/crm/index.html
<html>
<body>
CRMsite
</body>
</html>
```

② 除设置默认 80 端口外，还需要添加 8080 和 8008 两个端口。编辑 httpd 配置文件，添加两个监听端口。

```
[root@localhost ~]# vi /etc/httpd/conf/httpd.conf

#Listen 12.34.56.78:80
Listen 80
Listen 8080
Listen 8008
```

CentOS 7 所含的 Apache 服务器配置文件支持文件包含功能，在其配置文件最后一条配置信息为指定所包含配置文件的路径信息。

```
#Load config files in the "/etc/httpd/conf.d" directory, if any.
IncludeOptional conf.d/*.conf
```

在 /etc/httpd/conf.d 目录中创建针对多端口配置的虚拟主机配置信息。第一个站点中 Directory 段为站点目录权限设置，后两个站点省略。

```
[root@localhost ~]# vi /etc/httpd/conf.d/ports.conf
<VirtualHost 192.168.100.100:80>
 DocumentRoot /var/www/html/hongyi
</VirtualHost>
<Directory "/var/www/html/hongyi">
   Options Indexes FollowSymLinks
   AllowOverride All
   Order allow,deny
   Allow from all
</Directory>
<VirtualHost 192.168.100.100:8080>
 DocumentRoot /var/www/html/oa
</VirtualHost>
<VirtualHost 192.168.100.100:8008>
 DocumentRoot /var/www/html/crm
</VirtualHost>
```

③ 修改完配置文件后，重启服务，查看服务状态。

```
[root@localhost ~]# systemctl restart httpd
```

```
    [root@localhost ~]# systemctl status httpd
       httpd.service - The Apache HTTP Server
       Loaded: loaded (/usr/lib/systemd/system/httpd.service; enabled; vendor
preset: disabled)
       Active: active (running) since 四 2021-02-25 02:38:34 CST; 8s ago
         Docs: man:httpd(8)
               man:apachectl(8)
      Process: 4499 ExecStop=/bin/kill -WINCH ${MAINPID} (code=exited,
status=0/SUCCESS)
     Main PID: 4503 (httpd)
       Status: "Processing requests..."
       CGroup: /system.slice/httpd.service
               ├─4503 /usr/sbin/httpd -DFOREGROUND
               ├─4504 /usr/sbin/httpd -DFOREGROUND
               ├─4505 /usr/sbin/httpd -DFOREGROUND
               ├─4506 /usr/sbin/httpd -DFOREGROUND
               ├─4507 /usr/sbin/httpd -DFOREGROUND
               └─4508 /usr/sbin/httpd -DFOREGROUND
```

④ 在浏览器地址栏中分别输入IP地址和对应的端口号，80端口为HTTP服务的默认端口，可以不加，其他端口必须跟在地址后，按【Enter】键后可以看到页面上显示不同的站点信息，如图8.3所示。

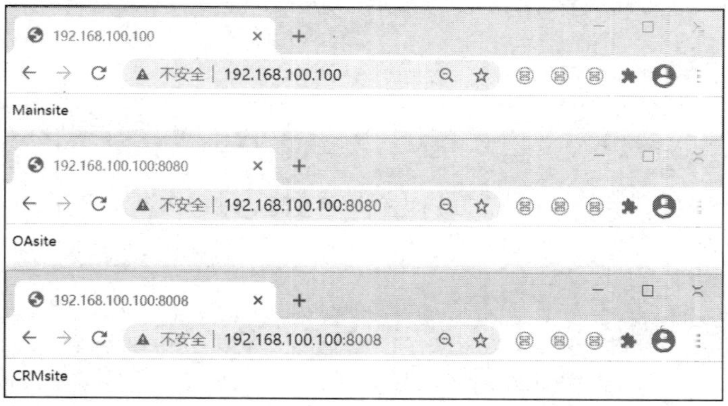

图8.3 三个不同站点的测试页

8.2.2 基于IP地址的虚拟主机配置Apache服务

基于IP地址的虚拟主机实现起来与基于端口的虚拟主机比较相似，但必须首先创建多个IP地址，用于对应不同的站点。在前面案例的基础上，这里将实现基于IP地址的虚拟主机，具体参数参见表8.2所示。

表8.2 虚拟主机参数设置表

虚拟主机名	文档根目录	主机信息	IP地址
hongyi	/var/www/html/hongyi	默认虚拟主机	192.168.1.100
hongyiOA	/var/www/html/oa	默认虚拟主机	192.168.1.110
hongyiCRM	/var/www/html/crm	默认虚拟主机	192.168.1.120

① 修改网络接口文件的配置信息，添加另外两个 IP 地址信息：

```
[root@localhost ~]# vi /etc/sysconfig/network-scripts/ifcfg-ens33

IPADDR=192.168.100.100
NETMASK=255.255.255.0
IPADDR1=192.168.100.110
NETMASK1=255.255.255.0
IPADDR2=192.168.100.120
NETMASK2=255.255.255.0
```

② 重启网络服务并查看网络接口信息。

```
[root@localhost ~]# systemctl restart network
[root@localhost ~]# ip addr
1: lo: <LOOPBACK,UP,LOWER_UP> mtu 65536 qdisc noqueue state UNKNOWN group
default qlen 1000
    link/loopback 00:00:00:00:00:00 brd 00:00:00:00:00:00
    inet 127.0.0.1/8 scope host lo
       valid_lft forever preferred_lft forever
    inet6 ::1/128 scope host
       valid_lft forever preferred_lft forever
2: ens33: <BROADCAST,MULTICAST,UP,LOWER_UP> mtu 1500 qdisc pfifo_fast state
UP group default qlen 1000
    link/ether 00:0c:29:b2:12:77 brd ff:ff:ff:ff:ff:ff
    inet 192.168.100.100/24 brd 192.168.100.255 scope global noprefixroute
ens33
       valid_lft forever preferred_lft forever
    inet 192.168.100.110/24 brd 192.168.100.255 scope global secondary
noprefixroute ens33
       valid_lft forever preferred_lft forever
    inet 192.168.100.120/24 brd 192.168.100.255 scope global secondary
noprefixroute ens33
       valid_lft forever preferred_lft forever
    inet6 fe80::9d77:9925:6b3b:509c/64 scope link noprefixroute
       valid_lft forever preferred_lft forever
```

③ 复制 ports.conf 为 ipsite.conf 文件。

```
[root@localhost ~]# cp /etc/httpd/conf.d/ports.conf /etc/httpd/conf.d/
ipsite.conf
```

④ 编辑 ipsite.conf 文件，并添加相关基于 IP 地址的虚拟主机配置信息。

```
[root@localhost ~]# vi /etc/httpd/conf.d/ipsite.conf

<VirtualHost 192.168.100.100:80>
 DocumentRoot /var/www/html/hongyi
</VirtualHost>
<VirtualHost 192.168.100.110:80>
 DocumentRoot /var/www/html/oa
</VirtualHost>
<VirtualHost 192.168.100.120:80>
 DocumentRoot /var/www/html/crm
</VirtualHost>
```

⑤ 重启 httpd 服务。

```
[root@localhost ~]# systemctl restart httpd
```

重启服务后，在浏览器中访问相关 IP 地址信息，可以看到不同站点页面信息，如图 8.4 所示。

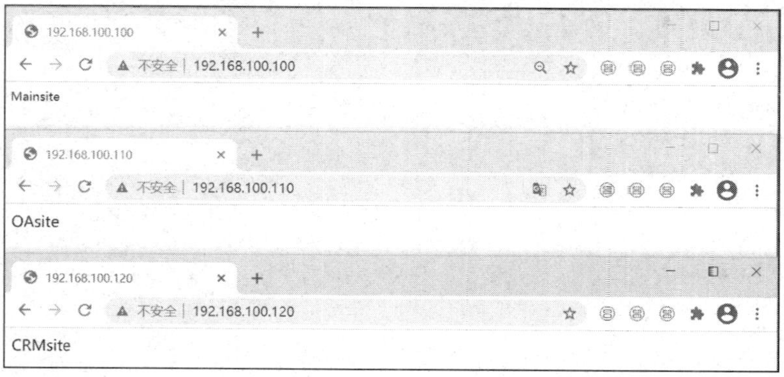

图 8.4 设置基于 IP 的虚拟主机

8.2.3 基于域名方式配置 Apache 服务

为了进一步实现企业信息化建设，便于宣传企业，同时也为企业进一步发展电子商务应用，在已经搭建的 Web 服务器基础之上实现通过域名访问企业站点，并新增企业电子商务网站，目前已申请的域名信息如表 8.3 所示。

表 8.3 域名信息

域 名	应 用
www.hongyi.net	企业主站
oa.hongyi.net	办公自动化
crm.hongyi.net	客户管理系统
sale.hongyi.net	电子商务网站

主机 IP 地址为 192.168.1.100。本项目要求已有搭建完成的 DNS 服务器，实现对相关域名的解析。在“/etc/httpd/conf.d/”目录中添加配置文件，添加如下配置信息（注：每行配置后面为解释说明信息，无须在配置文件中出现）。

```
NameVirtualHost 192.168.1.100                    #指定运行虚拟主机的 IP 地址
#以下为企业主站所在虚拟主机的配置信息
<VirtualHost 192.168.1.100:80>
ServerAdmin webmaster@hongyi.net
DocumentRoot /var/www/html/hongyi
ServerName www.hongyi.net
#以下为设置目录的访问权限
<Directory /var/www/html/hongyi>
AllowOverride None
Options indexes
Order allow,deny
```

```
Allow from all
</Directory>
</VirtualHost>
#以下为办公自动化系统所在虚拟主机的配置信息
<VirtualHost 192.168.1.100:80>
ServerAdmin webmaster@hongyi.net
DocumentRoot /var/www/html/oa
ServerName oa.hongyi.net
#以下为设置目录的访问权限
<Directory /var/www/html/oa>
AllowOverride None
Options indexes
Order allow,deny
Allow from all
</Directory>
</VirtualHost>
#以下为客户管理系统所在虚拟主机的配置信息
<VirtualHost 192.168.1.100:80>
ServerAdmin webmaster@hongyi.net
DocumentRoot /var/www/html/crm
ServerName crm.hongyi.net
<Directory /var/www/html/crm>
AllowOverride None
Options indexes
Order allow,deny
Allow from all
</Directory>
</VirtualHost>
#以下为电子商务网站所在虚拟主机的配置信息
<VirtualHost 192.168.1.100:80>
ServerAdmin webmaster@hongyi.net
DocumentRoot /var/www/html/sale
ServerName sale.hongyi.net
<Directory /var/www/html/sale>
AllowOverride None
Options indexes
Order allow,deny
Allow from all
</Directory>
</VirtualHost>
```

8.3 技 术 拓 展

企业信息化过程中各种应用产生大量的数据，为便于管理各种数据，企业需要建立专用的数据库服务器，承担企业网站后台的数据支持、企业办公自动化软件的支持，以及企业管理系统的数据支持，对于数据库的管理需要保证一定的安全性。

目前，企业用到的软件系统主要是企业网站、办公自动化系统、客户管理系统，以及将来上线的电子商务，这些系统都有非常成熟的开源系统，这些开源系统多数采用 MySQL 作为后台数据库。MariaDB 数据库是 MySQL 数据库的一个重要分支，完全兼容 MySQL 数据库，CentOS 默认提供 MariaDB 数据库替代 MySQL 数据库。在安装数据库之后根据现有系统创建企业网站数据库、客户关系管理数据库和办公自动化系统基础数据库。

8.3.1 MariaDB 数据库

MariaDB 是一个中、小型关系型数据库管理系统，它是很多 Linux 系统默认的数据库系统，由于其体积小、速度快、低成本的特点，非常受中小企业和个人用户的喜爱，很多中小型网站都是使用 Apache+PHP+MariaDB 的环境开发与构建，并且具有卓越的性能。

8.3.2 安装和使用 MariaDB

视频

数据库的安装与使用

1. MariaDB 的安装

由于 MariaDB 是一个跨平台的数据库系统，因此在不同平台下的安装有一定的差别，即使在 Linux 系统下也存在安装差别，这是由于 Linux 提供几种不同的安装方式。但总体来说安装起来并不复杂。

由于 MariaDB 存在不同的安装包也导致其安装方法的不同，在其官网上提供二进制安装包、RPM 安装包，以及源代码安装程序。MariaDB 如果作为服务程序时需要安装服务器程序，如果只使用 MariaDB 数据库则只安装客户端软件即可。

（1）安装服务器端

使用 yum 安装 MariaDB 服务器程序 mariadb-server，在此过程中需要安装其依赖的其他程序包。如果采用 rpm 命令安装需要先将其所需要的依赖包安装完成后才能安装 mariadb-server。

```
[root@localhost ~]# yum -y install mariadb-server
已加载插件: fastestmirror
Loading mirror speeds from cached hostfile
Centos                                                    | 3.6 kB  00:00:00
正在解决依赖关系
……
已安装:
  mariadb-server.x86_64 1:5.5.68-1.el7

作为依赖被安装:
  perl-Compress-Raw-Bzip2.x86_64 0:2.061-3.el7          perl-Compress-Raw-
Zlib.x86_64 1:2.061-4.el7          perl-DBD-MySQL.x86_64 0:4.023-6.el7
  perl-DBI.x86_64 0:1.627-4.el7                          perl-Data-Dumper.
x86_64 0:2.145-3.el7               perl-IO-Compress.noarch 0:2.061-2.el7
  perl-Net-Daemon.noarch 0:0.48-5.el7                    perl-PlRPC.noarch
0:0.2020-14.el7

完毕!
```

（2）安装客户端

使用 yum 安装 MariaDB 客户端的程序名称为 mariadb，在安装该客户端时需要提前安装的依赖包较多，因此建议采用 yum 方式安装。

```
[root@localhost ~]# yum -y install mariadb
已加载插件: fastestmirror
Loading mirror speeds from cached hostfile
正在解决依赖关系
 ……
已安装:
  mariadb.x86_64 1:5.5.68-1.el7

作为依赖被安装:
  perl.x86_64 4:5.16.3-297.el7
  perl-Carp.noarch 0:1.26-244.el7
  perl-Encode.x86_64 0:2.51-7.el7
  perl-Exporter.noarch 0:5.68-3.el7
  perl-File-Path.noarch 0:2.09-2.el7
  perl-File-Temp.noarch 0:0.23.01-3.el7
  perl-Filter.x86_64 0:1.49-3.el7
  perl-Getopt-Long.noarch 0:2.40-3.el7
  perl-HTTP-Tiny.noarch 0:0.033-3.el7
  perl-PathTools.x86_64 0:3.40-5.el7
  perl-Pod-Escapes.noarch 1:1.04-297.el7
  perl-Pod-Perldoc.noarch 0:3.20-4.el7
  perl-Pod-Simple.noarch 1:3.28-4.el7
  perl-Pod-Usage.noarch 0:1.63-3.el7
  perl-Scalar-List-Utils.x86_64 0:1.27-248.el7
  perl-Socket.x86_64 0:2.010-5.el7
  perl-Storable.x86_64 0:2.45-3.el7
  perl-Text-ParseWords.noarch 0:3.29-4.el7
  perl-Time-HiRes.x86_64 4:1.9725-3.el7
  perl-Time-Local.noarch 0:1.2300-2.el7
  perl-constant.noarch 0:1.27-2.el7
  perl-libs.x86_64 4:5.16.3-297.el7
  perl-macros.x86_64 4:5.16.3-297.el7
  perl-parent.noarch 1:0.225-244.el7
  perl-podlators.noarch 0:2.5.1-3.el7
  perl-threads.x86_64 0:1.87-4.el7
  perl-threads-shared.x86_64 0:1.43-6.el7

完毕!
```

（3）启动服务

MariaDB 安装完成后默认是停止状态，启动后需要进行初始化才能使用。启动该服务的命令如下：

```
[root@localhost ~]# systemctl start mariadb
```

启动 MariaDB 后，可以通过 mysql_secure_installation 命令对数据库系统进行初始化。相关设置以下注释部分进行了简要说明。

```
[root@localhost ~]# mysql_secure_installation

NOTE: RUNNING ALL PARTS OF THIS SCRIPT IS RECOMMENDED FOR ALL MariaDB
```

```
      SERVERS IN PRODUCTION USE!  PLEASE READ EACH STEP CAREFULLY!

  In order to log into MariaDB to secure it, we'll need the current
  password for the root user.  If you've just installed MariaDB, and
  you haven't set the root password yet, the password will be blank,
  so you should just press enter here.

  Enter current password for root (enter for none):
  OK, successfully used password, moving on...

  Setting the root password ensures that nobody can log into the MariaDB
  root user without the proper authorisation.
  //以下为设置root用户密码，并重新授权
  Set root password? [Y/n] y
  New password:
  Re-enter new password:
  Password updated successfully!
  Reloading privilege tables..
   ... Success!


  By default, a MariaDB installation has an anonymous user, allowing anyone
  to log into MariaDB without having to have a user account created for
  them.  This is intended only for testing, and to make the installation
  go a bit smoother.  You should remove them before moving into a
  production environment.
  //移除匿名用户，y为移除，n为不移除
  Remove anonymous users? [Y/n] y
   ... Success!

  Normally, root should only be allowed to connect from 'localhost'.  This
  ensures that someone cannot guess at the root password from the network.
  //屏蔽root用户远程登录，y为不允许远程登录，n为允许远程登录
  Disallow root login remotely? [Y/n] n
   ... skipping.

  By default, MariaDB comes with a database named 'test' that anyone can
  access.  This is also intended only for testing, and should be removed
  before moving into a production environment.
  //移除test测试数据库，y为移除，n为不移除
  Remove test database and access to it? [Y/n] n
   ... skipping.

  Reloading the privilege tables will ensure that all changes made so far
  will take effect immediately.
  //是否重载权限表，y为允许重载，n为不允许重载
  Reload privilege tables now? [Y/n] y
   ... Success!

  Cleaning up...
```

```
All done!  If you've completed all of the above steps, your MariaDB
installation should now be secure.

Thanks for using MariaDB!
```

（4）停止服务

```
[root@localhost ~]# systemctl start mariadb
```

2. MariaDB 系统的登录

MariaDB 需要登录才能使用，使用 mysql 命令进行登录，语法如下：

```
mysql [-u username] [-h host] [-p[password]] [dbname]
```

其中 username 与 password 分别是用户名与密码，通常初始管理账号是 root，密码为空，因此第一次登录时只需输入 mysql 就会显示欢迎信息以及提示符，MariaDB 的提示符为“MariaDB [(none)]>”。

```
[root@localhost ~]# mysql -u root -p
Enter password:
Welcome to the MariaDB monitor.  Commands end with ; or \g.
Your MariaDB connection id is 7
Server version: 5.5.68-MariaDB MariaDB Server

Copyright (c) 2000, 2018, Oracle, MariaDB Corporation Ab and others.

Type 'help;' or '\h' for help. Type '\c' to clear the current input statement.

MariaDB [(none)]>
```

在登录系统后，为了安全可以修改 root 用户的密码。修改当前用户密码的命令如下：

```
[root@localhost ~]# /usr/bin/mysqladmin -u root password '123456'
```

mysqladmin 命令格式：

```
mysqladmin -u 用户名 -p 旧密码 password 新密码
```

如果 root 用户有了密码，在登录时就需要使用以下命令进行登录：

```
mysql -u root -p
Enter password:
```

其中，-u 后跟的是用户名，-p 要求输入密码，按【Enter】键后在输入密码处输入密码。

8.3.3 MariaDB 的基本操作

MariaDB 的操作通常使用命令方式在其提示符“>”后进行输入，在每一条命令后都需要用“;”表示词条命令结束。

1. 数据库的操作

（1）显示数据库 show databases

示例 1：显示数据库列表。

```
MariaDB [(none)]> show databases;
+--------------------+
| Database           |
```

```
+--------------------  +
| information_schema   |
| mysql                |
| performance_schema   |
| test                 |
+--------------------  +
4 rows in set (0.00 sec)
```

刚安装完成的 MariaDB 已经有多个数据库，其中 mysql 和 test 是普遍存在的两个数据库。其中，mysql 是系统数据库，里面存储着 MySQL 的系统信息。

（2）打开数据库 use

示例 2：打开 mysql 数据库。

```
MariaDB [(none)]> use mysql
Reading table information for completion of table and column names
You can turn off this feature to get a quicker startup with -A

Database changed
```

当用户想使用某个非当前数据库中的数据时，首先要打开该数据库，从当前数据库切换到该数据库。

（3）创建数据库 create database

示例 3：创建一个名为 newdatabase 的数据库。

```
MariaDB [mysql]> create database newdatabase;
Query OK, 1 row affected (0.00 sec)

MariaDB [mysql]>
```

（4）删除数据库

示例 4：删除名称为 newdatabase 的数据库。

```
MariaDB [mysql]> drop database newdatabase;
Query OK, 0 rows affected (0.00 sec)
```

2. 表的操作

（1）显示数据库中的表 show tables

示例 5：显示当前打开数据库中的数据表列表。

```
MariaDB [mysql]> show tables;
+---------------------------+
| Tables_in_mysql           |
+---------------------------+
| columns_priv              |
| db                        |
| event                     |
| func                      |
| general_log               |
| help_category             |
| help_keyword              |
| help_relation             |
| help_topic                |
```

```
| host                      |
| ndb_binlog_index          |
| plugin                    |
| proc                      |
| procs_priv                |
| proxies_priv              |
| servers                   |
| slow_log                  |
| tables_priv               |
| time_zone                 |
| time_zone_leap_second     |
| time_zone_name            |
| time_zone_transition      |
| time_zone_transition_type |
| user                      |
+---------------------------+
24 rows in set (0.00 sec)
```

（2）创建表 create table 表名（字段设定列表）

示例 6：创建表。

在已创建的 newdb 库中创建表 usertable，表中有 id（序号，自动增长）、xm（姓名）、xb（性别）、csny（出身年月）四个字段。

```
MariaDB [mysql]> create database newdb;
Query OK, 1 row affected (0.00 sec)
MariaDB [mysql]> use newdb;
Database changed
MariaDB [newdb]> create table usertable  (id int(3) auto_increment not null primary key, xm char(8),xb char(2),csny date);
Query OK, 0 rows affected (0.00 sec)
```

注意：此时创建的表是在当前数据库中创建，如果要在其他数据库中创建表，可以使用 use 命令打开该数据库进行切换。

（3）显示数据表的结构 describe

示例 7：显示数据表结构。

```
MariaDB [newdb]> describe usertable;
+-------+---------+------+-----+---------+----------------+
| Field | Type    | Null | Key | Default | Extra          |
+-------+---------+------+-----+---------+----------------+
| id    | int(3)  | NO   | PRI | NULL    | auto_increment |
| xm    | char(8) | YES  |     | NULL    |                |
| xb    | char(2) | YES  |     | NULL    |                |
| csny  | date    | YES  |     | NULL    |                |
+-------+---------+------+-----+---------+----------------+
4 rows in set (0.00 sec)
```

3. 记录操作

（1）插入记录

示例 8：在当前数据库中插入数据。

```
MariaDB [newdb]> insert into usertable values('','张三','男','1971-10-01');
MariaDB [newdb]> insert into usertable values('','白云','女','1972-05-20');
```

（2）查询记录

命令格式：

```
select * from 表名;
```

可用 select 命令来验证刚才插入的数据。

```
    MariaDB [newdb]> select * from usertable;
    +---- +------ +------ +------------ +
    | id  | xm    | xb    | csny        |
    +---- +------ +------ +------------ +
    |  1  | 张三  | 男    | 1971-10-01  |
    |  2  | 白云  | 女    | 1972-05-20  |
    +---- +------ +------ +------------ +
```

（3）修改记录

示例 9：将张三的出生年月改为 1971-01-10。

```
MariaDB [newdb]> update usertable set csny='1971-01-10' where xm='张三';
```

（4）删除记录

示例 10：删除张三的记录。

```
MariaDB [newdb]> delete from usertable where xm='张三';
```

8.3.4 LAMP

LAMP 是 Linux+Apache+MySQL+PHP 的缩写，此组合为常用的 Web 应用服务器架构，非常适合中小规模的 Web 应用。

```
[root@localhost ~]# yum install -y php
已加载插件: fastestmirror
Loading mirror speeds from cached hostfile
正在解决依赖关系
......
已安装:
  php.x86_64 0:5.4.16-48.el7

作为依赖被安装:
  libzip.x86_64  0:0.10.1-8.el7          php-cli.x86_64  0:5.4.16-48.el7
php-common.x86_64 0:5.4.16-48.el7

完毕!
```

安装完成 PHP 后，重启 httpd 服务，在/var/www/html 目录中创建一个 php 文件，如下操作：

```
[root@localhost ~]#  echo "<?php phpinfo(); " > /var/www/html/phpinfo.php
```

在浏览器地址栏中输入“http://192.168.100.100/phpinfo.php”，浏览器会显示如图 8.5 所示的 PHP 信息页面。

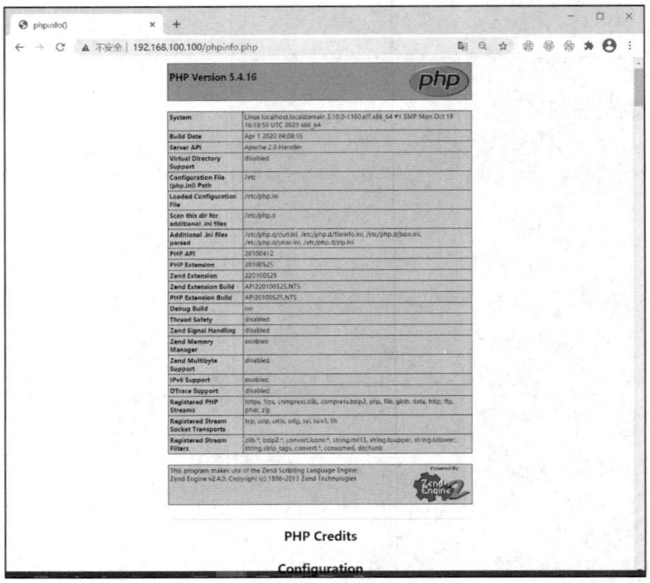

图 8.5　PHP 信息页面

小　　结

本项目主要介绍了 WWW 服务的基本概念与原理，并重点讲解了 Apache 服务器的安装、启动与配置，通过创建企业网站的案例演示了 Apache 服务器虚拟主机配置的应用，以此达到掌握 WWW 服务的基本应用。

练　　习

1. 创建 Web 服务器，同时创建一个名为“/myweb”的虚拟目录，并完成以下设置：

（1）设置 Apache 根目录为“/etc/httpd”。

（2）设置首页名称为 test.html。

（3）设置超时时间为 240 s。

（4）设置客户端连接数为 500。

（5）设置管理员 E-mail 地址为 root@smile.com。

（6）虚拟目录对应的实际目录为“/linux/apache”。

（7）将虚拟目录设置为仅允许 192.168.0.0/24 网段的客户访问。分别测试 Web 服务器和虚拟目录。

2. 创建虚拟主机，并完成以下设置：

（1）创建 IP 地址为 192.168.0.1 的虚拟主机 1，对应的文档目录为“/usr/local/www/web1”。

（2）仅允许来自“.smile.com”域的客户端可以访问虚拟主机 1。

（3）创建 IP 地址为 192.168.0.2 的虚拟主机 2，对应的文档目录为“/usr/local/www/web2”。

（4）仅允许来自“.long.com”域的客户端可以访问虚拟主机 2。

项目9

VPN配置与管理

随着企业的不断发展，企业在外地设置了办事处，经常与总部进行各种业务联系，需要频繁使用企业内部的信息资源，但企业为了安全，将内部网络与互联网之间设置了隔离（防火墙），因此不能直接从外网访问内部网络系统。为了便于外地办事处使用企业内部资源，现在需要构建便捷安全的访问方式，这种访问方式能够提供安装方便、兼容性好，能够无限制地访问内网资源。

9.1 技术准备

虚拟专用网（Virtual Private Network，VPN）是指在公用网络上建立起来的专用网络，其结点之间的连接不是传统意义上的端到端的物理链路，而是架构在公共网络平台上的逻辑网络。VPN 实质上就是利用加密技术在公网上封装出一个数据通信隧道。用户可以通过 VPN 在企业网络之外的区域（如在外地出差或是在家中办公），借助互联网很便捷地访问内网资源，因此这项技术在企业中应用非常广泛。

VPN 可为企业带来很多好处，通过使用 VPN 可以大大降低通信成本，建立在数据加密和身份认证基础之上的 VPN 技术可以提供安全可靠的数据传输，基于 VPN 技术企业可以更加自主、便捷地创建与其他企业的网络连接。

9.1.1 VPN 的种类

根据划分 VPN 种类的标准不同，因此也有不同的划分方法。

1. 按协议分类

VPN 技术关键是隧道技术，建立虚拟信道所用的隧道协议主要有四种：PPTP、L2TP、IPSec 和 SSTP，因此常用的 VPN 也是基于这四种协议的。

2. 按设备类型分类

一些网络设备也具有 VPN 功能，可以通过这些设备构建 VPN，交换机、路由器和防火墙都可以具有 VPN 功能，因此可以分为路由器式 VPN、交换机式 VPN、防火墙式 VPN。其中路由器式 VPN 部署简单，防火墙式 VPN 是最常见的一种 VPN 实现方式。

3. 按实现方式分类

VPN 的实现有很多种方法，常用的有以下四种：

① VPN 服务器：在大型局域网中，可以在网络中心通过搭建 VPN 服务器的方法来实现。

② 软件 VPN：可以通过专用的软件来实现 VPN。

③ 硬件 VPN：可以通过专用的硬件来实现 VPN。

④ 集成 VPN：很多的硬件设备，如路由器、防火墙等，都含有 VPN 功能，但是一般拥有 VPN 功能的硬件设备通常都比没有这一功能的要贵。

VPN 的种类与实现方式都不止一种，因此在选择使用时就有多种选择方式。PPTP 适用于远程用户，用户对安全性要求不高；IPSec 适用于远程的群组用户或安全度要求较高情况，但相比 PPTP 而言配置较为复杂。对于外部访问数量较少，且对安全需求一般，便于搭建的情况来说采用 PPTP 构建 VPN 比较合适。

9.1.2 PPTP 协议

PPTP（Point to Point Tunneling Protocol，点到点隧道协议）工作在 OSI 模型的第二层，又称二层隧道协议。基于 PPTP 协议的 VPN 本质上是虚拟的点对点链路，PPTP 协议首先把到达远端内网的数据包打包成 PPP 帧，然后再对这些 PPP 帧进行二次封装，以便于能够在其他物理链路上进行传送。基于 PPTP 协议的 VPN 有控制信道和数据信道之分，控制信道连接到 VPN 服务器的 TCP 1723 端口，起着控制和管理 VPN 隧道的功能，数据信道是传送 PPP 帧的信道。

PPTP 由包括微软和 3Com 等公司组成的 PPTP 论坛开发，基于 PPP 协议使用 PAP 或 CHAP 等加密算法，或者使用 Microsoft 的点对点加密算法 MPPE。其通过跨越基于 TCP/IP 的数据网络创建 VPN 实现从远程客户端到专用企业服务器之间数据的安全传输，工作原理如图 9.1 所示。PPTP 支持通过公共网络（如 Internet）建立按需的、多协议的、虚拟专用网络。PPTP 允许加密 IP 通信，然后在要跨越公司 IP 网络或公共 IP 网络（如 Internet）发送的 IP 头中对其进行封装。

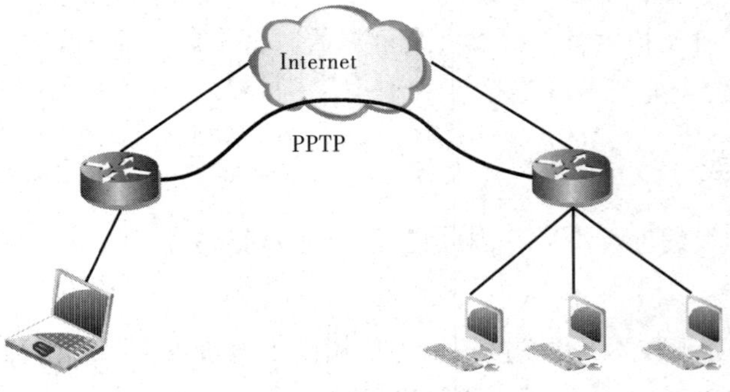

图 9.1　PPTP VPN 工作原理

视频

PPTP VPN 安装

9.1.3 PPTP 的安装和配置

1. PPTP VPN 安装

Linux 系统中 PPTP VPN 的实现需要 PPP 点对点协议（Point-to-Point Protocol）和 PPTPD 服务共同完成。一般情况下多数 Linux 中 PPP 为默认安装，如果没有安装可参考以下方式进行安装。

rpm 命令安装方式：

```
[root@localhost ~]# rpm -ivh ppp-2.4.4-2.el5.x86_64.rpm
```

yum 命令安装方式：

```
[root@localhost ~]# yum install ppp
已加载插件：fastestmirror
Loading mirror speeds from cached hostfile
软件包 ppp-2.4.5-34.el7_7.x86_64 已安装并且是最新版本
无须任何处理
```

CentOS 镜像中没有包含 PPTPD 安装包，可以通过网络获取 RPM 包或者在 yum 源中添加在线源，使用 yum 命令进行安装。

使用 rpm 命令安装 PPTP 的 RPM 包：

```
[root@localhost ~]# rpm -ivh pptpd-1.4.0-1.rhel5.i386.rpm
```

2. PPTP 的配置

PPTP 服务器配置过程涉及三方面的内容，PPTP 配置信息、PPP 组件信息和 iptables 相关配置。

（1）PPTPD 配置文件/etc/pptpd.conf

PPTPD 配置文件的主要参数有以下几项：

```
option /etc/ppp/options.pptpd      #用于指定 PPP 组件将使用的配置文件
localip  10.10.10.10               #用于指定 VPN 服务器的地址
remoteip 10.10.10.1-150            #用于指定 VPN 服务器分配给客户端的 IP 段
```

（2）PPP 组件配置文件：/etc/ppp/options.pptpd

PPTP VPN 的加密和验证都与 PPP 相关，所以 PPTP 的加密和验证选项都将在这个配置文件中进行配置。

```
Auth                        #启用身份验证
name VPNname                #设置的 VPN 服务器名称
refuse-pap                  #拒绝 pap 身份验证
refuse-chap                 #拒绝 chap 身份验证
refuse-mschap               #拒绝 mschap 身份验证
refuse-eap                  #拒绝 eap 身份验证
require-mschap-v2           #接受 mschap-v2 身份验证
require-mppe-128            #要求 128 位 MPPE 加密，还可以是 require-mppe
nomppe-stateful             #无状态，有状态有 mppe-stateful
ms-dns 150.0.1.88           #VPN 服务器的 DNS，存放在/etc/resolv.conf 中
proxyarp                    #启用 ARP 代理，如果分配给客户端的 IP 与内网卡同一个子网
```

（3）用户和密码信息配置文件：/etc/ppp/chap-secrets

连接到 VPN 的用户信息存储在“/etc/ppp/chap-secrets”文件中，该文件由 4 个字段组成，分别是 VPN 用户名称（Client）、VPN 服务器名称（Server）、登录密码（Secret）和允许接入的 IP 地址（IP Addresses）。

```
# Secrets for authentication using CHAP
# client                secret      IP addresses
 username       *       123456      *
```

其中，VPN 服务器的名字须同“/etc/ppp/options.pptpd”文件中指定的服务器名称一致，或者用“*”号来表示自动识别服务器。客户端 IP 地址如果不需要做特别限制可以将其设置为“*”号。

（4）打开内核转发

此处设置 IP 伪装转发，通过 VPN 连接的远程计算机才能互相连通，实现如同局域网那样的共享，用下面的命令进行设置：

```
[root@localhost ~]# vi /etc/sysctl.conf
net.ipv4.ip_forward = 1
```

编辑该文件将 net.ipv4.ip_forward 设置为 1，保存后执行以下命令，打开内核转发功能。

```
[root@localhost ~]# sysctl -p
```

采用以下重定向操作也可以实现相关功能。

```
[root@localhost~]# echo 1> /proc/sys/net/ipv4/ip_forward
```

（5）启动 PPTPD 服务，查看服务状态

```
[root@localhost ~]# systemctl start pptpd
[root@localhost ~]# systemctl status pptpd
   pptpd.service - SYSV: PPTP server
   Loaded: loaded (/etc/rc.d/init.d/pptpd; bad; vendor preset: disabled)
   Active: active (running) since 四 2021-02-25 07:18:50 CST; 16min ago
     Docs: man:systemd-sysv-generator(8)
  Process: 8902 ExecStart=/etc/rc.d/init.d/pptpd start (code=exited, status=0/SUCCESS)
   CGroup: /system.slice/pptpd.service
           └─8909 /usr/sbin/pptpd

2 月 25 07:32:30 localhost.localdomain pppd[9083]: local IP address 192.168.100.100
2 月 25 07:32:30 localhost.localdomain pppd[9083]: remote IP address 192.168.100.1
2 月 25 07:34:30 localhost.localdomain pptpd[9082]: CTRL: Session timed out, ending call
2 月 25 07:34:30 localhost.localdomain pptpd[9082]: CTRL: Reaping child PPP[9083]
2 月 25 07:34:30 localhost.localdomain pppd[9083]: Modem hangup
2 月 25 07:34:30 localhost.localdomain pppd[9083]: Connect time 2.0 minutes.
2 月 25 07:34:30 localhost.localdomain pppd[9083]: Sent 2220893096 bytes, received 0 b....
2 月 25 07:34:30 localhost.localdomain pppd[9083]: MPPE disabled
2 月 25 07:34:30 localhost.localdomain pppd[9083]: Connection terminated.
2 月 25 07:34:30 localhost.localdomain pptpd[9082]: CTRL: Client 192.168.100.1 control...d
Hint: Some lines were ellipsized, use -l to show in full.
```

（6）防火墙设置

VPN 服务的基本目标是建立安全的访问方式，因此，在 VPN 服务器部署完成后，需要通过防火墙的设置实现 VPN 服务的控制。PPTP 本身需要使用相关端口进行通信，所以需要将 Linux 服务器的 1723 端口和 47 端口打开，并打开 GRE 协议，以便允许 VPN 连接。

示例 1：设置 TCP 协议的 1723 端口可以访问。

```
[root@localhost ~]# iptables -I INPUT -p tcp -dport 1723 -j ACCEPT
iptables -I INPUT -p tcp --dport 1723 -j ACCEPT
```

示例 2：设置 TCP 协议的 47 端口可以访问。

```
[root@localhost ~]# iptables -I INPUT -p tcp -dport 47 -j ACCEPT
```

示例 3：设置 gre（通用路由封装）协议可以访问。

```
[root@localhost ~]# iptables -I INPUT -p gre -j ACCEPT
[root@localhost ~]# iptables -A INPUT -i lo -j ACCEPT
[root@localhost ~]# iptables -A  INPUT  -m state --state  ESTABLISHED -j
ACCEPT
[root@localhost ~]# iptables  -A  INPUT  -p icmp -m icmp --icmp-type  8  -j
ACCEPT
[root@localhost ~]# iptables -A INPUT -p tcp --dport 1723 -j ACCEPT
[root@localhost ~]# iptables -A INPUT -p gre -j ACCEPT
```

另一方面，通过防火墙制定相应的约束规则以达到对 VPN 访问的可控制性，即哪些请求可以被 VPN 服务器处理，哪些请求需要被拒绝等，实现更为复杂的安全访问机制。

在 VPN 客户端连接成功以后，本地网络的默认网关会变为 VPN 服务器的 VPN 内网地址，这样会导致客户端只能够连接 VPN 服务器及其所在的内网，而不能访问互联网，因此需要设置防火墙数据包转发功能。

示例 4：设置数据包转发。

```
[root@localhost ~]# iptables -t nat -A POSTROUTING -s 192.168.0.0/24 -j SNAT
-to 10.10.45.80
```

9.2 项目实施

如图 9.2 所示，总部服务器 IP 地址为 10.10.200.0/24，使用安装了 iptables 防火墙的 Linux 作为服务器，在这台服务器上安装 PPTP VPN 服务，外地办事处通过 PPTP VPN 与其实现点到点的 VPN 连接，外地办事处的网络 IP 地址为 192.168.188.1/24。双方都已接入因特网。

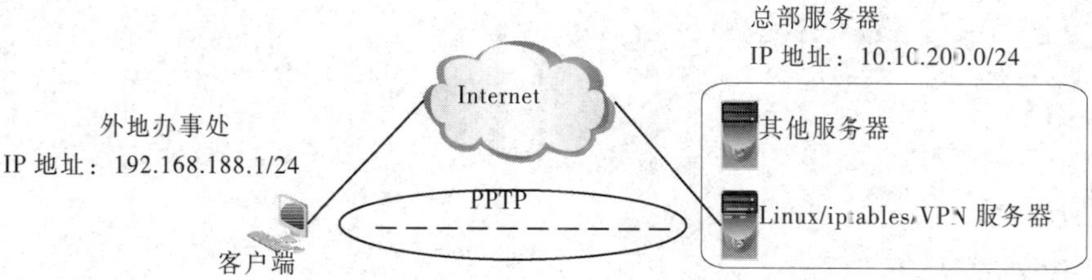

图 9.2　项目拓扑结构图

由于本项目实施拓扑结构在虚拟机环境下实现较为复杂，因此对上面实际的环境进行简化通过虚拟机环境下实现 VPN 的配置与验证。

9.2.1 PPTP VPN 的配置

视频

PPTP 案例配置

1. 软件安装

PPP 与 PPTP 等软件包的安装内容与安装过程可参照 9.1 节。

2. 基本网络参数设置

① 虚拟机中的 Linux 系统 ens33 的 IP 地址设置为 192.168.188.134，模拟该服务器的外网 IP 地址，新建 ens33:1 的 IP 地址为 10.10.200.1，模拟内网 IP。具体命令如下：

```
[root@localhost ~]# ip addr add 192.168.188.134/24 dev ens33
[root@localhost ~]# ip addr add 10.10.200.1/24 dev ens33 lable ens33: 1
```

② 配置 eth0、eth1：

```
[root@localhost ~]# ip addr add 192.168.188.134/24 dev ens33
[root@localhost ~]# ip addr add 10.10.200.1/24 dev ens33 lable ens33: 1
```

3. 配置相关文件

① 配置 PPTPD 的主配置文件/etc/pptpd.conf，需要指定 PPP 组件的配置文件名为"/etc/ppp/options.pptpd"，VPN 服务器的 IP 地址为 192.168.188.134 ，以及客户端的 IP 地址段 192.168.188.1-100。参考配置文件内容如下：

```
option /etc/ppp/options.pptpd
localip 192.168.188.134
remoteip 192.168.188.1-100
```

② 配置 PPP 组件的配置文件：/etc/ppp/options.pptpd，确认以下选项都启用。

```
Auth
name LinVPN
refuse-pap
refuse-chap
refuse-mschap
refuse-eap
require-mschap-v2
require-mppe-128
nomppe-stateful
ms-dns 192.168.188.134
proxyarp
logfile /var/log/pptpd.log
```

③ 在"/etc/ppp/chap-secrets"文件中配置连接到 VPN 服务器的用户和密码信息：

```
# Secrets for authentication using CHAP
# client           server      secret          IP addresses
  vuser01          *           123456          *
  vuser02          *           123456          *
```

4. 设置防火墙

① 开启 IP 转发功能：

```
[root@localhost ~]# vi /etc/sysctl.conf
net.ipv4.ip_forward = 1
```

② 打开 TCP 协议的 1723 和 47 端口。

```
[root@localhost ~]# iptables -I INPUT -p tcp -dport 1723 -j ACCEPT
[root@localhost ~]# iptables -I INPUT -p tcp -dport 47 -j ACCEPT
```

③ 打开 gre 协议访问权限。

```
[root@localhost ~]# iptables -I INPUT -p gre -j ACCEPT
```

④ 设置共享 IP、NAT 表预路由。

```
[root@localhost ~]# iptables -t nat -A POSTROUTING -s 192.168.188.0/24 -o ens33 -j MASQUERADE
```

⑤ 保存并重启防火墙。

```
[root@localhost ~]# iptables-save > /etc/sysconfig/iptables
[root@localhost ~]# service iptables restart
```

⑥ 重启 PPTPD 服务。

```
[root@localhost ~]# pptpd restart-kill
```

9.2.2 VPN 的使用

以下在 Windows 10 中进行测试。

① 在“系统”选项中打开“设置”并单击“网络和 Internet”，如图 9.3 所示，在打开的“网络和 Internet”窗口中单击“添加 VPN 连接”按钮，如图 9.4 所示。

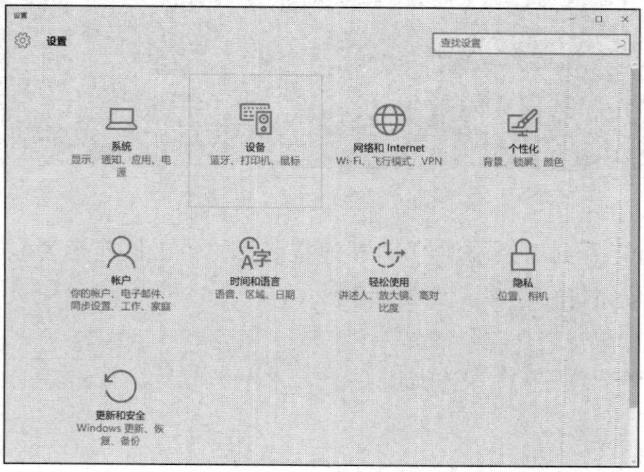

图 9.3 Windows 设置窗口

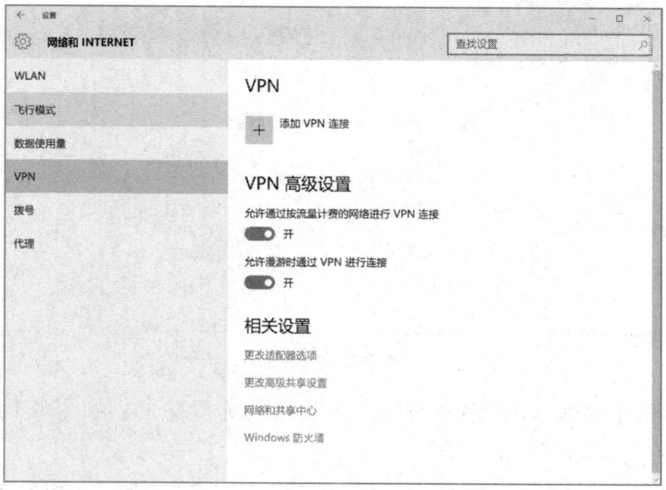

图 9.4 “网络和 Internet”窗口

② 在“添加 VPN 连接”窗口中将 VPN 提供商设置为“Windows（内置）”，服务器名称或地址设为刚才创建的 VPN 服务器的 IP 地址，VPN 类型选择“点对点隧道协议（PPTP）”，登录信息的类型设置为“用户名和密码”，如图 9.5 所示。

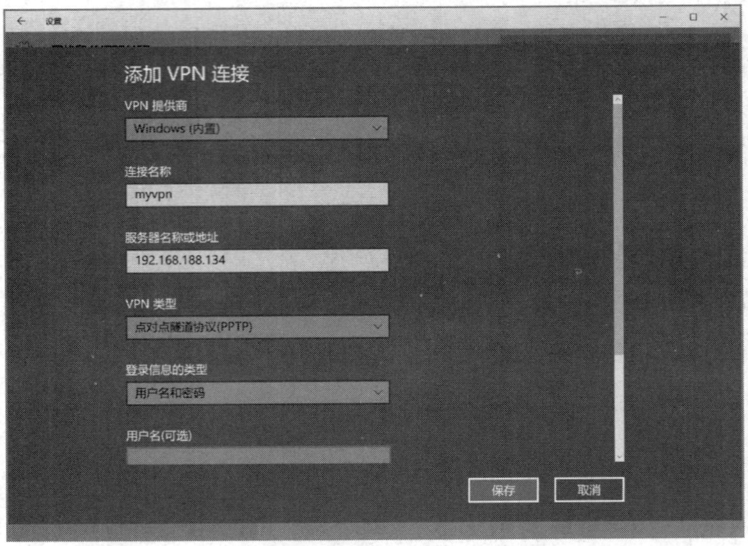

图 9.5　添加 VPN 连接

③ 添加完成后可以看到已经添加的 VPN 连接名称，单击该连接名称后，会出现“连接”按钮，单击“连接”按钮进行连接，如图 9.6 所示。

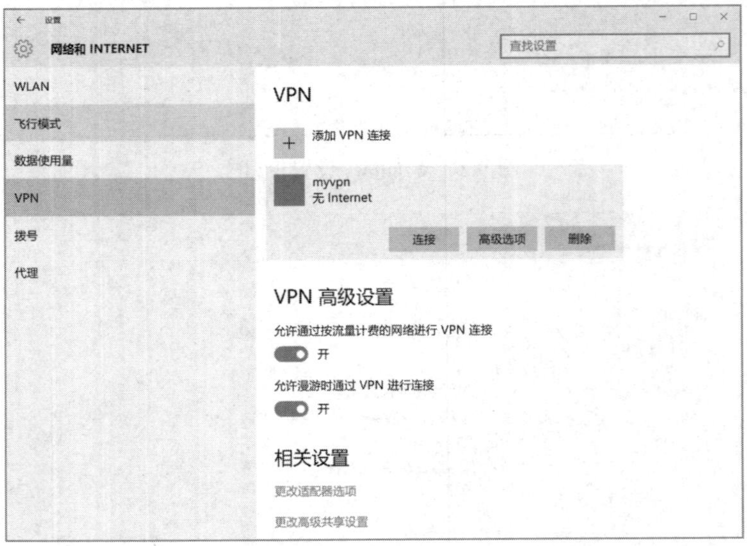

图 9.6　创建完成的 VPN 连接

④ 在登录对话框中输入 VPN 用户的用户名和密码进行登录，如图 9.7 所示。登录成功后会显示“已连接”信息，如图 9.8 所示。

⑤ 在“网络和共享中心”窗口的基本网络信息中可以看到刚才连接的 VPN 已经在网络连接列表中出现，如图 9.9 所示。

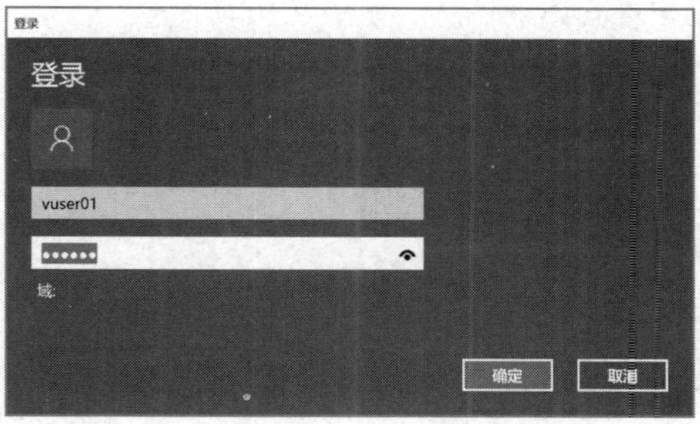

图 9.7 登录 VPN 窗口

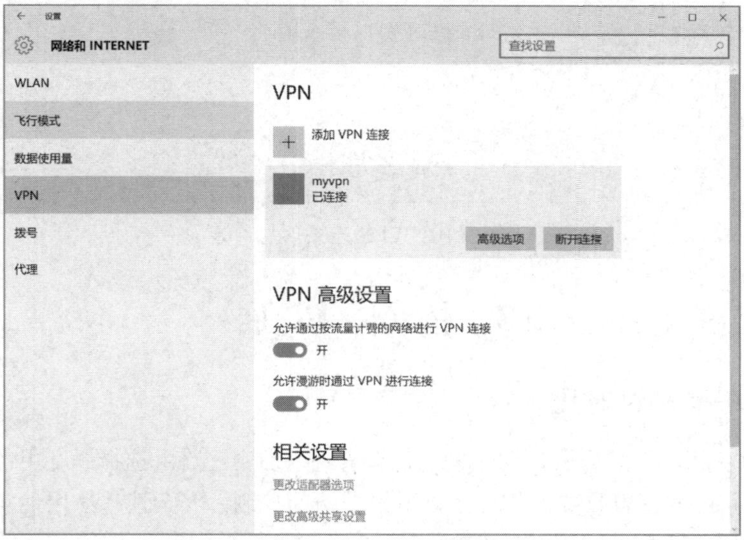

图 9.8 登录 VPN 成功

图 9.9 查看活动网络

⑥ 单击该连接后可以查看其详细信息，如图 9.10 所示。

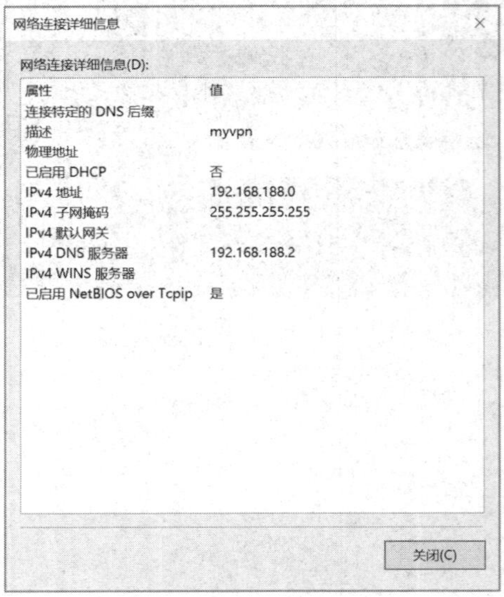

图 9.10　VPN 连接信息

9.3 技术拓展

9.3.1　几种 VPN 协议对比

VPN 技术的发展已经融合了访问控制、传输管理、加密、路由选择、可用性管理等多种功能，信息安全体系中发挥着重要的作用。以下根据访问控制、安全性、易用性与可扩展等各方面进行比较，为用户选择不同种类的 VPN 提供参考，如表 9.1 所示。

表 9.1　几种 VPN 的比较

类　型	名　　称	加密方式或协议	复 杂 度	安 全 性	应用兼容性
PPTP	点对点信道协议	MPPE（微软点对点加密协议）	一般	一般	一般
L2TP	第二层通道协议	MPPE、IPSec	一般	一般	可以直接在各种 WAN 媒介上使用
IPSec	安全 IP（IPSec）隧道模式	ESP 协议	复杂	高	具备广泛的兼容性，厂商的支持最多
SSTP	基于 SSL 的 VPN	SSL 加密	一般	高	通过浏览器访问网络上特定应用程序而不是整个网络

9.3.2　PPTP VPN 搭建配置过程中常见问题

对于核心版本较低的 Linux 系统实现 PPTP VPN 时还需要安装动态内核加载模块（dkms）和升级对微软点对点加密协议 MPPE（Microsoft Point to Point Encryption）的支持。

示例 5：安装 dkms。

```
[root@localhost ~]# rpm -ivh dkms-2.0.17.5-1.noarch.rpm
```

升级 PPP 对 MPPE：如果 PPP 不支持 MPPE，可通过以下命令查询。

```
[root@localhost ~]# strings '/usr/sbin/pppd'|grep -I mppe|wc -l
42
```

如果结果显示 0，则表示 PPP 不支持 MPPE；如果大于 30，则表示支持。如果不支持则需要更新系统的 PPP，可采用以下更新命令：

```
[root@localhost ~]# rpm -Uvh ppp-2.4.4-2.el5.rpm
```

小　结

本项目对 Linux VPN 配置与管理进行了介绍，首先简单介绍了 VPN 的种类及 PPTP 协议，然后介绍了 PPTP 的安装和配置，最后介绍了如何在 Linux 服务器上安装与配置 VPN 服务器，以及 VPN 服务器的使用方法。

练　习

为企业搭建 VPN 服务，总公司内部网络 192.168.10.0/24，在虚拟机上安装 PPTP VPN 服务，分公司与总公司通过 PPTP VPN 进行连接，分公司网络 192.168.20.0/24。在连接完成后进行访问测试。

项目10

邮件服务器配置与管理

企业电子邮箱是企业规模不断发展、业务不断拓宽过程中的一项重要资源。企业商务活动中对电子邮件的依赖性很强，因此拥有企业自己的邮件系统是企业发展到一定阶段必不可少的信息服务项目。企业可以通过购买商业邮件服务，也可以通过自己搭建邮件系统来实现此项服务。

10.1 技术准备

邮件服务是目前互联网上主要的信息服务之一，诸多网络操作系统都提供对邮件服务的支持。Linux 系统一直有着很好的邮件服务器来支持和实现此项服务。

10.1.1 邮件服务的工作原理

1. 邮件服务系统

（1）电子邮件地址

电子邮件在使用过程中，用户通过邮件地址彼此确认对方并进行通信。电子邮件由两部分组成：第一部分标识用户的邮箱；第二部分标识计算机。通过@将两部分连接在一起，如 zhangsan@123.com。

（2）电子邮件系统组成

电子邮件系统由邮件用户代理（客户端应用程序）、邮件服务器、邮件检索代理等三部分组成。

① 邮件用户代理（Mail User Agent，MUA）：用于接收邮件服务器上的电子邮件，以及提供用户浏览和编写邮件的功能，即通常所说的邮件客户端应用程序。常见的邮件 MUA 软件有 MS Outlook Express（Outlook）、Foxmail、Thunderbird 等。

② 邮件服务器也称邮件传输代理（Mail Transfer Agent，MTA），用于收取信件。在接收邮件时使用简单邮件传输协议（Simple Mail Transfer Protocol，SMTP）。提供 MTA 功能的常见的软件有 Sendmail、Postfix、Qmail，以及 Windows 平台下的 Exchange。在 MTA 中邮件投递转发功能由邮件投递代理（Mail Delivery Agent，MDA）实现。

③ 邮件检索代理（Mail Retrieval Agent，MRA），通过 POP3 或者 IMAP4 协议来收取邮件。

（3）POP3 的收信方式

MUA（邮件客户端软件）通过邮政服务协议（Post Office Protocol version 3，POP3）连接到

MRA 的 110 端口，并提供账号和密码用于获得授权。MRA 确认账号和密码后从用户的邮箱获取邮件，并传递给 MUA 软件，当所有的信件传送完毕后，用户邮箱（Mailbox）内的数据会被清空。

（4）IMAP4 的收信方式

IMAP4 的收信方式与 POP3 的收信方式相同点是需要账号和密码获取授权；不同点在于取回邮件后，在服务器上保存在账号相应的目录下。常见的 MRA 有 cyrus-imap、Dovecot。

2. 工作原理

① 发件人通过用户代理 MUA 编写电子邮件，通过 SMTP 协议将邮件发送给邮件服务器。

② SMTP 服务器收到客户端发送来的邮件，将其放到邮件缓冲队列中，等待发送到接收方的服务器中。

③ 发送服务器的 SMTP 客户端与接收服务器的 SMTP 服务器建立 TCP 连接，然后把缓冲队列中的邮件发送到目的服务器。

④ 运行在接收方服务器的 SMTP 服务器进程收到邮件后，把邮件发到收件人信箱，等待读取。

⑤ 收件人通过客户端软件，使用 POP3（IMAP）协议读取邮件。

邮件服务工作过程如图 10.1 所示。

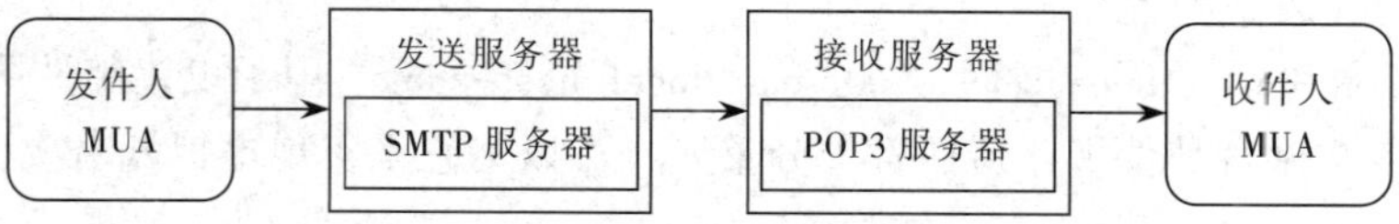

图 10.1 邮件服务工作过程

10.1.2 Sendmail 服务器

Sendmail 是 Linux（或 UNIX）系统中性能稳定、使用普遍的邮件服务器。Sendmail 服务器可以实现基本的邮件转发功能，如果配合 Dovecot 服务器对 POP3 协议的支持，则可以实现用户对邮件的收取功能。

1. Sendmail 服务器的安装与配置

（1）DNS 服务设置

邮件服务器的正常工作需要 DNS 服务器的支持，即邮件服务器在工作过程中需要通过 DNS 服务器对其进行域名解析。虽然邮件服务器可以通过 IP 地址访问，但通过域名访问更加方便。因此，在 DNS 服务搭建完成的基础上在 DNS 服务器中需要添加对应的 MX 记录。

示例 1：DNS 服务器正向区域文件中添加 MX 记录。

```
@           IN    MX    1           mail.example.com.
mail        IN    A     192.168.1.100
```

示例 2：DNS 服务器反向解析区域文件中添加记录。

```
100       IN       PTR     mail.example.com.
```

（2）Sendmail 的安装

Sendmail 服务器在 CentOS 系统不同的安装模式中并非每一种模式都作为默认服务进行安装。在安装 Sendmail 软件包时，可以将 sendmail-cf 一同安装，sendmail-cf 为服务器在配置过

视频

邮件服务器的安装与配置

程中配置文件的相应模板文件。

```
[root@localhost ~]# yum install -y sendmail sendmail-cf
已加载插件: fastestmirror
Loading mirror speeds from cached hostfile
Centos                                                    | 3.6 kB  00:00:00
正在解决依赖关系
--> 正在检查事务
---> 软件包 sendmail.x86_64.0.8.14.7-6.el7 将被 安装
--> 正在处理依赖关系 procmail，它被软件包 sendmail-8.14.7-6.el7.x86_64 需要
......
已安装:
  sendmail.x86_64 0:8.14.7-6.el7   sendmail-cf.noarch 0:8.14.7-6.el7

作为依赖被安装:
  cyrus-sasl.x86_64   0:2.1.26-23.el7        hesiod.x86_64   0:3.2.1-3.el7
m4.x86_64 0:1.4.16-10.el7
  procmail.x86_64 0:3.22-36.el7_4.1

完毕!
```

安装完成后，可以看到安装了 m4 软件包，该包提供配置 Sendmail 服务器必需的工具程序。

（3）Sendmail 服务配置

① 设置 local-host-names 文件："/etc/mail/local-host-name" 用于设置邮件服务器提供邮件服务的域名。该文件对邮件服务器而言十分重要，可以用它来实现虚拟域名或多域名支持。

示例 3：设置 local-host-names 文件。

```
[root@localhost ~]# vi /etc/mail/local-host-names
example.com
# local-host-names - include all aliases for your machine here.
~
```

② 开启 Sendmail 服务器的网络接口。Sendmail 配置文件为 sendmain.cf，由于该文件非常复杂，往往通过配置 sendmail.mc 后由其生成 sendmail.cf 文件。

Sendmail 默认只对 lo 网络接口（IP 地址为 127.0.0.1）提供服务，这样做的目的是从安全角度考虑。实际应用中往往需要对所有网络接口提供服务，因此需要在 sendmail.mc 文件中将原有的 127.0.0.1 网络接口修改为 0.0.0.0。

示例 4：开放服务器的网络接口。

- 编辑 sendmail.mc 文件。

```
[root@localhost Server]# vi /etc/mail/sendmail.mc
```

- 配置文件原来设置。

```
DAEMON_OPTIONS('Port=smtp,Addr=127.0.0.1, Name=MTA')dnl
```

- 修改后的设置。

```
DAEMON_OPTIONS('Port=smtp,Addr=0.0.0.0, Name=MTA')dnl
```

③ 开启 SMTP 用户认证功能：默认配置不支持 SMTP 用户认证，开启该项认证后用户需要提供用户账户和密码进行身份认证，通过身份认证后的用户才能通过邮件服务器向外部发送邮

件。将 TRUST_AUTH_MECH('EXTERNAL DIGEST-MD5 CRAM-MD5 LOGIN PLAIN')前面的 dnl 以及空格去掉即可。

示例 5：开启 SMTP 用户认证功能。

- 配置文件原来设置。

```
dnl TRUST_AUTH_MECH('EXTERNAL DIGEST-MD5 CRAM-MD5 LOGIN PLAIN')dnl
```

- 修改后的设置。

```
TRUST_AUTH_MECH('EXTERNAL DIGEST-MD5 CRAM-MD5 LOGIN PLAIN')dnl
```

④ 生成 sendmail.cf 文件：

在修改 sendmail.mc 文件后，使用 m4 工具生成 sendmail.cf 文件。进入“/etc/mail”目录，然后使用 m4 sendmail.mc > sendmail.cf 生成 sendmail.cf 文件。

示例 6：生成 sendmail.cf 文件。

```
[root@localhost Server]# cd /etc/mail
[root@localhost mail]# m4 sendmail.mc>sendmail.cf
```

⑤ 启动邮件服务：启动 Sendmail 服务，使修改后的 sendmial.cf 配置生效。

示例 7：重启 Sendmail 服务。

```
[root@localhost ~]# systemctl start sendmail
```

⑥ 启动 saslauthd 服务：Sendmail 服务器的认证功能需要 Saslauthd 服务程序支持，因此在启动 Sendmail 服务后必须确保 saslauthd 服务也处在运行状态。如果没有启动，参照以下命令启动该服务。

```
[root@localhost ~]# systemctl start saslauthd
[root@localhost ~]# systemctl status saslauthd
saslauthd.service - SASL authentication daemon.
   Loaded: loaded (/usr/lib/systemd/system/saslauthd.service; disabled; vendor preset: disabled)
   Active: active (running) since 二 2021-05-11 14:51:31 CST; 3s ago
  Process: 10627 ExecStart=/usr/sbin/saslauthd -m SSOCKETDIR -a $MECH $FLAGS (code=exited, status=0/SUCCESS)
 Main PID: 10628 (saslauthd)
    Tasks: 5
   CGroup: /system.slice/saslauthd.service
           ├─10628 /usr/sbin/saslauthd -m /run/saslauthd -a pam
           ├─10629 /usr/sbin/saslauthd -m /run/saslauthd -a pam
           ├─10630 /usr/sbin/saslauthd -m /run/saslauthd -a pam
           ├─10631 /usr/sbin/saslauthd -m /run/saslauthd -a pam
           └─10632 /usr/sbin/saslauthd -m /run/saslauthd -a pam
```

⑦ 设置邮件用户账户。

Sendmail 服务器在账户管理时需要使用 Linux 系统中的用户账户作为邮件账户，因此可以通过组群管理用户。邮件账户可以采用非登录用户，减少由此带来的不安全性。

示例 8：创建邮件用户组群和邮件用户。

```
[root@localhost mail]# groupadd mailgrp
[root@localhost mail]# adduser -g mailgrp -s /sbin/nologin mailuser01
[root@localhost mail]# adduser -g mailgrp -s /sbin/nologin mailuser02
```

```
[root@localhost mail]# passwd mailuser01
Changing password for user mailuser01.
New UNIX password:
BAD PASSWORD: it is too simplistic/systematic
Retype new UNIX password:
passwd: all authentication tokens updated successfully.
[root@localhost mail]# passwd mailuser02
Changing password for user mailuser02.
New UNIX password:
BAD PASSWORD: it is too simplistic/systematic
Retype new UNIX password:
passwd: all authentication tokens updated successfully.
```

2. Dovecot 服务器的安装与配置

Sendmail 服务器并不为 MUA 软件提供收取邮件的功能，因此系统中需要单独安装实现 POP3 或 IMAP4 功能的服务器程序。Dovecot 是近些年很受欢迎的一款优秀 IMAP/POP 服务器，用于接收外界发送到本机的邮件。Dovecot 借助 MySQL 数据库实现对用户身份的验证。

（1）安装 MySQL 和 Dovecot

Dovecot 的认证需要 MySQL 的支持，因此在安装之前需先保证 MySQL 安装。CentOS 默认数据库为 MariaDB，可以参考前面章节安装方法安装 MariaDB。如果安装 MySQL，可以参照如下示例进行操作。

示例 9：安装 MySQL（可能需要安装 perl 和 perl-DBI）。

```
[root@localhost Server]# rpm -ivh perl-5.8.8-32.el5_5.2.x86_64.rpm
[root@localhost Server]# rpm -ivh perl-DBI-1.52-2.el5.x86_64.rpm
[root@localhost Server]# rpm -ivh mysql-5.0.77-4.el5_5.4.x86_64.rpm
warning: mysql-5.0.77-4.el5_5.4.x86_64.rpm: Header V3 DSA signature: NOKEY,
key ID 37017186
Preparing...          ########################################### [100%]
   1:mysql            ########################################### [100%]
[root@localhost Server]# rpm -ivh perl-DBD-MySQL-3.0007-2.el5.x86_64.rpm
warning: perl-DBD-MySQL-3.0007-2.el5.x86_64.rpm: Header V3 DSA signature:
NOKEY, key ID 37017186
Preparing...          ########################################### [100%]
   1:perl-DBD-MySQL ########################################### [100%]
[root@localhost Server]# rpm -ivh mysql-server-5.0.77-4.el5_5.4.x86_64.rpm
warning: mysql-server-5.0.77-4.el5_5.4.x86_64.rpm: Header V3 DSA signature:
NOKEY, key ID 37017186
Preparing...          ########################################### [100%]
   1:mysql-server     ########################################### [100%]
[root@localhost Server]# service mysqld start
初始化 MySQL 数据库: Installing MySQL system tables...
OK
Filling help tables...
OK
To start mysqld at boot time you have to copy
support-files/mysql.server to the right place for your system
PLEASE REMEMBER TO SET A PASSWORD FOR THE MySQL root USER !
```

```
To do so, start the server, then issue the following commands:
/usr/bin/mysqladmin -u root password 'new-password'
/usr/bin/mysqladmin -u root -h localhost.localdomain password 'new-password'
Alternatively you can run:
/usr/bin/mysql_secure_installation
which will also give you the option of removing the test
databases and anonymous user created by default.  This is
strongly recommended for production servers.
See the manual for more instructions.
You can start the MySQL daemon with:
cd /usr ; /usr/bin/mysqld_safe &
You can test the MySQL daemon with mysql-test-run.pl
cd mysql-test ; perl mysql-test-run.pl
Please report any problems with the /usr/bin/mysqlbug script!
The latest information about MySQL is available on the web at
http://www.mysql.com
Support MySQL by buying support/licenses at http://shop.mysql.com
                                                          [确定]

启动 MySQL:                                               [确定]
```

示例 10：安装 Dovecot。

```
[root@localhost ~]# yum -y install dovecot
已加载插件: fastestmirror
Loading mirror speeds from cached hostfile
正在解决依赖关系
--> 正在检查事务
---> 软件包 dovecot.x86_64.1.2.2.36-8.el7 将被 安装
--> 正在处理依赖关系 portreserve，它被软件包 1:dovecot-2.2.36-8.el7.x86_64 需要
--> 正在处理依赖关系 libclucene-shared.so.1()(64bit)，它被软件包 1:dovecot-2.2.36-8.el7.x86_64 需要
--> 正在处理依赖关系 libclucene-core.so.1()(64bit)，它被软件包 1:dovecot-2.2.36-8.el7.x86_64 需要
--> 正在检查事务
---> 软件包 clucene-core.x86_64.0.2.3.3.4-11.el7 将被 安装
---> 软件包 portreserve.x86_64.0.0.0.5-11.el7 将被 安装
--> 解决依赖关系完成

依赖关系解决
......
已安装:
  dovecot.x86_64 1:2.2.36-8.el7

作为依赖被安装:
  clucene-core.x86_64 0:2.3.3.4-11.el7   portreserve.x86_64 0:0.0.5-11.el7

完毕!
```

（2）Dovecot 配置

安装好 Dovecot 软件包之后，需要设置其配置文件 dovecot.conf 文件。Dovecot 配置较简单，只需添加对 imaps、pop3、pop3s 的支持即可，Dovecot 默认只支持 imap。

示例 11：添加对 imaps、pop3、pop3s 的支持。

```
[root@localhost mail]# vi /etc/dovecot.conf
Protocols = imap imaps pop3 pop3s
```

示例 12：重启 Dovecot 服务。

```
[root@localhost mail]# service dovecot restart
关闭 Dovecot Imap:                                      [确定]
启动 Dovecot Imap:                                      [确定]
[root@localhost ~]# systemctl start dovecot
```

视频

项目实施-邮件服务器的配置

10.2 项目实施

在企业 DNS 服务器搭建完成后，安装和部署企业邮件服务器，要求在 DNS 服务中添加对邮件服务器的支持，安装和配置邮件服务器，能够通过邮件客户端软件进行邮件的收发。

10.2.1 DNS 服务器配置解析 MX 记录

邮件服务器需要 DNS 服务器为其提供域名解析功能，因此需要在 DNS 相关配置中添加对邮件服务器的支持。其中加粗部分为新添加内容。

① 正向解析文件：

```
 [root@localhost ~]# vi /var/named/hongyi.zone
$TTL    86400
@           IN SOA  dns.hongyi.net.  root.localhost (
                            42              ; serial (d. adams)
                            3H              ; refresh
                            15M             ; retry
                            1W              ; expiry
                            1D )             ; minimum
@           IN NS      dns.hongyi.net.
@           IN MX   1  mail.hongyi.net.
dns         IN A       192.168.1.106
www         IN A       192.168.1.106
oa          IN A       192.168.1.107
crm         IN A       192.168.1.107
sale        IN A       192.168.1.107
```

② 反向解析文件：

```
 [root@localhost ~]# vi /var/named/192.168.1.zone
$TTL    86400
@       IN      SOA    dns.hongyi.net. root.localhost.  (
                                1997022700 ; Serial
                                28800     ; Refresh
                                14400     ; Retry
                                3600000   ; Expire
                                86400 )   ; Minimum
          IN      NS      hongyi.net.
106      IN      PTR     dns.hongyi.net.
106      IN      PTR     mail.hongyi.net.
```

```
106      IN     PTR    www.hongyi.net.
107      IN     PTR    oa.hongyi.net.
107      IN     PTR    crm.hongyi.net.
107      IN     PTR    sale.hongyi.net.
```

10.2.2 配置 Sendmail 服务

1. 配置 Sendmail 服务

（1）设置 local-host-names 文件

```
[root@localhost ~]# vi /etc/mail/local-host-names
hongyi.net
```

（2）配置 sendmail.mc

```
[root@localhost Server]# vi /etc/mail/sendmail.mc
DAEMON_OPTIONS(`Port=smtp,Addr=0.0.0.0, Name=MTA')dnl
…
TRUST_AUTH_MECH(`EXTERNAL DIGEST-MD5 CRAM-MD5 LOGIN PLAIN')dnl
```

生成 sendmail.cf 文件：

```
[root@localhost Server]# cd /etc/mail
[root@localhost mail]# m4 sendmail.mc>sendmail.cf
```

（3）启动 Sendmail 服务

```
[root@localhost]# systemctl restart sendmail
```

（4）启动 Saslauthd 服务

```
[root@localhost]# systemctl start saslauthd
```

（5）设置邮件用户账户

此步省略，沿用前面示例中用户即可。

2. Dovecot 服务配置

安装 MySQL 和 Dovecot，安装过程参照前面内容，确保 MySQL 正常启动。

```
[root@localhost mail]# vi /etc/dovecot.conf
Protocols = imap imaps pop3 pop3s
```

重启 Dovecot 服务：

```
[root@localhost]# systemctl restart dovecot
```

10.2.3 客户端验证

测试在 Windows 中进行，首先确保 Windows 虚拟机与 Linux 虚拟机在同一个网络中，彼此通信正常。值得注意的是，在 Linux 中需要在防火墙及 SELinux 设置将 DNS、邮件服务等放行，否则测试过程中会出现无法访问主机的情况。

① 为了简化操作，可以将防火墙和 SELinux 禁用。

```
[root@localhost ~]# setenforce 0
```

② 在 Windows 的 Outlook 中创建电子邮件账号，显示名为 mailuser01，如图 10.2 所示。

③ 在电子邮件地址栏中输入电子邮件 mailuser01@hongyi.net，然后单击“下一步”按钮，如图 10.3 所示。

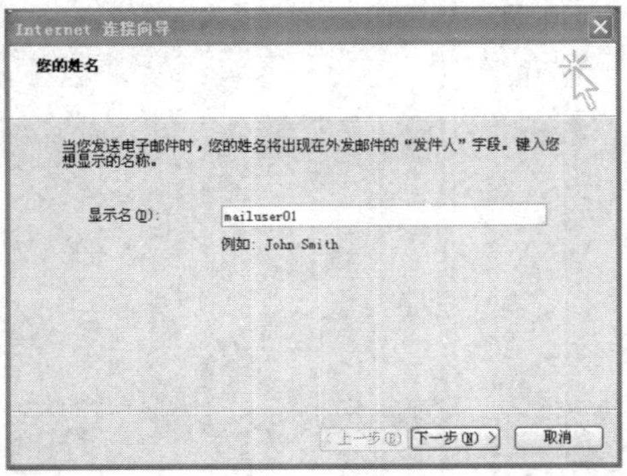

图 10.2　输入显示名

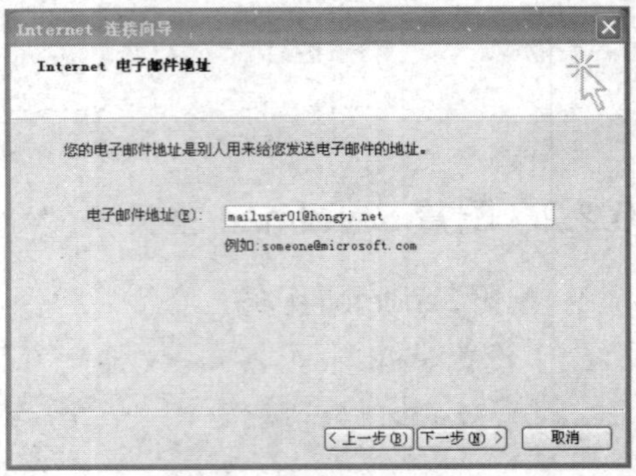

图 10.3　输入电子邮件地址

④ 输入 POP3 服务器地址和 SMTP 服务器地址 mail.hongyi.net，如图 10.4 所示。

⑤ 添加账户名和密码，如图 10.5 所示。

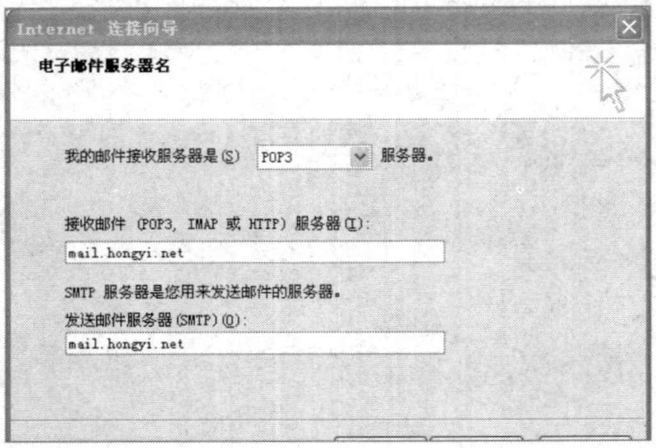

图 10.4　添加 POP3 和 SMTP 服务器

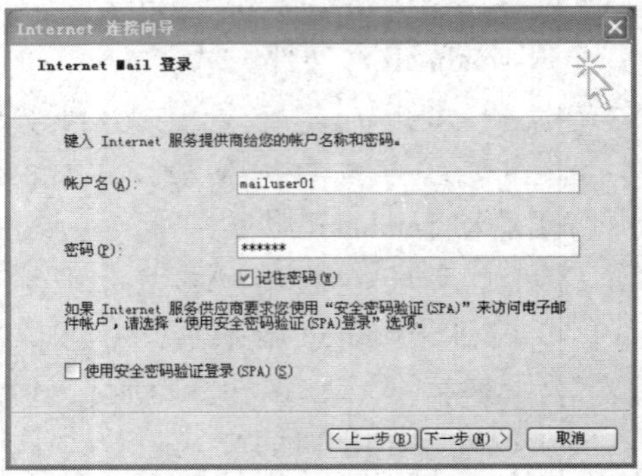

图 10.5　输入账户名和密码

⑥ 用同样的方式创建另一个测试用户 mailuser02，如图 10.6 所示。

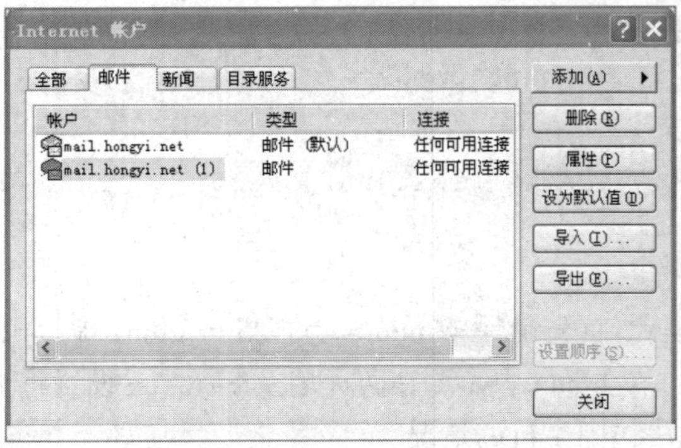

图 10.6　邮件账户列表

⑦ 在 Outlook Express 中单击"创建邮件"按钮（见图 10.7），打开"邮件测试"窗口，如图 10.8 所示。

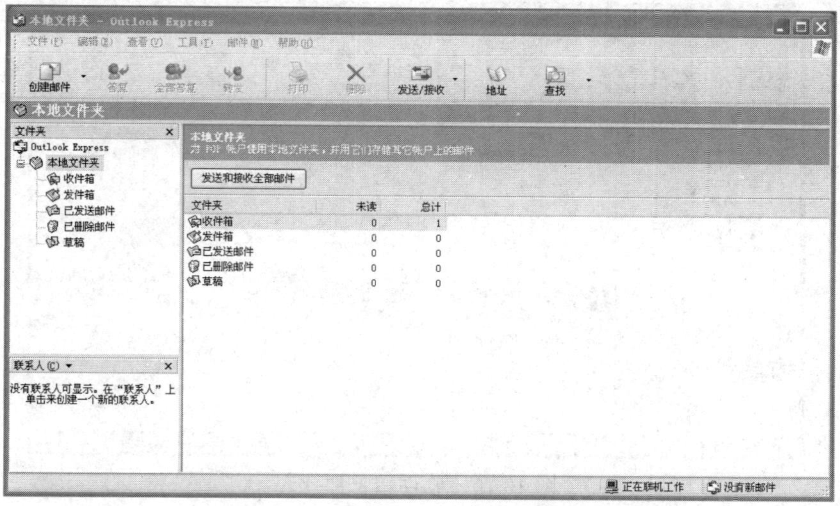

图 10.7 Outlook 界面

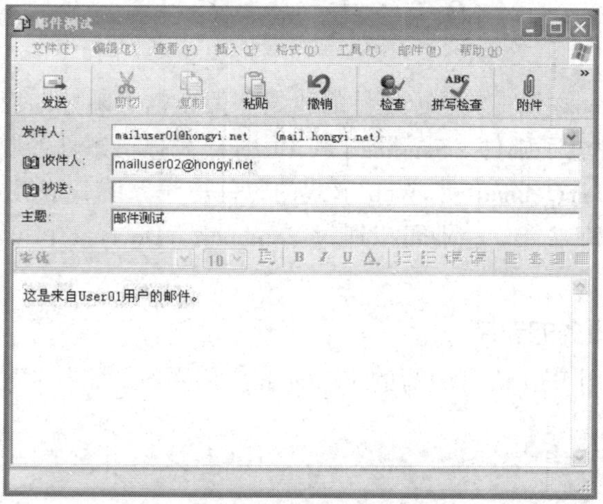

图 10.8 编辑邮件

⑧ 编写完邮件后，单击“发送”按钮，发送邮件，如图 10.9 所示。

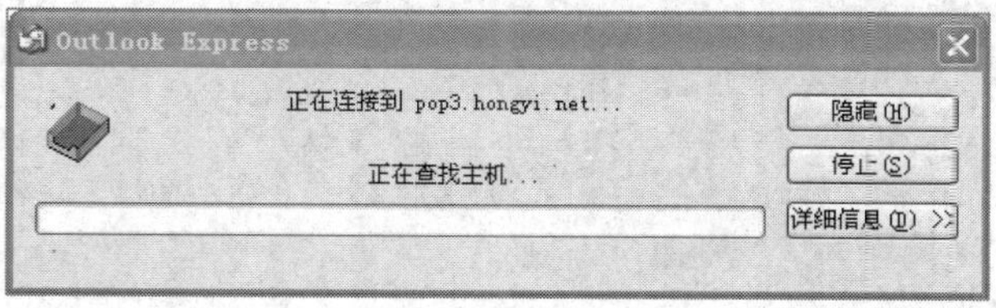

图 10.9 邮件发送

由于两个账号同时使用 Outlook，因此，在 Outlook 的收件箱里可以看到刚才发送的邮件，如图 10.10 所示。

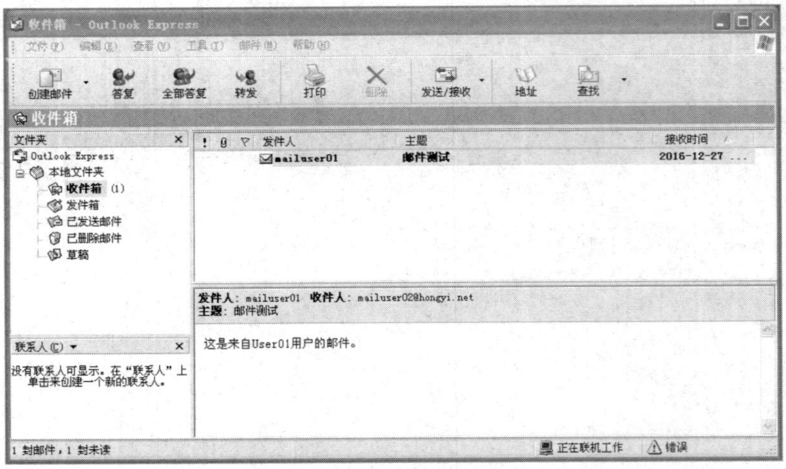

图 10.10 收件箱邮件列表

10.3 技 术 拓 展

虽然前面通过 Outlook 实现了电子邮件的收发，但在电子邮件的应用中，我们已经习惯通过 Web 方式使用和管理电子邮件。Sendmail 和 Dovecot 只提供邮件的收发功能，却不能提供管理邮件的相关界面。OpenWebmail 是 Web 形式的邮件应用系统，能够为用户提供 Web 方式对邮件的发送、收取和管理功能。企业可以通过 Sendmail、Dovecot 和 OpenWebmail 构建出功能完善的邮件应用系统。

1. OpenWebmail 服务的安装

OpenWebmail 是使用 Perl 语言编写的 Webmail 应用系统，因此在安装时需要 Perl 语言的相关支持。

```
    [root@localhost  Server]#  rpm  -ivh  perl-suidperl-5.8.8-32.el5_5.2.x86_64.rpm
    [root@localhost]# rpm -ivh perl-Text-Iconv-1.7-2.el5.i386.rpm
    [root@localhost opm]# rpm -ivh perl-CGI-SpeedyCGI-2.21-RH9.i386.rpm
    [root@localhost opm]# rpm -ivh openwebmail-*.rpm
    warning: openwebmail-2.53-3.i386.rpm: Header V3 DSA signature: NOKEY, key ID cfb164d8
    Preparing...          ########################################### [100%]
      1:openwebmail-data ########################################### [ 50%]
      2:openwebmail       ########################################### [100%]
    See post install instruction at:
    /usr/share/doc/openwebmail-2.53/openwebmail-post.txt
```

既然是 Web 方式提供服务，就需要 Web 服务器支持，因此需要安装 Apache 服务器。Apache 服务器的安装参见项目 8。

2. 配置 Openwebmail

Openwebmail 的配置文件为 openwebmail.conf，用 vi 编辑器打开进行编辑。

```
    [root@localhost]# vi /var/www/cgi-bin/openwebmail/etc/openwebmail.conf
```

主要修改以下内容：

```
enable_pop3 yes
```

修改为：

```
enable_pop3 no
```

以下相关设置用于实现中文化：

```
default_language  en
default_iconset   Cool3D.English
```

修改为：

```
default_language  zh_CN
default_iconset   Cool3D.Chinese.Simplified
```

设置 webdisk 根路径：

```
webdisk_rootpath   /webdisk
```

修改为：

```
webdisk_rootpath   /
```

修改 dbm.conf 文件：

```
vi /var/www/cgi-bin/openwebmail/etc/defaults/dbm.conf
dbm_ext          .db
dbmopen_ext      .db
dbmopen_haslock no
```

3. 启动服务

① Openwebmail 需要进行初始化：

```
[root@localhost openwebmail]# /var/www/cgi-bin/openwebmail/openwebmail-tool.pl --init
creating db /var/www/cgi-bin/openwebmail/etc/maps/b2g ...done.
creating db /var/www/cgi-bin/openwebmail/etc/maps/g2b ...done.
creating db /var/www/cgi-bin/openwebmail/etc/maps/lunar ...done.
Creating UTF-8 locales...
langconv ar_AE.CP1256 -> ar_AE.UTF-8
```

② 重启 httpd 服务：

```
[root@localhost openwebmail]# service httpd restart
```

至此配置完成 Openwebmail，在浏览器地址栏中输入地址 http://mail.hongyi.net/cgi-bin/openwebmail/openwebmail.pl 就可以通过 Web 页面收发邮件。

小　　结

本项目主要介绍了 Linux 系统下邮件服务器的工作原理、安装、配置与应用，重点讲解了 Sendmail 服务器和 Dovecot 服务器的安装与配置，通过这两个服务器实现企业对邮件服务的基本需求。

练　　习

为某学校搭建邮件服务器，实现基本的邮件服务，邮件服务器域名为 mail.yucai.com，IP 地址为 192.168.1.20。要求能够实现邮件的收发功能，并在 Outlook 中进行测试。

项目11

防火墙配置与管理

在企业初步完成信息化建设之后，各种企业级的网络应用已经逐步展开，企业资源的安全性也就随之成为企业必须考虑的问题。目前，企业已经完成了企业内部 Web 服务器、邮件服务器、FTP 服务器，以及各种办公使用的计算机设备。为保证相关服务器和计算机设备的安全使用，通过 Linux 系统提供强大的防火墙配置相应的安全策略实现此目标。

11.1 技术准备

11.1.1 Linux 防火墙的种类与选择

利用 Linux 构建企业网深受中小企业的青睐，而利用 Linux 构建企业网的防火墙系统也成为众多中小企业的理想选择。防火墙作为一种网络或系统之间强制实行访问控制的机制，是确保网络安全的重要手段。针对不同的需求和应用环境，可以量身定制出不同的防火墙系统。

Linux 从 1.1 内核开始就已经拥有防火墙功能，随着 Linux 内核的不断升级，其内核中的防火墙也经历了三个阶段的变化。在 2.0 的内核中，采用 ipfwadm 防火墙；在 2.2 的内核中，采用 ipchains 防火墙；在 2.4 内核以后，采用一个全新的内核包过滤管理工具——iptables。

与 ipfwadm 和 ipchains 相比，Netfilter/iptables 使用户更易于理解其工作原理，也具有更为强大的功能。对于 Linux 系统管理员、网络管理员及家庭用户来说，Netfilter/iptables 系统十分理想，且更容易被使用。

CentOS 7 系统同时支持多种防火墙：firewalld、iptables、ebtables，默认使用 firewalld 作为防火墙。firewalld 仅替代了 iptables service 部分，其底层依然使用 iptables。

鉴于目前企业现有网络应用与网络服务情况，为了保证内部网络安全性，选择在 Linux 系统下部署基于 iptables 的网络防火墙，并按照以下原则创建防火墙规则。首先删除所有规则设置，并将默认规则设置为 DROP；然后开启防火墙对于客户的访问限制。打开或者关闭 Web、Msn、QQ 和 Mail 的相应端口，并允许外部客户登录 Web 服务器的 80、22 端口。

11.1.2 iptables 原理

按照防火墙的工作方式可将其分为包过滤型、应用级网关（也称代理服务器型防火墙）和电路级网关三种基本类型。Linux 提供的防火墙软件包内置于 Linux 内核中，是一种基于包过滤型的防火墙实现技术。其核心思想是根据网络层IP包头中的源地址、目的地址及包类型等信息来控制包的流向，而更彻底的过滤则是检查包中的源端口、目的端口及连接状态等信息。

Linux 的 netfilter/iptables IP 数据包过滤系统包含 netfilter 和 iptables 两部分。iptables 是用于管理内核包过滤的工具，可以加入、插入或删除核心包过滤表格中的规则。netfilter 集成在内核中，用于定义、保存相应的规则并负责执行这些规则。

netfilter 由表、链和规则组成，是 Linux 核心中的通用架构，在此架构中包含一些表(Tables)，每个表包含若干链（Chains），即表是链的容器，同时每条链中可以由一条或数条规则（Rule）组成，链是规则的容器。规则是这个体系中最直接的安全定义，可以实现对数据包进行过滤或处理。由于这些规则处于不同的阶段，全部规则被分配到不同的“链”中，规则链是防火墙规则/策略的集合。netfilter 的总体结构如图 11.1 所示。

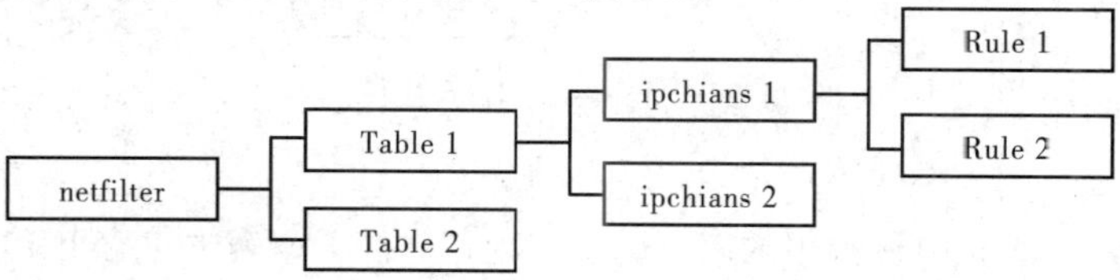

图 11.1 netfilter 的总体结构

netfilter 默认包含四个表：raw 表、mangle 表、nat 表、filter 表，具体功能如表 11.1 所示。其中，最常用的是 nat 和 filter，默认情况下 filter 是当前表。

表 11.1 netfilter 默认表

表名称	用途
raw	确定是否对该数据包进行状态跟踪
mangle	为数据包设置标记
nat	修改数据包中的源、目标 IP 地址或端口
filter	确定是否放行该数据包（过滤）

iptables 中内置链则包含五条链：PREROUTING、INPUT、FORWARD、OUTPUT 和 POSTROUTING。每条链的功能如表 11.2 所示。

表 11.2 iptables 的内置链

链名称	用途
PREROUTING	数据包进入路由表之前处理数据包
INPUT	通过路由表后目的地为本机，用于处理入站数据
FORWARD	通过路由表后，目的地不为本机，处理转发数据包
OUTPUT	由本机产生，向外转发，处理出站数据包
POSTROUTING	发送到网卡接口之前，进行路由选择后处理数据包

iptables 的工作流程较为复杂，针对不同的应用可以实现不同的组合。图 11.2 为常用的 iptables 工作流程。

一般情况下，INPUT、OUTPUT 链主要用于对服务器本身数据进出时进行控制，FORWARD、PREROUTING、POSTROUTING 链主要用于实现数据转发实施控制，在防火墙主机作为网关使用时更为常见。

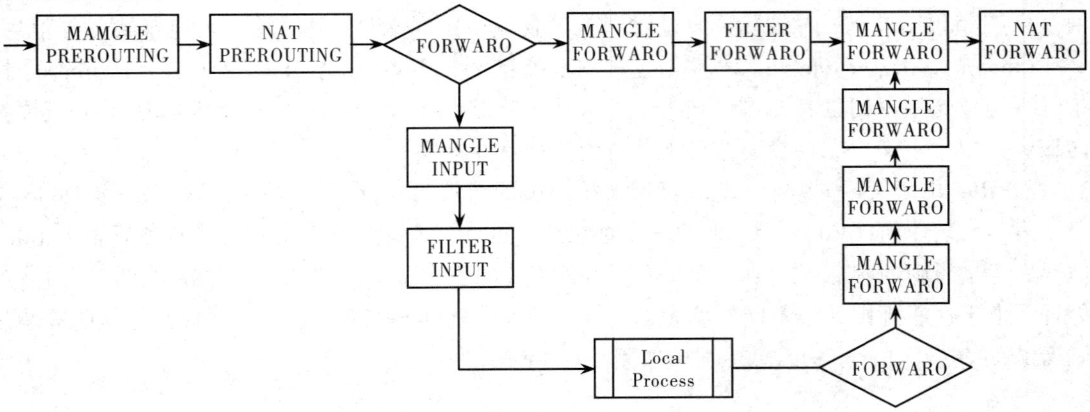

图 11.2　iptables 工作流程图

1. filter 表

filter 表是系统默认的表中最常用的表，用于实现包过滤。该表中包含 INPUT、OUTPUT 和 FORWARD 三条链，每个链都有一个策略，当规则建立并将链放在 filter 表之中，系统就会按照规则对进出的数据进行过滤筛选。

包过滤工作要经过如下步骤：

① 当信息包到达防火墙时，内核先检查信息包的头信息，尤其是信息包的目的地。

② 根据情况将数据包送往包过滤表（filter）的不同的链。

- 如果信息包源自外界并且数据包的目的地址是本机，而且防火墙是打开的，那么内核将它传递到内核空间信息包过滤表的 INPUT 链。
- 如果信息包源自系统本机，并且此信息包要前往另一个系统，那么信息包被传递到 OUTPUT 链。
- 信息包源自广域网前往局域网或相反方向的信息包被传递到 FORWARD 链。

③ 将信息包的头信息与它所传递到的链中的每条规则进行比较，看它是否与某条规则完全匹配。

如果信息包与某条规则匹配，那么内核就对该信息包执行由该项规则的目标指定的操作。

- 如果目标为 ACCEPT，则允许该信息包通过，并将该包发给相应的本地进程处理。
- 如果目标为 DROP 或 REJECT，则不允许该信息包通过，并将该包阻塞并杀死。
- 如果信息包与这条规则不匹配，那么它将与链中的下一条规则进行比较。
- 如果信息包与链中的任何规则都不匹配，那么内核将参考该链的策略来决定如何处理该信息包。理想的策略应该告诉内核 DROP 该信息包。

2. nat 表

nat 表是另一常用的表，其包含 PREROUTING、OUTPUT 和 POSTROUTING 链，用于实现地址转换。在网络内部的主机一般使用的 IP 地址为私有网络地址，仅用于内部使用，这些网络地址不能在互联网上使用，当主机与外部网络进行通信时，必须将内部地址转换成共有地址。

11.1.3 iptables 基本语法

视 频

iptables 基本命令

iptables 的命令格式较为复杂，除了大量的管理选项之外还有要管理的表和链及相关动作，因此在使用时要分清命令的对象与选项。

```
iptables  [-t 表名]  管理选项  [链名]  [条件匹配]  [-j 目标动作或跳转]
```

注意：当命令不指定表名时，默认表示 filter 表；当不指定链名时，默认表示该表内所有链。匹配条件必须指定，除非设置了规则链的默认策略。

1. 对链的管理

① -N|--new-chain：建立一个新链。

```
[root@localhost ~]# iptables -N allowed
```

② -X|--delete-chain：删除一个空链。

```
[root@localhost ~]# iptables -X allowed
```

③ -P|--policy：改变一个内建链的规则。

```
[root@localhost ~]# iptables -P INPUT DROP
```

此选项用于预设对不符合过滤条件的数据包的处理方式。

④ -L|--list：列出一个链中的规则。

```
[root@localhost ~]# iptables -L INPUT
```

⑤ -F|--flush：清除一个链中的所有规则。

```
[root@localhost ~]# iptables -F INPUT
```

⑥ -Z|--zero：归零一个链中的所有规则。

```
[root@localhost ~]# iptables -Z INPUT
```

归零规则也称数据包计数器归零。数据包计数器用来计算同一数据包出现次数，常用于过滤阻断式攻击。

⑦ -E|--rename-chain：修改某自定义规则链的名称。

```
[root@localhost ~]# iptables -E allowed disallowed
```

2. 对规则的管理

① -A|--append：将一个新的规则追加到一个链的最后。

```
[root@localhost ~]# iptsbles -A INPUT …
```

② -I|--insert：在链内某个位置插入一个新规则（通常插在最前面）。

```
[root@localhost ~]# iptables -I INPUT 1 --dport 80 -j ACCEPT
```

③ -R|--replace：在链内某个位置替换一条规则。

```
[root@localhost ~]# iptables -R INPUT 1 -s 192.168.0.1 -j DROP
```

④ -D|--delete：在链内某个位置删除一条规则。

```
[root@localhost ~]# iptables -D INPUT --dport 80 -j DROP
```

3. 源地址和目的地址

① --source|--src|-s：用于指定源地址。

```
[root@localhost ~]# iptables -A INPUT -s 192.168.1.1
```

此选项用来指定数据包的来源 IP，地址形式可采用多种形式，如完整的域名（www.hongyi.

net）、IP 地址（192.168.0.1）、网络地址（192.168.1.0/255.255.255.0 或 192.168.1.0/24）等。

② --destionation|--dst|-d：指定目标地址。

```
[root@localhost ~]# iptables -A INPUT -d 192.168.1.1
```

此选项用来指定数据包的目的 IP，地址形式同上。

4. 协议和网络接口

① --prptocol|-p：指定协议。

```
[root@localhost ~]# iptables -A INPUT -p tcp
```

该选项用于指定通信协议类型是否相符，可以使用“!”运算符进行反向指定，例如：-p ! tcp 表示是指除 tcp 以外的其他类型，包含 udp、icmp 等。如果要指定所有类型，则可以使用 all 关键词。

```
[root@localhost ~]# iptables -A INPUT -p all
```

② --in-interface|-i：指定网络接口（INPUT 链只能用此参数）。

如果用来指定数据包是从哪个网卡进入，可以使用通配字符“+”来做大范围指定，如“-i eth+”表示所有的 ethernet 网卡，也可以使用“!”运算符进行反向指定。

③ --out-interface|-o：指定网络接口（OUTPUT 链只能用此参数）。

该选项用来指定数据包要从哪片网卡送出，设定方式同-i。

```
[root@localhost ~]# iptables -A FORWARD -o eth0
```

FORWARD 链既可以使用-i 也可以使用-o 的网络接口，甚至可以指定一个不存在的网络接口，如 ppp0，只有拨号成功后该规则才有效。

```
[root@localhost ~]# iptables -A INPUT -i eth0
```

④ --sport|--source-port：指定端口号。

```
[root@localhost ~]# iptables -A INPUT -p tcp --sport 22
```

该选项用来指定数据包的来源端口号，可以指定单一端口或者一个范围，如“--sport 22:80”表示 22 ~ 80 之间的端口。如果要指定不连续的多个端口，则必须使用“--multiport” 参数。指定端口号时，可以使用“!”运算符进行反向指定。

⑤ --dport|--destination-port：指定目的端口号。

```
[root@localhost ~]# iptables -A INPUT -p tcp --dport 22
```

该选项用来指定数据包的目的地端口号，设置方式同--sport。

⑥ --tcp-flags：指定状态标志

```
[root@localhost ~]# iptables -p tcp --tcp-flags SYN,FIN,ACK SYN
```

该选项用于指定 TCP 数据包的状态标志号，参数分为两部分：第一部分列举出需指定的标志号；第二部分则列举前述标志号中哪些有被设置，未被列举的标志号必须是空的。TCP 状态标志号包括：SYN（同步）、ACK（应答）、FIN（结束）、RST（重设）、URG（紧急）、PSH（强迫推送）等，均可使用于参数中。除此之外，还可以使用关键词 ALL 和 NONE 进行指定。指定标志号时，可以使用“!”运算符进行反向指定。

⑦ -m multiport --source-port：设置多个源端口。

```
[root@localhost ~]# iptables -A INPUT -p tcp -m multiport --source-port
22,53,80,110
```

该选项用来指定不连续的多个来源端口号，一次最多可以指定 15 个端口，可以使用“!”运算符进行反向指定。

⑧ -m multiport --destination-port：设置多个目的端口号。

```
[root@localhost ~]# iptables -A INPUT -p tcp -m multiport --destination- port 22,53,80,110
```

该选项用来指定不连续的多个目的端口号，设置方式同-m multiport--source-port。

⑨ -m multiport -port：设置源端口号与目的端口号相同的数据包。

```
[root@localhost ~]# iptables -A INPUT -p tcp -m multiport --port 22,53, 80,110
```

该选项用来指定来源端口号和目的端口号相同的数据包，设置方式同前两个。在上面的例子中，如果来源端口号为 80 但目的端口号为 110，则这种数据包并不算符合条件。

⑩ --icmp-type：指定 ICMP 的类型编号。

该选项用来指定 ICMP 的类型编号，可以使用代码或数字编号来进行指定。

```
[root@localhost ~]# iptables -A INPUT -p icmp --icmp-type 8
```

⑪ -m limit --limit：指定数据包的平均流量。

```
[root@localhost ~]# iptables -A INPUT -m limit --limit 3/hour
```

该选项用来指定某段时间内数据包的平均流量，上面的例子是用来指定：每小时平均流量是否超过一次三个数据包。除了每小时平均一次外，也可以每秒、每分或每天平均一次，默认值为每小时平均一次，参数为/second/minute/day。除了进行数据包数量的指定外，设置这个参数也会在条件达成时暂停数据包的指定动作，以避免受到来自网络上的 DDoS 攻击。

⑫ --limit-burst：指定瞬间大量数据包的数量。

```
[root@localhost ~]# iptables -A INPUT -m limit --limit-burst 5
```

上面的例子是用来指定一次同时涌入的数据包是否超过五个（这是默认值），超过此上限的数据包将被直接丢弃。也可用于防止来自于网络上的 DDoS 攻击。

⑬ -m mac --mac-source：用来指定数据包来源网络接口的硬件地址。

```
[root@localhost ~]# iptables -A INPUT -m mac --mac-source 00:00:00:00:00:01
```

此参数不能用在 OUTPUT 和 Postrouting 规则链上，这是因为数据包要送出到网卡后，才能由网卡驱动程序透过 ARP 通信协议查出目的地的 MAC 地址，所以 iptables 在进行数据包指定时，并不知道数据包会送到哪个网络接口。

⑭ --mark：用来指定数据包是否被标识为某个号码。

```
[root@localhost ~]# iptables -t mangle -A INPUT -m mark --mark 1
```

当数据包被指定成功时，可以通过 MARK 处理动作，将该数据包标识为一个号码，号码不可以超过 4 294 967 296。

⑮ -m owner --uid-owner：指定来自本机的数据包，是否为某特定使用者所产生的。

```
[root@localhost ~]# iptables -A OUTPUT -m owner --uid-owner 500
```

这样可以避免服务器使用 root 或其他身份将敏感数据传送出去，降低系统被攻击造成的损失。但这个功能无法指定来自其他主机的数据包。

⑯ -m owner --gid-owner：用来指定来自本机的数据包。

```
[root@localhost ~]# iptables -A OUTPUT -m owner --gid-owner 0
```

⑰ -m owner --pid-owner：用来指定来自本机的数据包是否为某特定行程所产生的。

```
[root@localhost ~]# iptables -A OUTPUT -m owner --pid-owner 78
```

⑱ -m owner --sid-owner：用来指定来自本机的数据包是否为某特定联机（Session ID）的响应数据包。

```
[root@localhost ~]# iptables -A OUTPUT -m owner --sid-owner 100
```

⑲ -m state -state：指定连接状态。

```
[root@localhost ~]# iptables -A INPUT -m state --state RELATED,ESTABLISHED
```

连接状态共有四种：INVALID、ESTABLISHED、NEW 和 RELATED。

- INVALID：表示该数据包的连接编号（Session ID）无法辨识或编号不正确，既无效数据包。
- ESTABLISHED：表示该数据包属于某个已经建立的连接。
- NEW：表示该数据包想要起始一个连接。
- RELATED：表示与已经发送的数据包有关的数据包。

5. 常用的处理动作

-j 参数用来指定要进行的处理动作，常用的处理动作包括：ACCEPT、REJECT、DROP、REDIRECT、MASQUERADE、LOG、SNAT、DNAT、MIRROR、QUEUE、RETURN、MARK。

① ACCEPT：放行数据包，在执行完此处理动作之后，直接跳往下一个规则链（nat:postrouting），不再转向本规则链内的其他规则。

② REJECT：拦阻数据包，并传送数据包通知对方，可以传送的数据包有 ICMP port-unreachable、ICMP echo-reply 或者 tcp-reset（这个数据包会要求对方关闭联机），进行完此处理动作后，将不再指定其他规则，直接中断过滤程序。

```
[root@localhost ~]# iptables -A FORWARD -p TCP --dport 22 -j REJECT --reject-with tcp-reset
```

③ DROP：丢弃数据包不予处理，执行完该处理动作后，直接中断过滤程序。

④ REDIRECT：将数据包重定向到另一个端口（PNAT），执行完该处理动作后，将会继续指定其他规则。使用这个动作可以实现代理服务或者保护 Web 服务器。

```
[root@localhost ~]# iptables -t nat -A PREROUTING -p tcp --dport 80 -j REDIRECT --to-ports 8080
```

⑤ MASQUERADE：改写数据包来源 IP 为防火墙 NIC IP，可以指定 port 对应的范围，执行完该处理动作后，直接跳转下一个规则链（mangle:postrouting）。这个功能与 SNAT 略有不同，当进行 IP 伪装时，不需指定要伪装成哪个 IP，IP 会从网卡直接读取；当使用拨号连接时，IP 通常是由 ISP 公司的 DHCP 服务器指派的，这时 MASQUERADE 特别有用。

```
[root@localhost ~]# iptables -t nat -A POSTROUTING -p TCP -j MASQUERADE --to-ports 1024-31000
```

⑥ LOG：将数据包相关信息记录在“/var/log”中，通过查看“/etc/syslog.conf”文件可获得详细信息，进行完此处理动作后，将会继续指定其他规则。

```
[root@localhost ~]# iptables -A INPUT -p tcp -j LOG --log-prefix "INPUT packets"
```

⑦ SNAT：改写数据包来源 IP 为某特定 IP 或 IP 范围，可以指定 port 对应的范围，进行完

此处理动作后，将直接跳往下一个规则链（mangle:postrouting）。

```
    [root@localhost ~]# iptables -t nat -A POSTROUTING -p tcp-o eth0 -j SNAT
--to-source 194.236.50.155-194.236.50.160:1024-32000
```

⑧ DNAT：改写数据包目的地 IP 为某特定 IP 或 IP 范围，可以指定 port 对应的范围，进行完此处理动作之后，将会直接跳往下一个规则链（filter:input 或 filter:forward）。

```
    [root@localhost ~]# iptables -t nat -A PREROUTING -p tcp -d 15.45.23.67
--dport 80 -j DNAT --to-destination 192.168.1.1-192.168.1.10:80-100
```

⑨ MIRROR：映射数据包，也就是将来源 IP 与目的地 IP 对调后，将数据包送回，进行完此处理动作后，将会中断过滤程序。

⑩ QUEUE：中断过滤程序，将数据包放入队列，交给其他程序处理。通过自行开发的处理程序，可以进行其他应用，如计算联机费用等。

⑪ RETURN：结束在目前规则链中的过滤程序，返回主规则链继续过滤，如果把自定规则链看作一个子程序，那么这个动作，就相当于提早结束子程序并返回到主程序中。

⑫ MARK：将数据包标上某个代号，以便提供作为后续过滤的条件判断依据，进行完此处理动作后，将会继续指定其他规则。

6. 保存和恢复规则

① iptables-save [-c] [-t 表名]：保存规则。

- -c：保存包和字节计数器的值，可以在重启防火墙后不丢失对包和字节的统计。
- -t：用来保存哪张表的规则，如果不跟-t 参数则保存所有的表。

② iptables-restore [-c] [-n]：恢复规则。

- -c：如果加上-c 参数则表示要求装入包和字节计数器。
- -n：表示不覆盖已有的表或表内的规则，默认情况下是清除所有已存在的规则。

11.1.4 Firewalld 防火墙的使用

视频

Firewalld 防火墙的基本操作

Firewalld 一方面底层依靠 iptables 保证强大稳定安全机制，同时又通过动态更新技术与区域（Zone）技术简化防火墙的配置与管理。Firewalld 既可运行时配置也可永久配置，动态管理防火墙，不需要重启整个防火墙便可应用更改。因而也就没有必要重载所有内核防火墙模块了。Firewalld 还支持允许服务或者应用程序直接添加防火墙规则的接口。

1. Firewalld 区域

Firewalld 提供九个不同的区域（Zone）。区域可以理解为提前设置好的防火墙策略模板，根据不同的场景选择不同的策略模板，可以在不同场景快速切换，默认区域为 public。

- Block Zone：即阻塞区域，该区域会拒绝流入的流量，只有服务器已经建立的连接会被通过，即只允许由该系统初始化的网络连接。
- Drop Zone：即丢弃区域，在该区域，任何进入的数据包都将被丢弃，类似于使用 iptables -j drop。
- DMZ Zone：是一种隔离区域，通过设置这种区域可以实现只允许部分服务能被外部访问，如 SSH 服务。

- Public Zone：是公共区域，比 DMZ 更宽泛一些，可以接受被选中的连接，默认只允许 SSH 和 dhcpv6-client。
- External Zone：这是外部区域，此区域相当于路由器的启用伪装（masquerading）选项。只有指定的连接会被接受，即 SSH，而其他的连接将被丢弃或者不被接受。
- Work Zone：即工作区域，该区域只定义内部网络，只有私有网络通信才被允许，只允许 SSH、ipp-client 和 dhcpv6-client。
- Home Zone：这个区域称为家庭区域，专门用于家庭环境，也只允许被选中的连接，即 SSH、ipp-client、mdns、samba-client 和 dhcpv6-client。
- Internal Zone：内部区域与上面的工作区域相似，只有通过被选中的连接。
- Trusted Zone：信任区域允许所有网络通信通过。

2. Firewalld 相关操作命令

命令行工具 firewall-cmd 支持全部防火墙特性，基本应用如下所述。

① 查看 firewall 状态。

使用系统命令 systemctl 查看状态。

```
[root@localhost ~]# systemctl status firewalld
   firewalld.service - firewalld - dynamic firewall daemon
   Loaded: loaded (/usr/lib/systemd/system/firewalld.service; disabled;
vendor preset: enabled)
   Active: active (running) since 四 2021-02-25 07:40:02 CST; 3h 4min ago
     Docs: man:firewalld(1)
 Main PID: 9265 (firewalld)
   CGroup: /system.slice/firewalld.service
           └─9265 /usr/bin/python2 -Es /usr/sbin/firewalld --nofork -nopid
```

使用 firewall-cmd 命令查看状态。

```
[root@localhost ~]# firewall-cmd --state
running
```

② 查看、添加和删除端口开放。

```
[root@localhost ~]# firewall-cmd --query-port=80/tcp
No
[root@localhost ~]# firewall-cmd --permanent --add-port=8080/tcp
success
[root@localhost ~]# firewall-cmd --permanent --query-port=8080/tcp
yes
[root@localhost ~]# firewall-cmd --permanent --remove-port=8080/tcp
success
[root@localhost ~]# firewall-cmd --permanent --query-port=8080/tcp
no
```

③ 查看、添加和删除服务。

```
[root@localhost ~]# firewall-cmd --add-service=ftp --permanent
success
[root@localhost ~]# firewall-cmd --add-service=http --permanent
success
[root@localhost ~]# firewall-cmd --remove-service=http --permanent
```

```
success
```

④ 查看全部开放信息。

```
[root@localhost ~]# firewall-cmd --list-all
public (active)
  target: default
  icmp-block-inversion: no
  interfaces: ens33
  sources:
  services: dhcpv6-client ssh
  ports:
  protocols:
  masquerade: no
  forward-ports:
  source-ports:
  icmp-blocks:
  rich rules:
```

⑤ 查看所有区域。

```
[root@localhost ~]# firewall-cmd --list-all-zones
block
  target: %%REJECT%%
  icmp-block-inversion: no
  interfaces:
  sources:
  services:
  ports:
  protocols:
  masquerade: no
  forward-ports:
  source-ports:
  icmp-blocks:
  rich rules:

dmz
  target: default
  icmp-block-inversion: no
  interfaces:
  sources:
  services: ssh
  ports:
  protocols:
  masquerade: no
  forward-ports:
  source-ports:
  icmp-blocks:
  rich rules:
……
```

⑥ 将发往 80 端口的请求转发到 8080 端口。

```
[root@localhost ~]# firewall-cmd --add-forward-port=port=80:proto=tcp:toport=8080
```

```
success
[root@localhost ~]# firewall-cmd --list-all
public (active)
  target: default
  icmp-block-inversion: no
  interfaces: ens33
  sources:
  services: dhcpv6-client ssh
  ports:
  protocols:
  masquerade: no
  forward-ports: port=80:proto=tcp:toport=8080:toaddr=
  source-ports:
  icmp-blocks:
  rich rules:
```

⑦ 查看和设置默认区域。

```
[root@localhost ~]# firewall-cmd --get-default-zone
public
[root@localhost ~]# firewall-cmd --set-default-zone=trusted
success
[root@localhost ~]# firewall-cmd --get-default-zone
trusted
```

⑧ 重新加载防火墙。

```
[root@localhost ~]# firewall-cmd --reload
success
```

⑨ 查询活动区域。

```
[root@localhost ~]# firewall-cmd --get-active-zones
trusted
  interfaces: ens33
```

⑩ 获取所有支持的服务。

```
[root@localhost ~]# firewall-cmd --get-service
RH-Satellite-6 RH-Satellite-6-capsule amanda-client amanda-k5-client amqp
amqps apcupsd audit bacula bacula-client bgp bitcoin bitcoin-rpc bitcoin-testnet
bitcoin-testnet-rpc ceph ceph-mon cfengine condor-collector ctdb dhcp dhcpv6
dhcpv6-client distcc dns docker-registry docker-swarm dropbox-lansync
elasticsearch etcd-client etcd-server finger freeipa-ldap freeipa-ldaps
freeipa-replication freeipa-trust ftp ganglia-client……
```

⑪ 启用服务。

```
[root@localhost ~]# firewall-cmd --zone=public --add-service=https
success
[root@localhost ~]# firewall-cmd --permanent --zone=public --add-service=https
Success
```

⑫ 设置具体 IP 地址主机访问具体服务。

```
[root@localhost ~]# firewall-cmd --permanent --zone=public --add-rich-rule
="rule family="ipv4" source address="192.168.100.4/24" service name="http"
accept"
success
```

⑬ 查询接口与区域绑定关系。

```
[root@localhost ~]# firewall-cmd --get-zone-of-interface=ens33
trusted
```

11.2 项 目 实 施

视频

项目实施-防火墙设置

目前，企业已经在内部部署了 Web 服务器（IP 地址 192.168.1.210）、邮件服务器（IP 地址 192.168.1.200），以及 FTP 服务器（IP 地址 192.168.1.250），办公使用的计算机 IP 地址范围为 192.168.1.1～192.168.1.19，要求所有内网计算机需要经常访问 Internet，并且所有的办公用计算机不能使用即时通信工具。其中，Mail 和 FTP 服务器对内部员工开放，仅需要发布 Web 站点，并且管理员会通过外网进行远程管理，拓扑结构如图 11.3 所示。为了保证整个网络的安全性，现在需要添加 iptables 防火墙，并配置相应的策略。

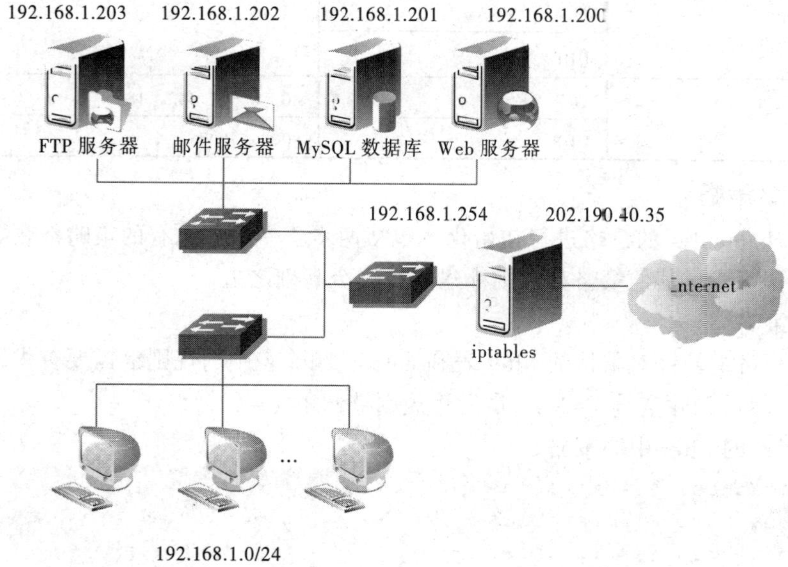

图 11.3 拓扑结构图

项目环境参照图 11.3 中的拓扑结构，各主机的参数如表 11.3 所示。

表 11.3 IP 地址规划

名 称	IP 地 址
Web 服务器	192.168.1.200
MySQL 服务器	192.168.1.201
邮件服务器	192.168.1.202
FTP 服务器	192.168.1.203
iptables 的网络接口 1 的 IP 地址	202.190.40.35
iptables 的网络接口 2 的 IP 地址	192.168.1.254
其他办公用机	192.168.1.0/24

需要开放的端口信息如表 11.4 所示。

表 11.4 需要开放的端口信息

服务名称	协议名称	端口号
Web 服务器	TCP	80
	UDP	
SSH 服务	TCP	22
邮件服务器	TCP	110、143、993 及 995
	UDP	
FTP 服务器	TCP	20、21
	UDP	
DNS 服务	TCP	53
	UDP	
即时通信软件	TCP	80、8000、443、1863
	UDP	8000、4000

1. 配置默认策略

首先需要对 iptables 的策略进行初始化，包括两步：一是将原有的策略都删除；二是设置属于自己的默认策略。其他策略与规则都建立在这个基础之上。

（1）删除策略

删除原有策略主要针对默认的 filter 表和 nat 表，删除表中的规则链需要首先删除链中的所有规则（-F），然后删除空链（-X），最后将规则链归零（-Z）。

① 删除默认的 filter 中的策略。

```
[root@localhost ~]# iptables  -F
[root@localhost ~]# iptables  -X
[root@localhost ~]# iptables  -Z
```

② 删除 nat 表中的策略。

```
[root@localhost ~]# iptables  -F -t  nat
[root@localhost ~]# iptables  -X -t  nat
[root@localhost ~]# iptables  -Z -t  nat
```

（2）设置默认策略

默认策略的目的是不符合规则时默认的处理方式，在 iptables 安装后，默认全部链都是开启的，并不会起到很好的安全管理功能。因此，这里设置默认策略分别关闭 filter 表的 INPPUT 及 FORWARD 链，开启 OUTPUT 链，全部开启 nat 表的三个链 PREROUTING、OUTPUT、POSTROUTING。

```
[root@localhost ~]# iptables  -P  INPUT    DROP
[root@localhost ~]# iptables  -P  FORWORD  DROP
[root@localhost ~]# iptables  -P  OUTPUT   ACCEPT
[root@localhost ~]# iptables  -t  nat  -P  PREROUTING  ACCEPT
[root@localhost ~]# iptables  -t  nat  -P  OUTPUT  ACCEPT
```

```
[root@localhost ~]# iptables -t nat -P POSTROUTING ACCEPT
```

鉴于有些服务的测试需要用回环地址，为了保证各服务的正常工作，需要允许回环地址的通信，命令如下：

```
[root@localhost ~]# iptables -A INPUT -i lo -j ACCEPT
```

2. 连接状态设置

添加连接状态设置的目的是为了简化防火墙配置操作，并提高检查的效率，命令如下：

```
[root@localhost ~]# iptables -A INPUT -m state --state ESTABLISHED,RELATED
-j ACCEPT
```

3. 设置相关服务端口

内网提供多种网络服务，因此需要为相关服务设置端口。

① Web服务：该服务端口为80，采用TCP或UDP协议，允许目标为内部网络Web服务器的数据包通过该端口。命令如下：

```
[root@localhost ~]# Iptables -A FORWARD -p tcp --dport 80 -j ACCEPT
```

② DNS服务：为了内网计算机能够正常使用域名访问Internet，还需要允许内网计算机与外部DNS服务器的数据转发。开启DNS使用UDP、TCP的53端口，命令如下：

```
[root@localhost ~]# iptables -A FORWARD -p tcp --dport 53 -j ACCEPT
[root@localhost ~]# iptables -A FORWARD -p udp --dport 53 -j ACCEPT
```

③ SSH服务：SSH使用TCP协议端口22，是管理员在外网进行远程管理的主要工具。命令如下：

```
[root@localhost ~]# iptables -A INPUT -p tcp --dport 22 -j ACCEPT
```

④ 邮件服务：客户端发送邮件时访问邮件服务器的TCP 25端口。接收邮件时访问，可能使用的端口则较多，UDP协议以及TCP协议的端口：110、143、993及995。

smtp:

```
[root@localhost ~]# iptables -A FORWARD -p tcp --dport 25 -j ACCEPT
```

pop3:

```
[root@localhost ~]# iptables -A FORWARD -p tcp --dport 110 -j ACCEPT
[root@localhost ~]# iptables -A FORWARD -p udp --dport 110 -j ACCEPT
```

imap:

```
[root@localhost ~]# iptables -A FORWARD -p tcp --dport 143 -j ACCEPT
[root@localhost ~]# iptables -A FORWARD -p udp --dport 143 -j ACCEPT
```

imaps:

```
[root@localhost ~]# iptables -A FORWARD -p tcp --dport 993 -j ACCEPT
[root@localhost ~]# iptables -A FORWARD -p udp --dport 993 -j ACCEPT
```

pop3s:

```
[root@localhost ~]# iptables -A FORWARD -p tcp --dport 995 -j ACCEPT
[root@localhost ~]# iptables -A FORWARD -p udp --dport 995 -j ACCEPT
```

⑤ FTP服务：FTP服务需要两个端口20（数据）和21（控制）。

要使因特网上的计算机访问到内部网的FTP服务器、Web服务器，在作为防火墙的计算机上应进行如下设置：

```
    [root@localhost ~]# Iptables  -A  INPUT  -p  tcp  --dport  21  -m  state
--state NEW -j ACCEPT
    [root@localhost ~]# Iptables  -A  INPUT  -p  tcp  --dport  22  -m  state
--state NEW -j ACCEPT
```

4. 打开 MSN 和 QQ 的端口

即时通信软件使用量较大，需要对其端口进行开放，QQ 能够使用 TCP 80、8000、443 及 UDP 8000、4000 登录，而 MSN 通过 TCP 1863、443 验证。因此，只需要允许这些端口的 FORWARD 转发即可以实现正常登录。

```
[root@localhost ~]# iptables -A FORWARD -p tcp --dport 1863 -j ACCEPT
[root@localhost ~]# iptables -A FORWARD -p tcp --dport 443 -j ACCEPT
[root@localhost ~]# iptables -A FORWARD -p tcp --dport 8000 -j ACCEPT
[root@localhost ~]# iptables -A FORWARD -p udp --dport 8000 -j ACCEPT
[root@localhost ~]# iptables -A FORWARD -p udp --dport 4000 -j ACCEPT
```

5. NAT 设置

局域网的地址为私网地址，无法在互联网上使用，因此必须将私网地址转为服务器的外部地址，连接外部接口为 eth0。具体配置如下：

```
    [root@localhost ~]# iptables -t nat -A POSTROUTING -o eth0 -s 192.168.1.0/24
-j MASQUERADE
```

Web 服务器是外网常常访问的服务器，因此需要把内网 Web 服务器 IP 地址（192.168.1.200）映射到外网地址。

```
    [root@localhost ~]# iptables -t nat -A PREROUTING -i eth0 -p tcp --dport 80
-j DNAT --to-destination 192.168.1.200:80
```

6. 保存 iptables 配置

使用重定向命令来保存这些规则集。

```
[root@localhost ~]# iptables-save > /etc/iptables-save
```

11.3 技术拓展

11.3.1 iptables 实现 NAT 转换

iptables 常常利用 nat 表进行内外网地址的转换，从而完成内外网的正常通信。nat 表具有三种操作：SNAT、DNAT 和 MASQUERADE。

1. SNAT

SNAT 策略原理是进行源地址转换，iptables 将利用外部地址替换本地网络地址，使得内网主机能够与外网进行通信，典型的应用环境是局域网主机共享单个公网 IP 接入 Internet。SNAT 只能在 nat 表的 POSTROUTING 链，并且只要连接的第一个符合条件的包被 SNAT 进行地址转换，那么这个连接的其他所有包都会自动完成地址转换。使用格式如下：

```
iptables  -t  -A  POSTROUTING  -o  网络接口  -j  SNAT  --to-source  IP 地址
```

示例 1：某公司内部主机使用 192.168.1.1/24 网段，使用 Linux 主机作为服务器连接 Internet，外网固定地址 10.10.100.10，修改相关设置保证内网用户能够正常访问 Internet，如图 11.4 所示。

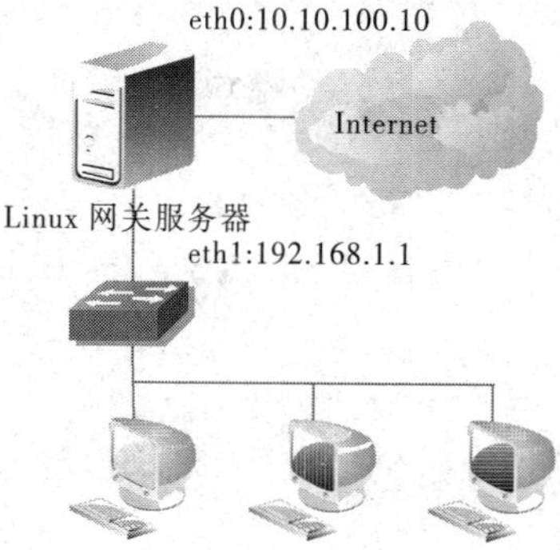

图 11.4 某公司网络拓扑结构

实现步骤如下：

① 开启网关主机的路由转发功能。

```
[root@localhost ~]# echo 1>/proc/sys/net/ipv4/ip_forward
```

② 添加并保存 SNAT 策略。

```
[root@localhost ~]# iptables -t nat -A POSTROUTING -o eth0 -j SNAT
--to-source 10.10.100.10
[root@localhost ~]# service iptables save
```

2. DNAT

DNAT 策略用于目标地址转换，iptables 将数据包中的目标地址进行替换，重新转发到网络内部的主机中。典型的应用环境是在 Internet 中发布位于企业局域网内部的服务器。DNAT 需要在 nat 表的 PREROUTING 链中设置，格式如下：

```
iptables -t -A PREROUTING -i 网络接口 -p 协议 -dport 端口 -j SNAT
--to-destination IP 地址
```

示例 2：Web 服务器的 IP 地址为 192.168.1.4，防火墙的外网 IP 地址为 202.190.40.35，现在设置 iptables 保证外网用户能够访问内网 Web 服务器，拓扑结构如图 11.5 所示。

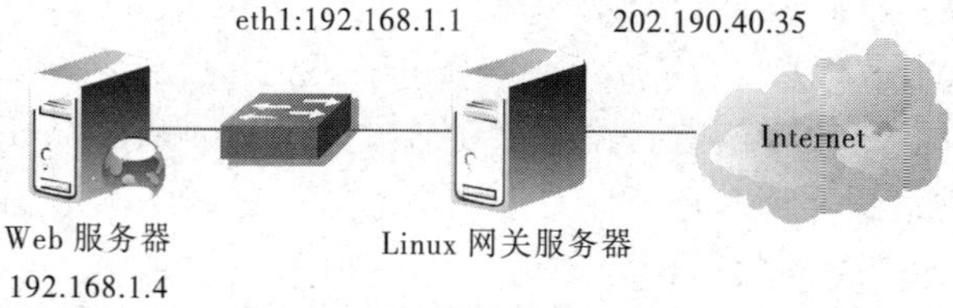

图 11.5 网络拓扑结构

实现步骤如下：

① 开启网关主机的路由转发功能。

```
[root@localhost ~]# echo 1>/proc/sys/net/ipv4/ip_forward
```

② 添加并保存 DNAT 策略。

```
[root@localhost ~]# iptables -t nat -A POSTROUTING -o eth0 -j SNAT
--to-source 10.10.100.10
[root@localhost ~]# iptables -t nat -A PREROUTING -i -d 202.190.40.35 -p tcp
--dport 80 -j DNAT --to-destination 192.168.1.4
```

```
[root@localhost ~]# service  iptables  save
```

3. MASQUERADE

MASQUERADE 被称为地址伪装，是 SNAT 的一种特殊情况，与 SNAT 近似，区别在于使用 SNAT 的时候，出口 IP 地址范围可以是一个或多个。它常用于从服务器的网卡上自动获取当前 IP 地址来做 NAT。下面示例表示不指定 SNAT 的目标 IP 地址，系统自动读取 eth0 此时的 IP 地址做 SNAT 转换。

```
[root@localhost ~]# iptables-t nat -A POSTROUTING -s 10.8.0.0/255.255.255.0
-o eth0 -j MASQUERADE
```

11.3.2 防御 SYN 攻击

在网络上的各种攻击方式中，SYN、DDoS 攻击非常常见，这类攻击对服务器的影响非常大，甚至可能导致服务器的瘫痪，比较好的防御方式是采用硬件防火墙，但硬件防火墙价格昂贵，通过 iptables 的过滤功能也可以实现对此类攻击的防御。

SYN 攻击是利用 TCP/IP 协议三次握手的原理，发送大量的建立连接的网络包，但不实际建立连接，最终导致被攻击服务器的网络队列被占满，无法被正常用户访问。

Linux 内核提供了若干 SYN 相关的配置，tcp_max_syn_backlog 是 SYN 队列的长度，tcp_syncookies 是一个开关，用于设置是否打开 SYN Cookie 功能，该功能可以防止部分 SYN 攻击。tcp_synack_retries 和 tcp_syn_retries 定义 SYN 的重试次数。

防止 SYN 的方法可以通过加大 SYN 队列长度以容纳更多等待连接的网络连接数，或者打开 SYN Cookie 功能以阻止部分 SYN 攻击，另外降低重试次数也有一定效果。

具体设置方式如下：

① 增加 SYN 队列长度到 2048：

```
[root@localhost ~]# sysctl -w net.ipv4.tcp_max_syn_backlog=2048
```

② 打开 SYN COOKIE 功能：

```
[root@localhost ~]# sysctl -w net.ipv4.tcp_syncookies=1
```

③ 降低重试次数：

```
[root@localhost ~]# sysctl -w net.ipv4.tcp_synack_retries=3
[root@localhost ~]# sysctl -w net.ipv4.tcp_syn_retries=3
```

为了系统重启动时保持上述配置，可将上述命令加入“/etc/rc.d/rc.local”文件中。

除了上述对内核的设置之外，还可以有针对性地对一些 SYN 攻击进行防御。

① 防止同步包洪水（Sync Flood）：

```
[root@localhost ~]# iptables -A FORWARD -p tcp --syn -m limit --limit 1/s
-j ACCEPT
```

其中，--limit 1/s 表示限制 syn 并发数为每秒 1 次。

② 防止各种端口扫描：

```
[root@localhost ~]# iptables -A FORWARD -p tcp --tcp-flags SYN,ACK,FIN,RST
RST -m limit --limit 1/s -j ACCEPT
```

③ 防止 Ping 洪水攻击（Ping of Death）：

```
[root@localhost ~]# iptables -A FORWARD -p icmp --icmp-type echo-request -m
limit --limit 1/s -j ACCEPT
```

11.3.3 防御 DDoS 攻击

分布式拒绝访问攻击（DDoS），是攻击者来自不同来源的许多主机，向常见的端口（如 80、25 等）发送大量连接，但这些客户端只建立连接，不是正常访问。由于一般 Apache 配置的接受连接数有限（通常为 256），因此这些访问会使 Apache 无法正常访问。

可以先关闭 ICMP 服务，防止服务器的 IP 地址被 ping 到，从而防御一部分攻击，具体操作如下：

```
[root@localhost ~]# iptables -A OUTPUT -p icmp -c 0/0 -j DROP
```

为了防止太多 DOS 连接进来，可以设置外网网卡每个 IP 最多允许 15 个初始连接，超过的丢弃。操作如下：

```
[root@localhost ~]# iptables -A INPUT -i eth0 -p tcp -syn -m connlimit -connlimit-above 15 -j DROP
[root@localhost ~]# iptables -A INPUT -p tcp -m state -state ESTABLISHED,RELATED -j ACCEPT
```

为了防御 DDoS 攻击 Web 服务器，可以限制与 80 端口连接的 IP 最大连接数。

```
[root@localhost ~]# iptables -I INPUT -p tcp --dport 80 -m connlimit --connlimit-above 10 -j DROP
```

使用 recent 模块限制同 IP 时间内新请求连接数，同时设置 60 s 10 个新连接，超过记录日志。

```
[root@localhost ~]# iptables -A INPUT -p tcp --dport 80 --syn -m recent --name webpool --rcheck --seconds 60 --hitcount 10 -j LOG --log-prefix 'DDOS:' --log-ip-options
```

设置 60 s 10 个新连接，超过丢弃数据包。

```
[root@localhost ~]# iptables -A INPUT -p tcp --dport 80 --syn -m recent --name webpool --rcheck --seconds 60 --hitcount 10 -j DROP
```

设置允许通过的范围。

```
[root@localhost ~]# iptables -A INPUT -p tcp --dport 80 --syn -m recent --name webpool --set -j ACCEPT
```

小　结

本项目主要介绍了防火墙的基本概念，防火墙用于隔离内外网，监控网络访问，防止内部信息的外泄以及强化网络安全策略；介绍了 iptables，其包含 netfilter 和 iptables 两个组件；介绍了 iptables 表的基本语法。同时，详细介绍了 iptables 的主要参数和用法，最后通过案例综合讲解实际应用。

练　习

设计并实施 iptables 基本安全策略，要求实现以下内容：

1. 初始化默认策略。

2. 开放相关服务端口，Web 服务：80 端口；DNS 服务：53 端口；邮件服务：25、110、143、993 及 995 端口；FTP 服务：20、21 端口。

3. 设置 NAT 转换功能。

综合实训

Linux系统配置与管理

12.1 实训分析

企业需要一个性能稳定、管理良好的服务器系统，能够管理系统用户，以及系统存储资源。为创建企业网络服务器，定制安装 Linux 系统，并定制构建合理的文件系统结构，便于后期应用。定制系统的好处在于可以获得更好的系统稳定性和安全性，在此基础上为企业搭建常用的应用服务，实现企业各种网络应用。具体要求如下：

① 创建管理账号群和一般用户群，并设置其良好的安全机制。

② 为了便于管理用户，并考虑到后期用户数量的不断增加，home 目录挂载独立分区，并实现磁盘配额，限定用户空间的使用。同时，出于安全角度考虑，实现对用户目录的定期备份。

③ 搭建 DNS 服务器，为实现其他应用服务器进行域名管理。

④ 搭建 Web 服务器，实现企业各种 Web 应用。

⑤ 搭建 Samba 服务器，实现文件共享。

⑥ 搭建邮件服务器，实现企业内部邮件应用与管理。

12.2 实训设计

1. 安装系统时进行定制安装，设置单独的 home 分区

系统内存为 1 GB，硬盘为 20 GB，单独分给 home 分区 2 GB 用于存储用户文件（此配置便于在虚拟机中进行实训，因此实际应用中服务器的配置远高于这里给出的参数）。

统一将分区分成四个区，具体安排如表 12.1 所示。

表 12.1　分区设置表

分区名称	分区类型	分区大小
交换分区	swap	2 GB
/boot	xfs	300 MB
/home	xfs	4 GB
/	xfs	剩余全部空间

由于系统作为服务器，出于稳定性考虑，安装系统时不安装图形界面，只安装最基本的系统，建议安装以下程序包：管理工具（Administration Tools）、开发库（Development Libraries）、开发工具（Development Tools）、系统工具（System Tools）、编辑器（Editors）、服务配置工具（Server Configuration Tools）。

2. 创建管理账号群和一般用户群，并设置其良好的安全机制

这个系统的用户主要分以下三类：root、管理员用户和一般用户。root 用户拥有系统最高权限，出于安全角度考虑，不建议经常以 root 身份登录系统，因此创建若干管理员账号，并根据不同应用的要求设置其各自执行系统管理命令的权限。一般用户为企业内部员工设计，主要用于使用系统提供的资源，严格限制其对系统的越权操作。用户列表如表 12.2 所示。

表 12.2　用户列表

编　号	用户名	用户 ID	组 ID	登录 Shell	主目录	密　码	备　注
1	admin01	1050	1050	/bin/bash	/home/admin01	D5df85	管理员
2	admin02	1051	1051	/bin/bash	/home/admin02	d54feG	管理员
3	admin03	1052	1052	/bin/bash	/home/admin03	D4d25y	管理员
4	admin04	1053	1053	/bin/bash	/home/admin04	sdD3g8	管理员
5	apx01	1054	1054	/bin/bash	/home/apx01	2D4f6g	普通用户
6	apx02	1055	1055	/bin/bash	/home/apx02	ys47Dd	普通用户
7	apx03	1056	1056	/bin/bash	/home/apx03	4Fc4q5	普通用户
8	apx04	1057	1057	/bin/bash	/home/apx04	D4o3k	普通用户
9	apx05	1058	1058	/bin/bash	/home/apx05	e3dx5	普通用户
10	apx06	1059	1059	/bin/bash	/home/apx06	D6nE3	普通用户
11	apx07	1060	1060	/bin/bash	/home/apx07	5Fx4h	普通用户
12	apx08	1061	1061	/bin/bash	/home/apx08	3Hx5h	普通用户
13	apx09	1062	1062	/bin/bash	/home/apx09	d5tg6g	普通用户
14	apx10	1063	1063	/bin/bash	/home/apx10	D7v[illegible]s2	普通用户

用户数量较大，使用 adduser 命令创建效率较低，因此考虑使用批量创建用户的方法。

3. 设计对用户实现磁盘配额的限定

由于系统存储资源有限，同时也为进一步提高资源的利用率，对管理员用户和一般用户使用磁盘空间进行适当限制。

4. 网络与应用服务器规划

为了简单处理问题且容易在虚拟机中实施部署，相关服务器安装和部署在同一个虚拟机中，IP 地址相同，如表 12.3 所示。Web 服务为各部门网站提供服务，文件资源共享根据用户类型提供不同服务。

表 12.3　服务器安装和部署

编　号	IP 地址	域　名	存放路径	说　明
1	192.168.56.10	www.apx.com	/var/www/html/apx	企业网站
2	192.168.56.10	it.apx.com	/var/www/html/it	运维部网站
3	192.168.56.10	mail.apx.com	—	邮件服务
4	192.168.56.10	design.apx.com	/var/www/html/design	设计部网站
5	192.168.56.10	tech.apx.com	/var/www/html/tech	技术部网站
6	192.168.56.10	erp.apx.com	/var/www/html/erp	企业 ERP 系统
7	192.168.56.10	—	/var/share/pub	共享资源
8	192.168.56.10	—	/var/share/classify	机密文件存储

12.3　实 训 实 施

1. 安装系统时进行定制安装，设置单独的 home 分区

整个安装过程与项目 1 中的安装过程类似，以下只将其中定制分区的过程进行单独说明。

① 在建立分区时不要选择创建默认分区结构，而是建立自定义的分区结构，如图 12.1 所示。

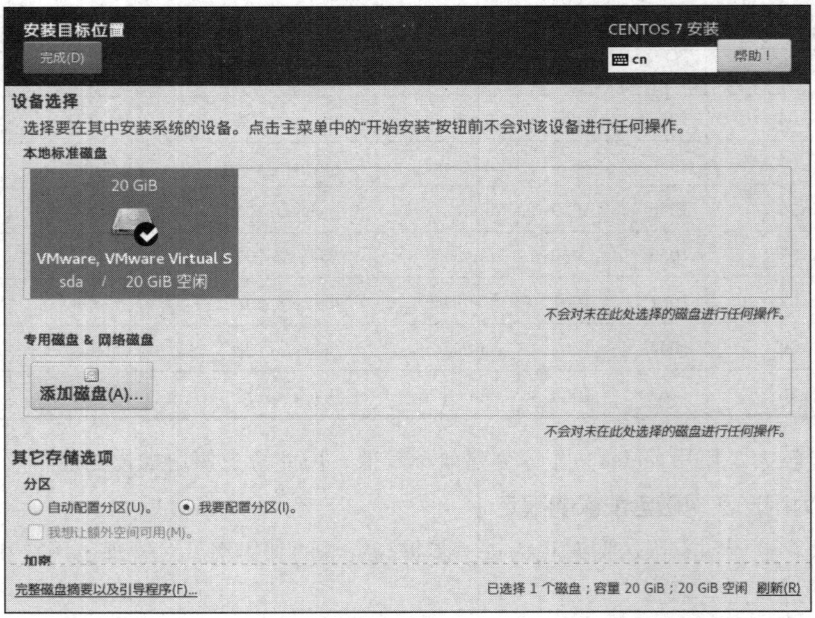

图 12.1　自定义分区结构

② 进入自定义分区界面后单击“新建”按钮创建分区，首先创建交换分区，分区大小为 2 GB，如图 12.2 所示。

③ 设置 boot 分区为 300 MB，home 分区为 4 GB，剩余全部分给“/”分区，如图 12.3～图 12.5 所示。

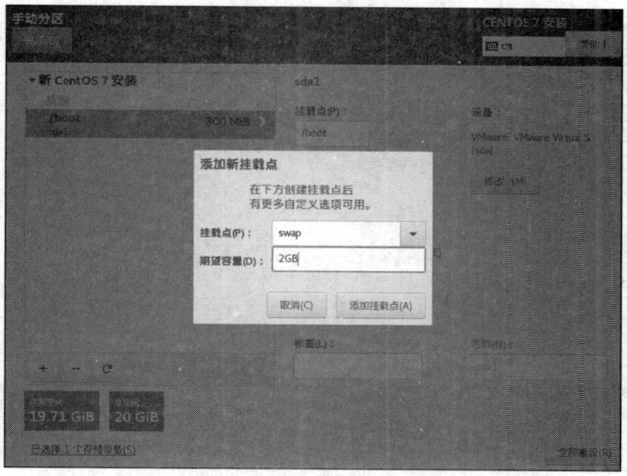

图 12.2 创建交换分区

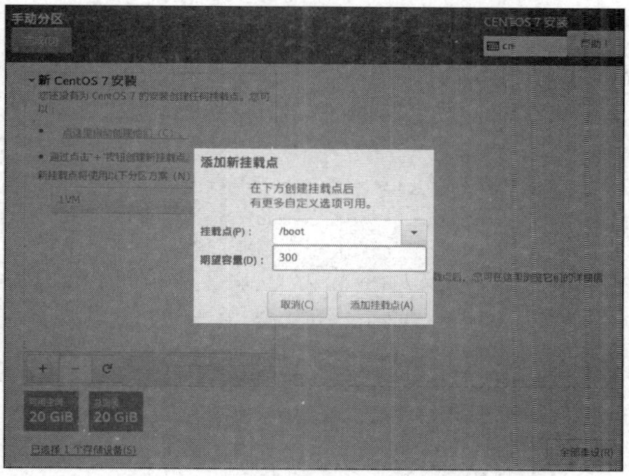

图 12.3 设置“/boot”分区

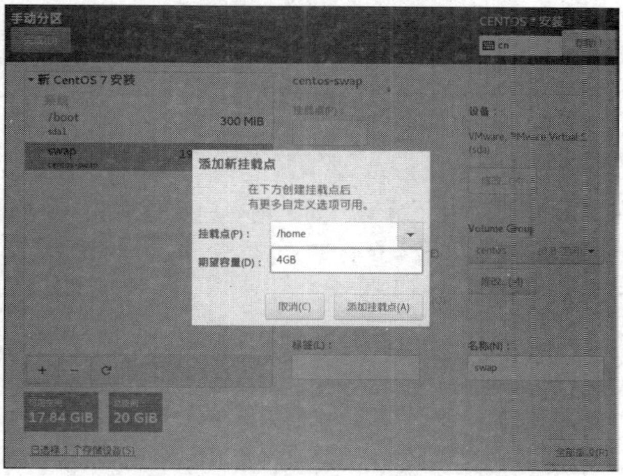

图 12.4 设置“/home”分区

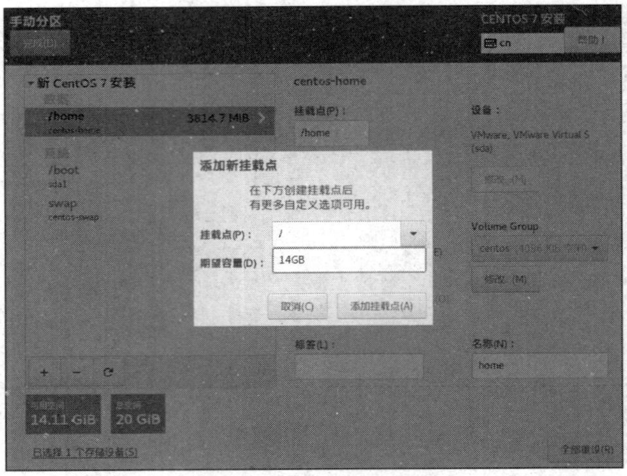

图 12.5　设置“/”分区

2. 创建基础用户群及灵活的访客机制

① 根据用户列表信息，制作用户文件，文件内容与格式如下。其中不含有空格，文件名保存为 userlist，可以使用 vi 编辑器或者其他编辑器完成编辑工作。

```
[root@localhost ~]# vi userlist
admin01:x:1050:1050::/home/admin01:/bin/bash
admin02:x:1051:1051::/home/admin02:/bin/bash
admin03:x:1052:1052::/home/admin03:/bin/bash
admin04:x:1053:1053::/home/admin04:/bin/bash
apx01:x:1054:1054::/home/apx01:/bin/bash
apx02:x:1055:1055::/home/apx02:/bin/bash
apx03:x:1056:1056::/home/apx03:/bin/bash
apx04:x:1057:1057::/home/apx04:/bin/bash
apx05:x:1058:1058::/home/apx05:/bin/bash
apx06:x:1059:1059::/home/apx06:/bin/bash
apx07:x:1060:1060::/home/apx07:/bin/bash
apx08:x:1061:1061::/home/apx08:/bin/bash
apx09:x:1062:1062::/home/apx09:/bin/bash
apx10:x:1063:1063::/home/apx10:/bin/bash
```

② 使用 newusers 工具导入用户信息，命令如下：

```
[root@localhost ~]# newusers userlist
```

创建用户密码文件，参照上面的介绍编辑如下内容，文件名为 userpwds。

```
[root@localhost ~]# vi userpwds
admin01:D5df85
admin02:d54feG
admin03:D4d25y
admin04:sdD3g8
apx01:2D4f6g
apx02:ys47Dd
apx03:4Fc4q5
apx04:D4o3k
apx05:c3dx5
```

```
apx06:D6nE3
apx07:5Fx4h
apx08:3Hx6h
apx09:d5tg6g
apx10:D7vfs2
```

③ 使用 chpasswd 命令为刚创建的用户添加密码，并使用 pwconv 命令将密码以加密方式转换到"/etc/shadow"文件中。命令如下：

```
[root@localhost ~]# chpasswd < userpwds
[root@localhost ~]# pwconv
```

3. 设计对用户实现磁盘配额的限定

① 为"/home"分区配置磁盘限额，以 apx 开头的普通用户分配 10 000 KB 磁盘的软限制，20 000 KB 的硬限制，文件数量软限制为 20，硬限制为 40；以 admin 开头的管理用户分配 50 000 KB 磁盘的软限制，80 000 KB 的硬限制，文件数量软限制为 500，硬限制为 800。

② 编辑/etc/fstab 文件，为"/home"分区添加用户和组的磁盘限额。

```
[root@localhost ~]# /etc/fstab
/dev/sda2 /home xfs defaults,usrquota,grpquota 0 0
```

③ 为 apx01 用户设置磁盘限额功能。

```
[root@localhost ~]# xfs_quota -x -c 'limit -u bsoft=100k bhard=200k isoft=20
ihard=40 apx01' /home
```

④ 为 admin01 用户设置磁盘限额功能。

```
  Filesystem      blocks  soft      hard   inodes   soft   hard
  /dev/sda2       0       50000     80000  0        500    800
[root@localhost ~]# xfs_quota -x -c 'limit -u bsoft=500K bhard=800K isoft=500
ihard=800 admin01' /home
```

4. 搭建 DNS 服务器

基本网络参数配置：

① 修改"/etc/sysconfig/network-scripts/ifcfg-eth0"文件，配置 IP 地址信息。

```
[root@localhost ~]# vi /etc/sysconfig/network-scripts/ifcfg-ens33
TYPE=Ethernet
PROXY_METHOD=none
BROWSER_ONLY=no
BOOTPROTO=none
DEFROUTE=yes
IPV4_FAILURE_FATAL=no
IPV6INIT=yes
IPV6_AUTOCONF=yes
IPV6_DEFROUTE=yes
IPV6_FAILURE_FATAL=no
IPV6_ADDR_GEN_MODE=stable-privacy
NAME=ens33
UUID=3454d12b-8f82-4010-942f-dc543b64a8f4
DEVICE=ens33
ONBOOT=yes
IPADDR=192.168.56.10
```

```
PREFIX=24
GATEWAY=192.168.56.2
```

② 修改/etc/resolv.conf 文件，配置 DNS 服务器地址。

```
nameserver 192.168.56.10
```

③ 修改/etc/named.conf 文件部分设置，将 127.0.0.1 改为 any。

```
[root@localhost ~]# vi /etc/named.conf
options {
        listen-on port 53 { any; };
 controls {
       allow-query     { any; };
 };
```

④ 修改/etc/named.rfc1912.zones 文件添加解析区域。

```
[root@localhost ~]# cat /etc/named.rfc1912.zones
zone "56.168.192.in-addr.arpa" IN {
        type master;
        file "192.168.1.zone";
};
zone "apx.com" IN {
        type master;
        file "apx.zone";
};
```

⑤ 创建正向解析文件“/var/named/apx.zone”并添加相关信息。

```
[root@localhost named]# cp localhost.zone apx.zone
[root@localhost named]# vi apx.zone

$TTL    86400
@       IN SOA  dns.apx.com.        root.localhost (
                     42             ; serial (d. adams)
                     3H             ; refresh
                     15M            ; retry
                     1W             ; expiry
                     1D )           ; minimum

@          IN NS          dns.apx.com.
@          IN MX   1      mail.apx.com.
dns        IN A           192.168.56.10
mail       IN A           192.168.56.10
www        IN A           192.168.56.10
it         IN A           192.168.56.10
design     IN A           192.168.56.10
tech       IN A           192.168.56.10
erp        IN A           192.168.56.10
```

⑥ 创建反向解析文件/var/named/192.168.56.zone 并添加相关信息。

```
[root@localhost named]# cp named.local 192.168.56.zone
[root@localhost named]# vi 192.168.56.zone

$TTL    86400
```

```
@       IN      SOA     dns.apx.com.  root.localhost.  (
                              1997022700    ; Serial
                              28800         ; Refresh
                              14400         ; Retry
                              3600000       ; Expire
                              86400 )       ; Minimum
        IN      NS      apx.com.

10      IN      PTR     dns.apx.com.
10      IN      PTR     mail.apx.com.
10      IN      PTR     www.apx.com.
10      IN      PTR     it.apx.com.
10      IN      PTR     design.apx.com.
10      IN      PTR     tech.apx.com.
10      IN      PTR     erp.apx.com.
```

⑦ 重启 DNS 服务。

```
[root@localhost]# systemctl restart named
```

5. 搭建 Web 服务器

① 创建相关网站存放的目录。

```
[root@localhost named]# mkdir /var/www/html web it design tech erp
```

② 修改“/etc/httpd/conf/httpd.conf”相关配置实现虚拟主机。

```
[root@localhost named]# vi /etc/httpd/conf.d/namevhost.conf
NameVirtualHost 192.168.56.10
<VirtualHost 192.168.56.10:80>
ServerAdmin webmaster@apx.com
DocumentRoot /var/www/html/apx
ServerName www.apx.com
<Directory /var/www/html/apx>
AllowOverride None
Options indexes
Order allow,deny
Allow from all
</Directory>
</VirtualHost>
<VirtualHost 192.168.56.10:80>
ServerAdmin webmaster@apx.com
DocumentRoot /var/www/html/it
ServerName it.apx.com
<Directory /var/www/html/it>
AllowOverride None
Options indexes
Order allow,deny
Allow from all
</Directory>
</VirtualHost>
<VirtualHost 192.168.56.10:80>
ServerAdmin webmaster@apx.com
```

```
DocumentRoot /var/www/html/design
ServerName design.apx.com
<Directory /var/www/html/design >
AllowOverride None
Options indexes
Order allow,deny
Allow from all
</Directory>
</VirtualHost>
<VirtualHost 192.168.56.10:80>
ServerAdmin webmaster@apx.com
DocumentRoot /var/www/html/tech
ServerName tech.apx.com
<Directory /var/www/html/tech >
AllowOverride None
Options indexes
Order allow,deny
Allow from all
</Directory>
</VirtualHost>
<VirtualHost 192.168.56.10:80>
ServerAdmin webmaster@apx.com
DocumentRoot /var/www/html/erp
ServerName erp.apx.com
<Directory /var/www/html/erp >
AllowOverride None
Options indexes
Order allow,deny
Allow from all
</Directory>
</VirtualHost>
```

③ 重启 httpd 服务。

```
[root@localhost]# systemctl restart httpd
```

6. 搭建 Samba 服务器

① 将 apx01 用户和 admin01 用户添加至 Samba 用户，其他用户可以采用同样方式添加。

```
[root@localhost ~]# smbpasswd -a apx01
New SMB password:
Retype new SMB password:
Added user apx01.
[root@localhost ~]# smbpasswd -a admin01
New SMB password:
Retype new SMB password:
Added user admin01.
```

② 在“/var”目录下创建目录 pub 和 classify。

```
[root@localhost ~]# mkdir -p /var/share/pub /var/share/classify
```

③ 修改 smb.conf 文件，新建共享区段 admdoc 并在 sharedir 区段 valid users 中添加 smbadm

和 smbman 用户。

```
[pub]
    path=/var/share/pub
    writeable=yes
    valid users=apx01,apx02,apx03,apx04,apx05,apx06,apx07,apx08, apx09,
apx10, admin01,admin02,admin03,admin04
[classify]
    path=/var/share/classify
    public=no
    writeable = yes
    valid users = admin01,admin02,admin03,admin04
```

④ 重启服务。

```
[root@localhost ~]# systemctl restart smb
```

7. 搭建邮件服务器

① 配置 Sendmail 服务，设置 local-host-names 文件，修改 sendmail.mc 文件并生成 sendmail.cf 文件。

```
[root@localhost ~]# vi /etc/mail/local-host-names
apx.com
[root@localhost Server]# vi /etc/mail/sendmail.mc
DAEMON_OPTIONS(`Port=smtp,Addr=0.0.0.0, Name=MTA')dnl
…
TRUST_AUTH_MECH(`EXTERNAL DIGEST-MD5 CRAM-MD5 LOGIN PLAIN')dnl
[root@localhost Server]# cd /etc/mail
[root@localhost mail]# m4 sendmail.mc>sendmail.cf
```

② 重启 Sendmail 服务以及 Saslauthd 服务。

```
[root@localhost]# systemctl restart sendmail
[root@localhost]# systemctl start saslauthd
启动 saslauthd:                                    [确定]
```

③ 配置并重启 Dovecot 服务。

```
[root@localhost]# vi /etc/dovecot.conf
Protocols = imap imaps pop3 pop3s
[root@localhost]# systemctl restart dovecot
```

参 考 文 献

[1] 么丽颖. Linux 系统管理和应用[M]. 北京：中国铁道出版社，2011.

[2] 芮坤坤，李晨光. Linux 服务管理与应用[M]. 大连：东软电子出版社，2013.